Erfolgsfaktor Unternehmens-DNA

In einer umfassenden Studie haben die Autoren Gary L. Neilson und Bruce A. Pasternack über 45 000 Unternehmensprofile untersucht. Sie entdeckten das Prinzip der »Organisations-DNA« und analysierten die Stärken und Schwächen der verschiedenen Unternehmenstypen. Dabei wird deutlich: Dauerhaft erfolgreich ist die flexible Organisation. Die Autoren zeigen den Weg dorthin.

Gary L. Neilson ist Senior Vice President bei *Booz Allen Hamilton* und Mitentwickler der »Organizational DNA«. *Bruce A. Pasternack* ist ebenfalls Senior Vice President bei *Booz Allen Hamilton* und einer der Gründungsväter des Strategic Leadership Center der Beratungsfirma.

Gary L. Neilson, Bruce A. Pasternack

Erfolgsfaktor Unternehmens-DNA

Die vier Bausteine für effektive Organisationen

Aus dem Englischen von Maria Bühler

Campus Verlag
Frankfurt/New York

Die englischsprachige Ausgabe erschien 2005 unter dem Titel »Results.
Keep What's Good, Fix What's Wrong, and Unlock Great Performance.«
bei Crown Business.
Copyright © 2005 by Booz Allen Hamilton Inc.
Org DNA Profiler is a servicemark of Booz Allen Hamilton Inc.
All rights reserved.
This translation published by arrangement with Crown Business,
an imprint of Random House, Inc.

Bibliografische Information der Deutschen Bibliothek:
Die Deutsche Bibliothek verzeichnet diese Publikation in der
Deutschen Nationalbibliografie. Detaillierte bibliografische Daten
sind im Internet über http://dnb.ddb.de abrufbar.
ISBN 13: 978-3-593-38114-5
ISBN 10: 3-593-38114-1

Copyright © 2006 Campus Verlag GmbH, Frankfurt am Main
Umschlaggestaltung: Init GmbH, Bielefeld
Druck und Bindung: Druckhaus »Thomas Müntzer«, Bad Langensalza
Gedruckt auf säurefreiem und chlorfrei gebleichtem Papier.
Printed in Germany

Besuchen Sie uns im Internet: www.campus.de

Inhalt

Kapitel 1

Zwei Managerschicksale

Im täglichen Kampf um die Marktherrschaft lavieren manche Unternehmen geschickt um ihre Gegner herum, weichen allen herannahenden Schlägen aus und stehen am Ende auf dem Siegerpodest. Andere dagegen stolpern schon auf dem Weg in den Ring über die eigenen Beine. Was machen die einen richtig und die anderen falsch? Um diese Frage zu beantworten, muss man wissen, was sich unter der Oberfläche dieser Firmen verbirgt.

Eines späten Vormittags Anfang April kommen Judy DeGrasse und George Sullivan aus dem vierteljährlichen Management-Meeting und sind in ein Gespräch über das neue Projekt vertieft, das der neue CEO, Bill Corrigan, gerade vorgestellt hat. Judy, neue Accountmanagerin in der Abteilung Medienprodukte von *ZZ Electronics,* ist euphorisch. Corrigan sieht das neue Produkt als Möglichkeit für ein schnelleres Umsatzwachstum. Er will das Unternehmen damit an die Spitze der Branche setzen. Das Produkt soll mehr Leistung bei niedrigeren Kosten bieten und der schwächelnden Marke wieder auf die Beine helfen. Allerdings soll der neue Kassenschlager schon zum Weihnachtsgeschäft in den Regalen stehen.

Bei George, einem Manager in der Marktforschungsabteilung, hält sich die Begeisterung dagegen deutlich in Grenzen. Nach 15 Jahren Unternehmenszugehörigkeit hat er solche Auftritte schon mehr als einmal erlebt und weiß, wie sie enden. Die Führungsriege entwirft einen grandiosen Plan, stellt dann aber nie die Ressourcen bereit, die das Fußvolk zu seiner Umsetzung benötigen würde. Sie verwehrt nicht nur die personellen und finanziellen Mittel, sondern auch Informationen, Entscheidungsbefugnisse und Leistungsanreize. Insgeheim weiß George deshalb, dass auch das heute angekündigte Produkt ebenso sang- und klanglos untergehen wird wie schon viele andere zuvor. Natürlich hat ihn das nicht davon abgehalten, seine Hand gemeinsam mit allen anderen zu heben, als Corrigan fragte, wer das Projekt unterstützen werde.

»Wie wär's mit Mittagessen?«, schlägt George vor.

»Nein danke, ich esse nur eine Kleinigkeit am Schreibtisch. Gleich heute Nachmittag will ich mich mit meinem Team zu einem ersten Brainstorming zusammensetzen. Ich weiß gar nicht, wie wir das alles noch rechtzeitig zum Weihnachtsgeschäft schaffen sollen.«

»Alle Achtung vor Ihrem Arbeitseifer, Judy. Aber ich möchte Ihnen einen Rat geben. Sie müssen Ihr Tempo drosseln, sonst sind Sie hier bald am Ende Ihrer Kräfte. Wir haben ohnehin keine Chance, diesen Termin einzuhalten – warum sollten Sie sich also unnötig verausgaben? In meinen 15 Jahren bei *ZZ Electronics* haben wir noch kein einziges neues Produkt in nur sechs Monaten auf den Markt gebracht, und wir werden es auch jetzt nicht schaffen. Bei der letzten Entlassungswelle hat meine Abteilung zehn Mitarbeiter verloren, und diejenigen, die übrig geblieben sind, arbeiten an der Marktanalyse, die in der vergangenen Woche noch höchste Priorität hatte. Wenn mich jemand vor diesem Meeting nach meiner Meinung gefragt hätte, wäre sie eindeutig gewesen: Dieses Projekt hat keine Chance.«

»Aber Bill meinte doch, dass wir dieses Mal den Zyklus halbieren könnten, und ich halte das ebenfalls für möglich«, beharrt Judy. »Wir haben die besten Ingenieure in der Branche. Natürlich wird uns das ein paar Nächte und Wochenenden kosten. Aber dann sind wir vielleicht genau da, wo wir sein wollen.«

George lächelt: »Dann legen Sie los. Ich bewundere Ihren Elan, Judy.«

Judy kehrt in ihr Büro zurück und findet es leer vor. Ihre Kollegen sind wie George beim Mittagessen. Also macht sie sich allein an die Arbeit und erstellt einen Aktionsplan, den sie per E-Mail in verschiedene Abteilungen mit der Bitte um eine Stellungnahme schickt. Eine Woche vergeht – keine Antwort. Schweigen bedeutet Zustimmung, hofft Judy, aber insgeheim regt sich in ihr allmählich der Verdacht, dass George doch Recht haben könnte.

Währenddessen veröffentlicht die Marketingabteilung eine Presseerklärung, woraufhin die Branchenanalysten das neue Produkt schon hochjubeln. Es ist besser, schneller und billiger als die Konkurrenzprodukte und wird rechtzeitig vor Weihnachten ausgeliefert werden. Zwei Entwicklungen – das interne Engagement und die externen Erwartungen – haben sich jetzt verselbstständigt und befinden sich auf Kollisionskurs.

Das erste Opfer ist der CEO. Als das neue Produkt nicht wie angekündigt zum Quartalsende im September ausgeliefert wird, fällt der Aktienkurs von *ZZ Electronics* in den Keller. Bill Corrigan hat seine Glaubwürdigkeit in der Branche und bei den Anlegern verloren. Der Aufsichtsrat, der die erzürnten Gemüter beruhigen will, entbebt Corrigan fristlos seines Amtes und ernennt einen vorläufigen Nachfolger aus den eigenen Reihen. Die Suche nach einem dauerhaften Ersatz beginnt. Währenddessen ist das Unternehmen wie gelähmt, denn niemand weiß, was sich unter dem neuen Chef alles ändern wird.

Ende des Jahres treffen sich George und Judy zum Mittagessen. George ist besorgt, Judy deutlich ernüchtert. Nachdem ihre E-Mail auf taube Ohren gestoßen war, musste sie auch noch herbe Kritik von ihrem Vorgesetzten einstecken, weil sie sich ohne seine ausdrückliche Genehmigung an Mitarbeiter aus anderen Abteilungen gewandt hatte. Sie wurde deutlich in ihre Schranken gewiesen.

»Sie hatten Recht«, gibt sie zu und bestellt ein Glas Wein.

»Nein, Sie hatten Recht«, erwidert George. »Wir haben eigentlich alle Voraussetzungen, um erfolgreich zu sein, doch stattdessen hecheln wir unseren Zielen immer nur hinterher. In diesem Unternehmen holt man nicht das Beste aus den Angestellten heraus, sondern gibt sich mit dem Minimum zufrieden. Ich habe jedenfalls schon beim vorletzten neuen Chef aufgehört, mich nach den Gründen dafür zu fragen.«

Ein Unternehmen besteht aus verschiedenen Menschen, die auf ein gemeinsames Ziel hinarbeiten. Dasselbe gilt auch für die Regierung eines Staates oder für eine wohltätige Einrichtung. Jeder, der schon einmal in einer Organisation – ob in einem Kleinbetrieb oder in einem internationalen Konzern – gearbeitet hat, weiß aus eigener Anschauung, wie sich die Verhaltensweisen Einzelner durchsetzen können und im Ergebnis die Unternehmensentwicklung fördern oder behindern.[1] Beispiele für solche Handlungsweisen sind Georges Einstellung »Erst mal abwarten«, die Kritik, die sich Judy mit ihrer Eigeninitiative einhandelt, oder die Ahnungslosigkeit der Marketingabteilung über den tatsächlichen Status des neuen Produkts. All dies sind individuelle kontraproduktive Verhaltensweisen, die sich negativ auf die Unternehmensleistung auswirken. Natürlich sind die Märkte heute schwieriger geworden, und natürlich trägt auch der Unternehmenschef die Verantwortung für Pannen. Aber der wahre Feind sitzt allzu häufig mitten in der Organisation selbst. Ein mittlerer Manager, mit dem wir vor kurzem zusammenarbeiteten, brachte es auf den Punkt: »Wir haben uns selbst mehr geschadet, als die Konkurrenz es je vermocht hätte.«

Wenn Sie sich einmal in der Mittagspause in solchen Unternehmen wie dem von George und Judy umhören, kommen Ihnen aller Wahrscheinlichkeit nach einige der folgenden Klagen zu Ohren:

- »Alle sind sich einig, aber nichts ändert sich.«
- »Während wir auf die Entscheidung von oben warten, verstreicht wieder eine gute Chance ungenutzt.«
- »Das ist eine tolle Idee, aber sie wird nie umgesetzt werden.«
- »Entweder bekomme ich alles bis ins kleinste Detail vorgeschrieben oder ich werde mir selbst überlassen.«
- »Die Geschäftsfelder und die Funktionsbereiche ziehen nicht an einem Strang.«
- »Warum sollte ich mich denn besonders anstrengen? Was habe ich davon?«
- »Wir haben die richtige Strategie und einen guten Plan zu ihrer Umsetzung, aber im Geschäftsalltag versandet alles wieder.«

Warum hört man solche Aussagen von so vielen Menschen in Firmen wie *ZZ Electronics*? Anders ausgedrückt: Warum gibt es weit mehr Mitarbeiter wie George als solche wie Judy? Um diese Frage zu beantworten, könnten wir mit Fachtermini um uns werfen und Ihnen komplizierte Diagramme zeigen. Aber das ist gar nicht nötig, denn die Antwort ist einfach: Die Menschen am Arbeitsplatz – seien es Unternehmenschefs, Topmanager, mittlere Manager oder Fachkräfte – sind Produkte ihrer Umgebung … und die meisten Organisationen sind krank.

Die Macht des Individuums

Aber der Fall ist nicht hoffnungslos. Es gibt Lösungen. Genau das ist die Botschaft dieses Buches. Sie können Ihre Organisation einer Kur unterziehen und sie gesunden lassen. Finden Sie die Stärken und Schwächen Ihres Unternehmens heraus. Führen Sie fort, was sich bewährt hat, bekämpfen Sie Schwachpunkte und setzen Sie Leistungspotenziale frei. Die kontraproduktiven Verhaltensweisen, die Sie Tag für Tag beobachten können, sind keine externen Faktoren, die jenseits Ihres Einflusses liegen. Vielmehr sind sie das direkte Ergebnis Ihrer Handlungen und Entscheidungen … und derjenigen der anderen Angehörigen der Firma. Der Schlüssel zu exzellenten

Ergebnissen liegt darin, Tausende von Handlungen und Entscheidungen täglich auf die strategischen Ziele abzustimmen.

Es ist keineswegs utopisch, dieses Ziel zu erreichen und in einem Unternehmen zu arbeiten, in dem alle Mitarbeiter von der obersten bis zur untersten Ebene an einem Strang ziehen. Der erste Schritt dazu ist die Selbstanalyse. Zunächst müssen Sie jedoch entscheiden, ob Sie eher zur Gruppe von George oder von Judy gehören. George verweist die Möglichkeit, dass Organisationen sich ändern können, in den Bereich der Science-Fiction. Judy dagegen glaubt daran, dass optimistische Menschen die Welt verändern können.

Einige der notwendigen Veränderungen müssen unter Anleitung der Unternehmensspitze vorgenommen werden. Auf diese werden wir noch näher eingehen. Aber unserer Erfahrung nach gibt es auch auf den mittleren Ebenen viel mehr Möglichkeiten, Einfluss auszuüben, als gemeinhin angenommen wird. Mittlere Manager können nicht nur viel bewegen – ohne ihr Engagement und ihre Beharrlichkeit wären größere Veränderungen schlicht unmöglich. Wie die Geschichte von George und Judy zeigt, bedeuten die Anweisungen des Topmanagements wenig, solange die einzelnen Mitarbeiter auf den nachgeordneten Ebenen sie nicht in Verhaltensänderungen umsetzen.

Um einen tiefgreifenden Wandel anzustoßen, muss man sich in einer Organisation einig darüber sein, was bewahrt werden sollte und was geändert werden muss. Dabei leistet das vorliegende Buch Hilfestellung. Es ermöglicht den einzelnen Führungskräften auf allen Ebenen eine objektive Sichtweise, die sie auf andere Weise nicht gewinnen könnten. Außerdem hält sich das Buch nicht zu lange mit der Diagnose auf, sondern zeigt konkrete Therapien auf. Mithilfe eines Internet-Fragebogens, der aus 19 kurzen Fragen besteht, können Sie den Zustand Ihres Unternehmens feststellen. Das Ergebnis sagt etwas darüber aus, welche Verhaltensweisen vorherrschen, an welchen Funktionsstörungen es leidet und wie diese behoben werden können.

Wie Sie das Testergebnis dann weiterverwenden, hängt ganz von Ihnen ab. Sie können beschließen, Ihr eigenes Verhalten zu modifizieren und dadurch auch andere zu Veränderungen anzuregen. Sie können den Fragebogen unternehmensweit ausfüllen lassen und dann gemeinsam über die Ergebnisse und mögliche Abhilfemaßnahmen sprechen. Oder Sie halten das Testergebnis zwar für ganz interessant, aber nicht für wichtig genug, um darauf zu reagieren. Kurz: Entweder Sie durchbrechen den Kreis, oder Sie bleiben weiterhin ein williges Opfer.

Die DNA der Organisation

Was können Sie also tun, wenn Sie die Leistung Ihrer Organisation steigern wollen? Wie können Sie ihr zu Gesundheit und Rentabilität verhelfen? Wie verwandeln Sie einen George in eine Judy? Im ersten Schritt müssen Sie herausfinden, zu welchem Typ IhrUnternehmen gehört. Welches sind seine Eigenarten und Merkmale? Wie sieht sein »DNA-Profil« aus?

Der Vergleich mit der DNA ist sehr nützlich, wenn man die Besonderheiten einer Organisation verstehen will. So wie die DNA von Lebewesen besteht auch die von Firmen aus vier Elementen, die in unterschiedlichen Kombinationen unterschiedliche Identitäten oder Persönlichkeiten ergeben (siehe Abbildung 1.1). Die Bausteine einer Organisation sind die Entscheidungsbefugnisse, Informationen, Motivationsfaktoren und Strukturen. Von ihnen hängt es weitgehend ab, wie sich ein Unternehmen verhält – sowohl im Inneren wie nach außen. Die gute Nachricht lautet, dass die DNA einer Organisation – anders als die menschliche – geändert werden kann.

Abbildung 1.1: Die vier DNA-Bausteine einer Organisation

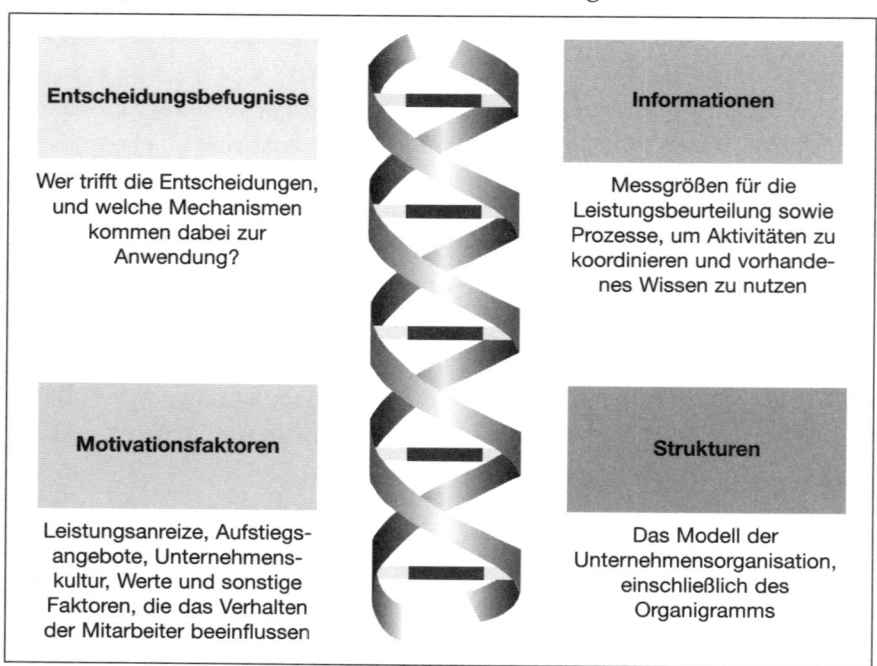

Die DNA einer Firma beeinflusst das Verhalten jedes einzelnen Mitarbeiters in hohem Maß. Sie erklärt, warum sich Angestellte wie George so und nicht anders verhalten. Sie erklärt auch Ihr Verhalten. Welche Kunden besuchen Sie? Welche E-Mails lassen Sie unbeantwortet? Wann bieten Sie einem Kunden einen Nachlass an, weil Sie Ihr Abschlussvolumen steigern wollen, und wann bleiben Sie unnachgiebig, weil Sie die Gewinnmargen nicht antasten wollen? Wie geben Sie Informationen an Kollegen in einer anderen Geschäfteinheit oder anderen Region weiter? Diese täglichen Entscheidungen, die meist weitab von der Vorstandsetage gefällt werden, bestimmen letztlich über Erfolg oder Misserfolg.

In Kapitel 2 werden die einzelnen DNA-Bausteine einer Organisation untersucht. Sie erfahren, wie die verschiedenen Kombinationen gesunde und ungesunde Verhaltensweisen beeinflussen. Und wir zeigen anhand von Praxisbeispielen, wie Sie die Entscheidungsbefugnisse, Informationen, Motivationsfaktoren und Strukturen Ihres Unternehmens verändern und aufeinander abstimmen können, um bessere Ergebnisse zu erzielen.

Die sieben Organisationstypen

Je nachdem, wie die vier Elemente der DNA ausgeprägt sind und zusammenwirken, lassen sich die meisten Unternehmen einem der folgenden Typen zuordnen. Bei vier Kategorien handelt es sich um ungesunde Organisationen, bei den anderen drei Kategorien um gesunde.[2]

Die passiv-aggressive Organisation

> *»Alle sind sich einig, aber nichts ändert sich.«*

In dieser Organisation sieht an der Oberfläche alles glatt aus, doch darunter brodelt es. Hier beschließt man problemlos große Veränderungen, aber es erweist sich dann als praktisch unmöglich, sie auch umzusetzen. Ein tief verwurzelter, geradezu subversiver Widerstand aus den operativen Bereichen bringt neue Initiativen regelmäßig zu Fall, weil die Linienmitarbeiter auf dem Standpunkt stehen: »Auch das wird vorbeigehen.« Das Topmanagement wiederum schüttelt den Kopf über diese Gleichgültigkeit und klagt, dass es genauso gut »Pudding an die Wand nageln« könnte.

Die unkoordinierte Organisation

» Lasst tausend Blumen blühen.«

Sie ist ein Magnet für Mitarbeiter mit Intellekt und Initiative. Sie lockt kluge, unternehmerisch denkende Menschen an, die aber leider selten zur gleichen Zeit in die gleiche Richtung gehen. Sie setzt ihnen kaum Grenzen, sodass sie ihre Ideen ungehindert ausprobieren können. Aber ohne eine starke Führung und ein solides Fundament gemeinsamer Werte verpuffen diese Initiativen bedauerlicherweise genauso schnell, wie sie entstanden sind. Das Ergebnis ist ein konzeptloses Unternehmen, das ständig Gefahr läuft, außer Kontrolle zu geraten.

Die komplexe Organisation

» Die guten alten Zeiten sind vorbei.«

Diese Organisation platzt förmlich aus allen Nähten. Sie hat eine starke Expansion erlebt und ist dabei aus ihrem ursprünglichen Geschäftsmodell »herausgewachsen«. Da sich die Macht an der Spitze konzentriert, reagiert die komplexe Firma oft zu langsam auf Marktentwicklungen und muss feststellen, dass sie sich oft selbst im Weg steht. Wenn Sie auf den mittleren Ebenen eines solchen Unternehmens arbeiten, erkennen Sie vielleicht neue Geschäftschancen oder Veränderungsmöglichkeiten. Aber es ist einfach zu mühsam, diese Ideen den Verantwortlichen ganz oben zu Gehör zu bringen. Das Vermächtnis des Top-down-Prinzips ist hier einfach zu tief verwurzelt.

Die überverwaltete Organisation

» Wir kommen von der Zentrale
und möchten Ihnen helfen.«

Mit ihren unzähligen Führungsschichten ist diese Organisation ein Paradebeispiel für die Gefahren der Selbstblockade. Die Manager sehen den Wald vor lauter Bäumen nicht und verbringen ihre Zeit damit, die Arbeit ihrer Mitarbeiter penibel zu kontrollieren, anstatt Ausschau nach neuen Chancen oder Gefahren zu halten. Die überverwaltete Firma ist häufig sehr bürokratisch und ihre Angestellten sollten sich auf politische Winkelzüge verstehen, wenn sie nicht untergehen wollen. Eigenständig arbeitende und ergebnisorientierte Mitarbeiter erleben hier zwangsläufig Enttäuschungen.

Die Just-in-Time-Organisation

»Gerade noch einmal geschafft!«

Obwohl sich Unternehmen dieses Typs nicht immer gezielt auf Veränderungen vorbereiten, können sie notfalls »stante pede« reagieren, ohne das langfristige Ziel aus den Augen zu verlieren. In Just-in-Time-Organisationen herrscht die Einstellung vor, dass alles machbar ist. Dieses positive Denken setzt das kreative Potenzial der Mitarbeiter frei und führt häufig zu großen Durchbrüchen. Andererseits besteht auch die Gefahr, dass die Besten schnell »verheizt« werden. Da es keine einheitlichen, vorgeschriebenen Strukturen und Prozesse gibt, sind die Erfolge letztlich eine Reihe isolierter Ereignisse. Sie gehen nicht auf zuverlässige Prozesse zurück, aus denen Wettbewerbsvorteile geschöpft werden können. Deshalb sind solche Unternehmen immer mit dem Kampf beschäftigt, gesund zu bleiben.

Die hierarchische Organisation

»Marschieren in Formation.«

In dieser Organisation kennt jeder seine Aufgaben und führt sie zuverlässig aus. Die großen Strategien werden ohne Reibungsverluste und konsistent umgesetzt. Hierarchische Unternehmen folgen einem strengen Führungsmodell, das es ermöglicht, eine große Anzahl ähnlicher Vorgänge effizient auszuführen. Sie können – auch wiederholt – brillante Strategien entwickeln und umsetzen, weil die Mitarbeiter jedes Szenarium aus dem Handbuch im Schlaf beherrschen. Andererseits zeigen sie Schwächen, wenn unvorhergesehene Entwicklungen eintreten.

Die flexible Organisation

»Besser geht es nicht.«

Die flexible Organisation flößt Ehrfurcht und Neid ein ... weil ihr alles zu-zufliegen scheint: Gewinne, Talente, Respekt. Sie scheint für Großes be-stimmt zu sein und strahlt Siegesgewissheit aus. Flexible Unternehmen schauen optimistisch nach vorne. Es ist ein Vergnügen, für sie zu arbeiten oder mit ihnen Geschäfte zu machen. Sie ziehen besonders Mitarbeiter mit einem starken Teamgeist an. Natürlich geraten sie – wie alle Firmen – hin und wieder ins Stolpern, aber sie fangen sich sofort wieder und lernen aus ihren Fehlern und Erfahrungen. Weil eine flexible Organisation nie zur Selbstgefälligkeit neigt, sondern den Horizont ständig nach neuen Gefahren oder Chancen absucht, repräsentiert sie den gesündesten der sieben Organisationstypen.

Wo stehen Sie?

Für welchen Organisationstyp arbeiten Sie? Nach einem kurzen Besuch bei www.orgdna.com können Sie diese Frage selbst beantworten. Dort finden Sie eine deutsche Version des *Org DNA Profiler*[SM], einer Selbsteinschät-zung, die aus 19 kurzen Fragen besteht.[3] Mitarbeiter aller Ebenen können an dieser kurzen Befragung teilnehmen. Sie erfahren nicht nur, zu welchem Typ Ihr Unternehmen gehört, sondern lernen auch etwas über seine Stärken und Schwächen. Auf dieser Grundlage können die Ursachen für die Funk-tionsstörungen und unerwünschten Verhaltensweisen in einer Firma dia-gnostiziert werden. Schon allein mit diesem Feedback können Sie anfangen, Verbesserungen vorzunehmen.[4]

Gentherapie

Die meisten Unternehmen bleiben immer im Mittelfeld. Sie tun zwar ihre Arbeit, erbringen aber nie Spitzenleistungen, weil ihnen zu viele interne Hindernisse im Weg stehen. Die Bausteine ihrer DNA – Entscheidungsbe-fugnisse, Informationen, Motivationsfaktoren und Strukturen – sind fehlerhaft oder falsch aufeinander abgestimmt und sorgen deshalb für ständigen Frust auch unter jenen, die sich wirklich Mühe geben. Überdurchschnittliche Erfolge sind unter solchen Bedingungen nicht möglich.

Wenn die Elemente der DNA mangelhaft aufeinander abgestimmt sind, zeigt eine Organisation Krankheitssymptome und legt kontraproduktive Verhaltensweisen an den Tag. Selbst flexible Unternehmen leiden gelegentlich an Störungen. Deshalb müssen auch sie ständig wachsam bleiben, um schon bei den ersten Anzeichen gegenzusteuern. Der erste Schritt besteht darin, diese Anzeichen zu identifizieren und zu isolieren. Dazu dient der *Org DNA Profiler*[SM]. Dieses Werkzeug ermöglicht es Ihnen, Ihre Firma mit genügend Abstand zu betrachten und sich ein Bild von ihren Stärken und Schwächen zu machen.

Aber mit der Erzeugung des Profils ist es nicht getan. Es ist eine Sache zu wissen, dass Sie Übergewicht und einen hohen Cholesterinwert haben, aber eine andere, aus dieser Diagnose die richtigen Konsequenzen zu ziehen, etwa die, sich vernünftiger zu ernähren oder mehr Sport zu treiben. Der *Org DNA Profiler*[SM] wurde entwickelt, um Managern zu helfen, den Ursachen ihrer betrieblichen Probleme auf die Spur zu kommen. Dann ist es Aufgabe der Geschäftsführung, aus diesen Erkenntnissen geeignete Lösungsansätze abzuleiten. Dabei will dieses Buch Hilfestellung leisten.

Der Weg zum Erfolg

In welchem Organisationstyp arbeiten Sie? In einer passiv-aggressiven Organisation, in einem Just-in-Time-Unternehmen oder in einer unkoordinierten Firma?[5] Welche Aufgaben werden in Ihrem Unternehmen ohne Probleme erfüllt? Welche sind grundsätzlich gefürchtet? Wie verhalten sich die Mitarbeiter? Warum handeln sie so und nicht anders? Und wie können Sie dazu beitragen, dass alles besser funktioniert?

Unseren Studien zufolge zählt die Mehrheit der Organisationen zu einem der »ungesunden« Typen (siehe Abbildung 1.2). Aber auch gesunde Unternehmen haben Schwächen, die sie sich bewusst machen und bekämpfen sollten. Der Weg zu einer dauerhaft gesunden Organisation ist nie abgeschlossen. Langfristig erfolgreiche Unternehmen wissen die Zeichen einer Störung zu deuten und nehmen dann eine neue Etappe der Reise in Angriff.

Abbildung 1.2: Org DNA Profiler^{SM}-Ergebnisse:
Die meisten Organisationen sind ungesund

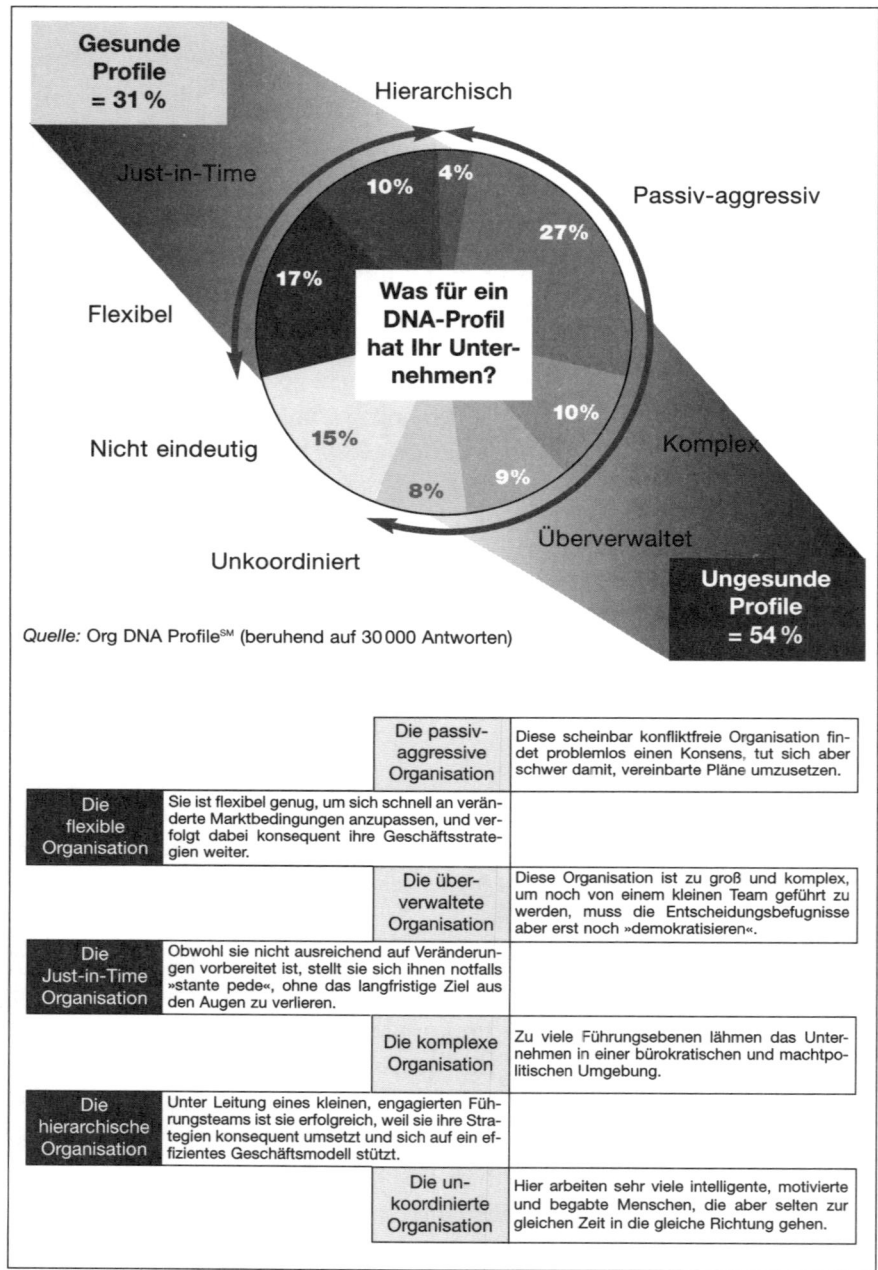

Quelle: Org DNA Profile^{SM} (beruhend auf 30 000 Antworten)

Die passiv-aggressive Organisation		Diese scheinbar konfliktfreie Organisation findet problemlos einen Konsens, tut sich aber schwer damit, vereinbarte Pläne umzusetzen.
Die flexible Organisation	Sie ist flexibel genug, um sich schnell an veränderte Marktbedingungen anzupassen, und verfolgt dabei konsequent ihre Geschäftsstrategien weiter.	
Die überverwaltete Organisation		Diese Organisation ist zu groß und komplex, um noch von einem kleinen Team geführt zu werden, muss die Entscheidungsbefugnisse aber erst noch »demokratisieren«.
Die Just-in-Time Organisation	Obwohl sie nicht ausreichend auf Veränderungen vorbereitet ist, stellt sie sich ihnen notfalls »stante pede«, ohne das langfristige Ziel aus den Augen zu verlieren.	
Die komplexe Organisation		Zu viele Führungsebenen lähmen das Unternehmen in einer bürokratischen und machtpolitischen Umgebung.
Die hierarchische Organisation	Unter Leitung eines kleinen, engagierten Führungsteams ist sie erfolgreich, weil sie ihre Strategien konsequent umsetzt und sich auf ein effizientes Geschäftsmodell stützt.	
Die unkoordinierte Organisation		Hier arbeiten sehr viele intelligente, motivierte und begabte Menschen, die aber selten zur gleichen Zeit in die gleiche Richtung gehen.

In den Kapiteln 3 bis 9 beschreiben wir diese Reise und stellen die einzelnen Organisationstypen vor. Jeder von ihnen wird am Beispiel eines realen Unternehmens beschrieben, das die Symptome seines jeweiligen DNA-Typs erkannte und richtig darauf reagierte. Heute sind die vorgestellten Firmen ausnahmslos sehr erfolgreich und gesund. Seit der Umsetzung der organisatorischen Veränderungen – die in manchen Fällen über zehn Jahre zurückreichen – haben sie eine Rendite erzielt, die deutlich über jener der Unternehmen aus der S & P-500-Liste liegt. Sie gehören entweder schon zum Typ der flexiblen Organisation oder sie befinden sich auf dem besten Weg dahin.

Diese »Gesundung« bringt greifbare Resultate mit sich. Unsere Studien bestätigen, dass zwischen der Gesundheit eines Unternehmens und dessen Rentabilität ein enger Zusammenhang besteht.[6]

Neben den Beispielen enthält jedes Kapitel auch eine genaue Beschreibung der Merkmale des jeweiligen Organisationsprofils und der möglichen Bekämpfung von Schwächen. Bei den ungesunden Organisationstypen sprechen wir von »Symptomen« und »Therapien«, bei den gesunden von »Merkmalen« und »Vorbeugungsmaßnahmen«. Auch dafür nennen wir Beispiele von Unternehmen, mit denen wir Interviews geführt oder zusammengearbeitet haben. Natürlich fließen auch unsere Erfahrungen aus insgesamt über 50 Jahren Unternehmensberatung ein. Wir möchten insbesondere illustrieren, welche Rolle das mittlere Management in einigen dieser Firmen spielt.

Da jedes Kapitel Erkenntnisse von grundsätzlicher Bedeutung enthält, empfehlen wir Ihnen, alle sieben Kapitel zu lesen. Natürlich können Sie auch sofort das Kapitel lesen, das für Ihr Unternehmen relevant ist. Wir möchten Ihnen nicht nur aufschlussreiche Erkenntnisse über mögliche Erfolgshindernisse in Ihrer Firma vermitteln, sondern auch eine praktisch umsetzbare Strategie an die Hand geben, um Probleme zu überwinden oder zu umgehen. Nach der Lektüre dieses Buches werden Sie über die notwendigen Kenntnisse und Werkzeuge verfügen, um die Reise zu einer flexiblen Organisation zu unternehmen.

Anmerkungen zu diesem Kapitel

1 Unter einer »Organisation« verstehen wir Wirtschaftsunternehmen, Behörden, gemeinnützige Einrichtungen, Universitätseinrichtungen oder deren Abteilungen, Ausschüsse oder regionalen und funktionalen Bereiche.

2 Tatsächlich lassen sich 85 Prozent aller Organisationen einem der sieben Typen zuordnen. Bei den restlichen 15 Prozent ist das Testergebnis »nicht eindeutig«. Das heißt, dass sie mehreren Profilen zuzurechnen sind oder ungewöhnliche Verhaltensmuster aufweisen. Damit sind sie aber nur die Ausnahme von der Regel.

3 Im Dezember 2004 hatten schon über 30 000 Menschen den Fragebogen auf dieser Website ausgefüllt. Sie stammen aus Unternehmen jeder Größe in ganz unterschiedlichen Branchen und vertreten jede Funktion und jede Ebene der Firmenhierarchie. Ihre Antworten (und die Tausende von Antworten, die wir noch erhalten werden) lassen allgemeine Rückschlüsse auf die Gesundheit der meisten Organisationen zu. (Eine detailliertere Analyse unserer Ergebnisse finden Sie im Kapitel »Herkunft des Datenmaterials« oder unter www.orgdna.com.)

4 Je mehr Unternehmensangehörige sich an der Befragung beteiligen, desto aussagefähiger sind die Ergebnisse und desto gezielter können die Therapien eingesetzt werden. Denn verschiedene Mitarbeiter erleben ihre Firma möglicherweise ganz unterschiedlich, und diese unterschiedlichen Sichtweisen sollten in die Analyse der Stärken und Schwächen eingehen. Die meisten Organisationen stellen ein Mosaik aus unterschiedlichen Typen dar – aber je mehr Angestellte befragt werden, desto eindeutiger wird schließlich das Bild.

5 Eine Diagnose Ihres Unternehmens können Sie unter www.orgdna.com vornehmen, indem Sie den *Org DNA Profiler*[SM] ausfüllen.

6 Die Ergebnisse der *Org DNA Profiler*[SM]-Fragebögen werden im Kapitel »Herkunft des Datenmaterials« näher erläutert.

Kapitel 2

Die vier Bausteine der Unternehmens- organisation: Das Fundament für gute Ergebnisse

Barbara Jackson kannte das Spielchen schon. Sie war gerade von einem er- müdenden Meeting zurückgekehrt, rief ihre E-Mails ab und stieß dabei auf eine Mitteilung des Unternehmenschefs an alle Mitarbeiter, in der er sich über die schwierigen Zeiten und den großen Veränderungsbedarf ausließ. Barbara arbeitete nun seit fünf Jahren als Leiterin der Vertriebsplanung bei *National Telco*. Davor hatte sie ihre Brötchen bei einer kurzlebigen Inter- netfirma und bei einem Konkurrenten von *National Telco* im Bereich der drahtlosen Kommunikation verdient. Sie wusste, wie Ankündigungen von Umstrukturierungsmaßnahmen aussahen. Dort, im letzten Absatz, stand es: »Um unseren Kundenservice zu optimieren, werden wir das Unterneh- men an den Kundensegmenten und nicht mehr an den Produktlinien aus- richten. Mit Wirkung zum 1. Januar heißen unsere Kerngeschäftsfelder nicht mehr ›Drahtlose Kommunikation‹ und ›Drahtgebundene Kommuni- kation‹, sondern ›Endverbraucher‹, ›Kleine und mittlere Unternehmen‹ und ›Großkunden‹. Wir werden Sie in den kommenden Wochen über Ihre neue Rolle im Unternehmen informieren.«

Barbara wusste nur zu gut, was jetzt auf sie zukam – zahllose Meetings, in denen man ratsame Veränderungen erörterte, und ein zähes Pokern um Posten und Positionen. Letztlich aber würde keine spürbare Verbesserung der Arbeitsweise oder des Geschäftsergebnisses dabei herauskommen. Das war nun schon ihre vierte Umstrukturierung, und sie kannte die Prozedur. Alle begannen mit einer erhebenden Mitteilung des Vorstands, der eine glänzende Zukunft versprach. Darauf folgten Monate der Irrungen, Wir- rungen und innerbetrieblichen Versetzungen, vielleicht ein Umzug in ein an- deres Stockwerk und ein neuer Chef – und das war es. Barbara und ihre Kollegen würden sich rasch an den neuen Ablauf gewöhnen, der sich kaum von der alten Vorgehensweise unterschied. Nach wie vor würden in endlo- sen Meetings diverse Tagesordnungspunkte besprochen werden, denen stets dieselben Fragen zugrunde lagen: Wie können wir mehr Produkte verkaufen, unsere Kosten senken und die Teamarbeit verbessern? Die ganze Umstrukturierung würde letztlich ebenso viel bewirken, als hätte man auf der Titanic die Liegestühle umgestellt.

Wenn eine Organisation nicht die gewünschten Ergebnisse liefert, lautet die Parole für gewöhnlich »Umstrukturierung«. Das Unternehmen tauscht verantwortliche Personen aus, ändert Berichtslinien oder modifiziert das Organigramm. Solche Schritte können jedoch bestenfalls Teil der Lösung sein, weil isolierte strukturelle Korrekturmaßnahmen wirkungslos verpuffen. Wir möchten in diesem Kapitel zeigen, dass es stattdessen darauf ankommt, alle *vier* Bausteine der Organisations-DNA ins Visier zu nehmen, also Entscheidungsbefugnisse, Informationen, Motivationsfaktoren und Strukturen. Nur im Verbund werden diese Elemente das Fundament für exzellente Leistungen bilden.

Ergebnisorientierte Firmen müssen sich die folgende zentrale Frage stellen: Wie müssen die Bestandteile der DNA des Unternehmens beschaffen sein, damit es die gewählte Strategie umsetzen und sich erfolgreich an veränderte Umstände anpassen kann?

- »Unsere Branche befindet sich im Umbruch, doch bei uns merkt das keiner oder will es keiner merken.«
- »Eigentlich sollte die Fusion abgeschlossen sein, doch selbst an der Wall Street fällt auf, dass wir immer noch wie zwei getrennte Unternehmen agieren.«
- »Das Internet hat unsere Position in der Wertschöpfungskette eingenommen. Wie konnte das passieren?«

Um auf äußere Veränderungen reagieren zu können, müssen Sie zuerst die internen Hindernisse kennen und beseitigen, die eine erfolgreiche Anpassung des Unternehmens an veränderte Voraussetzungen verhindern. Jeder, der schon einmal in einer kleinen oder großen Organisation gearbeitet hat, kennt die entsprechenden Situationen. Ein Kollege macht sich ein Meeting zunutze, um seine persönlichen Interessen wahrzunehmen, anstatt für die Belange der Firma einzutreten. Mitarbeiter aus der Zentrale, die überlastet oder zu weit vom Geschehen entfernt sind, um gut informiert zu sein, verschleppen Projekte der Geschäftseinheiten oder belasten sie mit unnötigen Kosten. Abteilungen streiten darüber, wer für welche Entscheidungen zuständig ist, anstatt sich Hand in Hand für die Verwirklichung gemeinsamer

Ziele einzusetzen. Einzeln betrachtet sind diese Verhaltensweisen lediglich lästig, insgesamt können sie jedoch über den Erfolg oder Misserfolg eines Unternehmens entscheiden. Dennoch haben nur wenige Organisationen die richtige Formel für die Lösung dieser weit verbreiteten Probleme gefunden. Viele von ihnen kommen sich dagegen vor wie in einem Dilbert-Cartoon.

Wer diesen Teufelskreis durchbrechen will, muss sich zuerst bewusst machen, welch mächtige Rolle die einzelnen Individuen in einem Unternehmen spielen. Organisationen sind keine monolithischen Einheiten, sondern setzen sich aus Personen zusammen, die meist in ihrem eigenen Interesse handeln. Unter dem Einfluss der verfügbaren Informationen und vorhandenen Leistungsanreize treffen sie Tag für Tag Tausende von Entscheidungen und Kompromissen. Um dauerhaft überdurchschnittliche Ergebnisse zu erzielen, müssen Unternehmen das Potenzial erschließen, das in ihren Mitarbeitern schlummert. Zu diesem Zweck müssen sie dafür sorgen, dass die Handlungen einzelner Beschäftigter auf das Tun ihrer Kollegen und die Unternehmensinteressen abgestimmt werden, und zwar jeden Tag und auf jeder Ebene.

Doch zurück zu Barbara. Sie wird in den kommenden Wochen vermutlich Entscheidungen treffen, die dazu dienen, ihre Stellung in der neuen Unternehmensstruktur zu verteidigen und ihren Einflussbereich zu sichern. Vielleicht kommen diese Beschlüsse sogar zufällig den Interessen der Kunden entgegen, was jedoch keineswegs gewährleistet ist. Schließlich verfolgt Barbara eigene Ziele und denkt nicht unbedingt darüber nach, ob ein Tarifpaket für Orts- und Ferngespräche dem Kunden tatsächlich Vorteile bringt.

Die richtigen Mitarbeiter – gestützt auf die richtigen Werte, die richtigen Informationen und die richtigen Leistungsanreize – sind die treibende Kraft erfolgreicher Unternehmen. Die große Herausforderung liegt darin, die entsprechenden Bausteine so miteinander in Einklang zu bringen, dass die persönlichen Interessen der Angestellten mit den Unternehmenszielen übereinstimmen. Die Werte bringen wir hier deshalb ins Spiel, weil sie eine unabdingbare Voraussetzung für den Unternehmenserfolg sind.

Der Weg zu einer harmonischen Ausrichtung aller Elemente variiert von Firma zu Firma. Es gibt keine allgemein gültige Antwort und kein Patentrezept. Die einzige Vorgabe lautet, dass die vier Bausteine der Unternehmens-DNA effektiv ineinander greifen müssen und nicht gegeneinander arbeiten dürfen (siehe Abbildung 2.1).

Abbildung 2.1: Ausrichtung der DNA-Bausteine innerhalb der Organisation

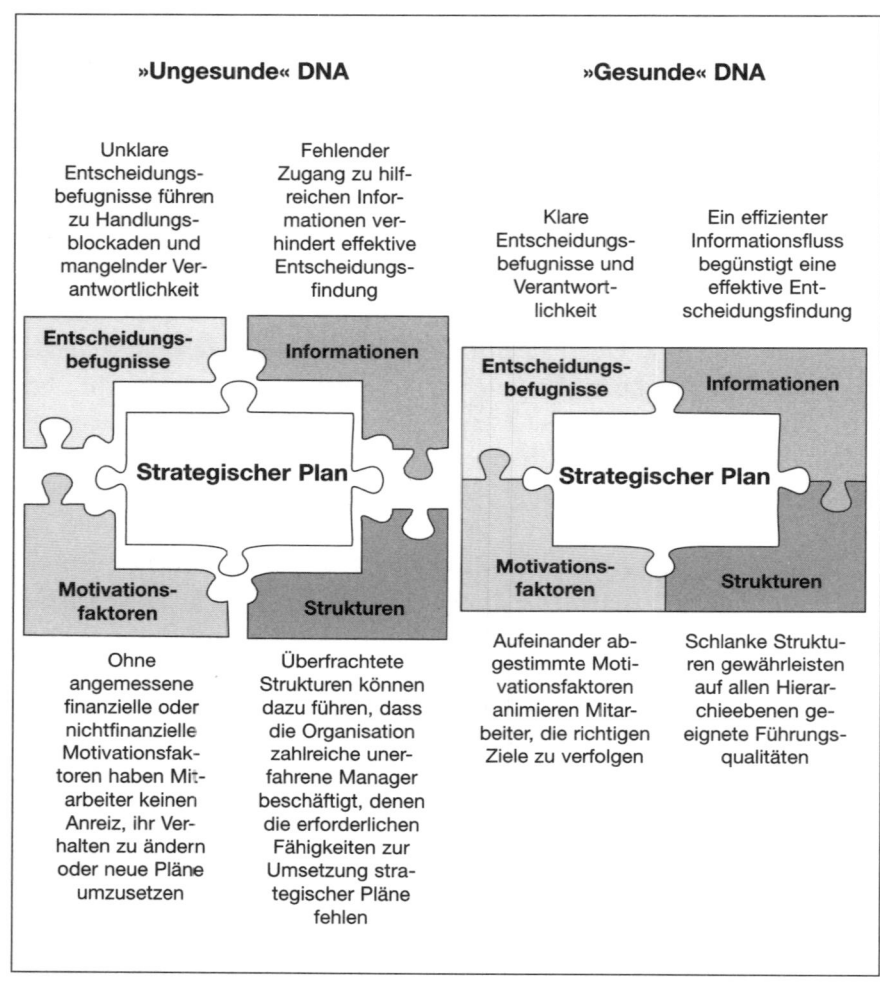

Aus der Kombination dieser vier Elemente ergeben sich die einzigartigen Merkmale der sieben Organisationstypen, die in diesem Buch beschrieben werden. Werfen wir zur Illustration einen Blick auf das hierarchische Unternehmen. Hier liegt ein sehr diszipliniertes, durch strenge Kontrolle geprägtes Geschäftsmodell vor. Die Entscheidungsbefugnisse laufen in der Zentrale zusammen und werden in begrenztem Maß an die operativen Bereiche delegiert. Das hierarchische Modell ist »gesund« und leistet in bestimmten Arten von Unternehmen (beispielsweise Firmen, die ein hohes Volumen sehr ähnlicher Transaktionen durchführen) gute Dienste, weil der Informationsfluss und die Motivationsfaktoren auf diese Entscheidungsbefugnisse ausgerichtet sind und das straffe, strenge Führungsmodell optimal unterstützen. Wichtige Informationen werden zentralisiert, sodass sie den Entscheidungsträgern an der Firmenspitze griffbereit zur Verfügung stehen. Diese geben die Informationen dann nach Bedarf an die Manager weiter, die in der vordersten Linie arbeiten. Außerdem fördern geeignete Motivationsfaktoren ein effizientes, diszipliniertes Verhalten.

Unkoordinierte Organisationen dagegen sind ungesund, weil ihre Bausteine nicht miteinander in Einklang stehen. Die Entscheidungsbefugnisse sind stark dezentralisiert, doch die relevanten Informationen werden in der Zentrale gehortet. Trotzdem treffen regionale Manager Entscheidungen, die den Interessen des Unternehmens dienen sollen – praktisch im Blindflug. Sie handeln dabei keineswegs in böser Absicht, sondern sind einfach schlecht informiert. Dieser Informationsmangel wird auch durch die Motivationsfaktoren nicht ausgeglichen.

Wenn die Bausteine effektiv ineinander greifen und sich gut ergänzen, liefern Organisationen gute Ergebnisse. Sie halten ihre Zusagen gegenüber Kunden, Aktionären und Mitarbeitern ein. Wenn jedoch nur eines der Elemente nicht in das Puzzle passt, kann das Unternehmen sein Potenzial nicht voll ausschöpfen. In dieser Situation müssen Manager entscheiden, welche Änderungen an der DNA der Organisation vorgenommen werden müssen, um die Bausteine aufeinander abzustimmen und die Voraussetzungen für eine optimale Leistung zu schaffen.

Wenn Sie in einer unkoordinierten Organisation arbeiten, hängt es von Ihrer Position ab, welche Abhilfemaßnahmen Sie ergreifen können. Als oberer Manager können Sie wahrscheinlich weitreichende Änderungen vornehmen. Beispielsweise können Sie dafür sorgen, dass Entscheidungskompetenzen der operativen Bereiche wieder in die Zentrale verlagert werden. Oder Sie führen ein IT-Projekt durch, das dem Zweck dient, mehr Informationen in die operativen Bereiche fließen zu lassen, wo sie dringend gebraucht werden. Auf die eine oder andere Weise können Sie Entscheidungsbefugnisse und Informationsflüsse wieder miteinander in Einklang bringen.

Was aber können Sie unternehmen, wenn Sie als mittlerer Manager in vorderster Linie arbeiten? Auch hier haben Sie viele Möglichkeiten. Da Sie bei diesem dezentralisierten Geschäftsmodell ja schon über Entscheidungsbefugnisse verfügen, fehlen Ihnen nur noch die nötigen Informationen. Machen Sie es sich zur Aufgabe, Beziehungen zu anderen operativen Einheiten und zur Zentrale aufzubauen. Besorgen Sie sich eine Kopie des strategischen Unternehmensplans und gründen Sie ein Team, das ermittelt, wie Ihre Abteilung der Firma bei der Verwirklichung ihrer Ziele helfen kann. Ihr Beispiel könnte Schule machen.

Denken Sie bei der Einführung von Veränderungen jedoch unbedingt an ungewollte Konsequenzen, die sich für die Organisation ergeben können, wenn Sie einen Bestandteil der DNA ändern. Ob Sie die Leistung eines Konzerns, Kleinbetriebs oder einer Projektgruppe verbessern wollen – Sie müssen den Umfang und die Tragweite der erforderlichen Änderungen kennen. Die Maßnahmen, die Sie zur Änderung eines oder aller vier DNA-Bausteine Ihres Unternehmens ergreifen, müssen klar, schlüssig und effektiv aufeinander abgestimmt sein. Initiativen, die sich nur mit Strukturen oder Informationen befassen, werden ohne Zugkraft bleiben. Um zu erfahren, wie die vier Elemente in Ihrer Organisation derzeit konfiguriert sind, stellen Sie sich bitte folgende Fragen:

- Entscheidungsbefugnisse – Wer entscheidet was? Wie viele Personen sind am Entscheidungsprozess beteiligt? Wo endet die Entscheidungsbefugnis eines Mitarbeiters, und wo beginnt das Entscheidungsrecht seiner Kollegen?
- Informationen – Wie wird Leistung gemessen? Wie werden Tätigkeiten koordiniert und Wissen übertragen? Wie werden Erwartungen und Fortschritte mitgeteilt? Wer weiß was? Wer muss was wissen? Wie gelangen Informationen zu den Angestellten, die sie brauchen?
- Motivationsfaktoren – Welche Ziele, Leistungsanreize und Karrierealternativen haben die Mitarbeiter? Wie werden sie – finanziell und auf andere Weise – für ihre Leistungen belohnt? Welche Prioritäten legt man ihnen ausdrücklich oder stillschweigend nahe? Stimmen ihre Ziele mit der Zielsetzung der Organisation überein?
- Strukturen – Wie ist die Hierarchie im Unternehmen aufgebaut? Wie sind die einzelnen Kästchen im Organigramm miteinander verbunden? Wie viele Ebenen weist die Hierarchie auf, und wie viele Angestellte sind jeweils einer Ebene unterstellt?

Vielleicht ist Ihnen aufgefallen, dass die Strukturen zuletzt genannt wurden. Es gibt Situationen, in denen die Strukturen der Effektivität einer Organisation am meisten im Wege stehen und folglich zuerst angegangen werden müssen. Strukturelle Änderungen sind jedoch kein Allheilmittel für den Erfolg eines Unternehmens. Ohne eine koordinierte Veränderung der anderen Bausteine bringen Umstrukturierungen nur in seltenen Fällen nachhaltige positive Resultate hervor.

Sehen wir uns an, wie Barbara und ihre Kollegen bei *National Telco* auf die Ankündigung der Umstrukturierung reagieren. Anstatt die Veränderungen motiviert voranzutreiben, versuchen sie, durch machtpolitisches Taktieren ihre Positionen zu sichern.

Was wäre wohl passiert, wenn die Geschäftsleitung das Unternehmen auf die Kundensegmente ausgerichtet hätte, indem es die Entscheidungsbefugnisse, Informationsflüsse und Motivationsfaktoren geändert hätte? Was wäre geschehen, wenn sie bekannt gegeben hätte, dass die Leistungsprämien mit Wirkung zum 1. Januar bis zu 20 Prozent der Managergehälter ausmachen und an die allgemeine Kundenzufriedenheit gebunden sind (also an die Zufriedenheit der Kunden von *National Telco* mit sämtlichen Dienstleistungen im Bereich der drahtlosen und drahtgebundenen Kommunikation)? Was wäre passiert, wenn die Geschäftsleitung den operativen Leitern der Geschäftsbereiche »Drahtlose Kommunikation« und »Drahtgebundene Kommunikation« das Recht eingeräumt hätte, sämtliche Tarifentscheidungen selbst zu fällen, und wenn diese Geschäftsbereiche nun anhand der allgemeinen Kundenrentabilität bewertet würden? Was wäre geschehen, wenn die Verwaltungsabläufe für diese Produkte zusammengelegt worden wären, sodass die Kunden auf einheitliche, nahtlose Serviceleistungen zugreifen könnten, und wenn alle Einheiten Informationen untereinander ausgetauscht hätten? Maßnahmen dieses Kalibers können positive Verhaltensänderungen bewirken und dafür sorgen, dass die individuellen Interessen auf die Unternehmensziele abgestimmt werden und die Firma ihr Ergebnis verbessert.

Außerdem lassen sich die genannten Maßnahmen auf allen Unternehmensebenen durchführen. Auch wenn mittlere Manager weder das Prämiensystem ändern noch Verwaltungsabläufe zusammenlegen können, können sie doch wichtige Änderungen an Entscheidungsbefugnissen, Informationen und Motivationsfaktoren in ihrem Handlungsbereich vornehmen – und damit weitreichende Verbesserungen in Gang setzen.

Entscheidungsbefugnisse

» Wir müssen zehn Führungskräfte zusammentrommeln,
um ganz alltägliche Geschäftsentscheidungen fällen zu können.«

Um die Arbeitsweise Ihres Unternehmens ändern zu können, müssen Sie zunächst wissen, wer was tut, wie er es tut und aus welchen Gründen er es tut. Wenn Sie diesen Fragen auf den Grund gehen, werden Sie das Organigramm rasch hinter sich lassen und zu den wahren Hintergründen der Entscheidungsprozesse vordringen.

Eine Organisation besteht aus den Handlungen und Entscheidungen, die ihre Mitglieder tagtäglich vornehmen. Im Grunde treffen Mitarbeiter laufend Entscheidungen und gehen ständig Kompromisse ein – ob es darum geht, welchen Preis sie einem Kunden anbieten, welche Engineering-Projekte sie angesichts eines knappen Budgets finanzieren oder welche Anrufe oder E-Mails sie zuerst beantworten. Es handelt sich hier nicht um weltbewegende Fragen, die in der Vorstandsetage geklärt werden müssen, sondern um all die kleinen Handlungen, die das Geschäft schrittweise voranbringen. Die Qualität und Effizienz dieser alltäglichen Entscheidungen haben jedoch erheblichen Einfluss auf den Erfolg eines Unternehmens.

Wenn Firmen ins Straucheln geraten oder hinter den Erwartungen zurückbleiben, mutmaßt die Führungsriege allzu schnell, dass Entscheidungsträger in den Problembereichen unvernünftig oder, schlimmer noch, gegen das Unternehmensinteresse handeln. Das ist jedoch nur selten der Fall. Wenn man stattdessen davon ausgeht, dass Kollegen und Vorgesetzte rational handeln und ihre Handlungen auf Entscheidungen beruhen, die im Kontext der bekannten Werte und Informationen vernünftig sind, dann erkennt man die wahren Störungen im Entscheidungsapparat und in der Entscheidungslogik schon besser. Auch wenn Beschlüsse anderen Personen falsch oder willkürlich vorkommen mögen, hält der Entscheidungsträger sie fast immer für sinnvoll. Schließlich möchte er auf der Grundlage seiner Informationen und Leistungsanreize meist im Sinne des Unternehmens handeln.

Wer die Leistung seiner Firma verbessern will, darf also nicht den Entscheidungsträgern die Schuld geben, sondern muss sich ein Bild davon machen, welche Bausteine der Organisation die Mitarbeiter dazu verleiten, aus Firmensicht suboptimale oder sogar kontraproduktive Entscheidungen zu treffen. Diese Elemente müssen dann so geändert werden, dass sie zu Beschlüssen animieren, die stärker auf die Gesamtstrategie und Ergebnisziele des Unternehmens abgestimmt sind.

Bei dem Automobilzulieferer *ACW Auto* war nicht klar, ob die oberste Entscheidungsbefugnis für die Planung neuer Kapazitäten (den Bau neuer Werke und Fertigungsstraßen) bei der Produktion oder der Abteilung für Strategische Planung lag. Da sich niemand für diese wichtigen Entscheidungen zuständig fühlte, fragte auch niemand danach – abgesehen vom Vertrieb, als es bereits zu spät war.

Im vergangenen Jahr erhielt der Vertriebsleiter David James einen Anruf von *Rapid Fire Motors*, einem der größten Kunden von *ACW*. Dieser Kunde teilte David mit, dass man in Zukunft auf die Dienste von *ACW* verzichten wolle. *Rapid Fire* hatte vor rund vier Monaten einen außergewöhnlich großen Auftrag über Schließvorrichtungen und Scheibenwischerbauteile erteilt und soeben die Lieferung erhalten – mit zweiwöchiger Verspätung. Zu allem Überfluss musste mindestens die Hälfte der Teile nachgebessert werden. *Rapid Fire* hatte den Auftrag, der im nächsten Monat auslaufen würde, bereits neu ausgeschrieben.

David war außer sich. Er rief den Produktionsleiter Amit Jain an und las ihm gehörig die Leviten. Als er kurz Luft holte, warf Amit höflich ein, dass die Produktion damit nichts zu tun habe. Sie seien nun schon seit sechs Monaten voll ausgelastet und hatten den Großauftrag daher an verschiedene Subunternehmer weitergeben müssen (was *ACW* übrigens 15 Prozent mehr kostete als die Fertigung im eigenen Haus und jeglichen Gewinn aufzehrte). Falls David ein Problem hätte, solle er sich an Carol Mapother wenden, die Leiterin der Strategischen Planung, oder an den Kollegen, der seiner Ansicht nach für Investitionen in neue Kapazitäten zuständig war.

Auch Carol wies jede Schuld weit von sich. Bei ihrer Einstellung hatte man sie ausdrücklich mit der Finanzplanung betraut, und dieser Aufgabe hatte sie sich in den vergangenen acht Monaten voll und ganz gewidmet. Außerdem gehörte sie dem Unternehmen erst seit zwölf Monaten an, und jedermann wusste, dass die Erweiterung der Produktionskapazitäten eine Vorlaufzeit von mindestens 15 Monaten hatte.

Wie sich zeigte, fühlte sich bei *ACW* niemand für Beschlüsse im Bereich der langfristigen Kapazitätsplanung verantwortlich. Dieses Manko war nicht aufgefallen, weil sich die Firma voll und ganz darauf konzentriert hatte, die Forderung der Automobilhersteller nach Kostensenkungen zu erfüllen. Jetzt machte sich der Kapazitätsmangel deutlich bemerkbar und kostete das Unternehmen Kunden und Gewinne.

Wenn die Entscheidungsgewalt für die Planung neuer Kapazitäten bei der Produktion gelegen hätte, hätte die Firma viel eher erkannt, dass zusätzliche Fertigungsstraßen gebraucht wurden. Man hätte einen entsprechenden Plan ausgearbeitet, ihn regelmäßig aktualisiert und konsequent umgesetzt, sodass Notmaßnahmen nicht nötig gewesen wären. Entscheidungsbefugnisse nicht zu klären ist vermutlich noch schlimmer, als sie den falschen Personen zu übertragen.

Wer fällt in Ihrem Unternehmen welche Entscheidungen? Und welche Informationen, Zwänge, Werkzeuge und Leistungsanreize beeinflussen die Entscheidungsfindung? Sie müssen für die Neugestaltung Ihres Organisationsmodells unbedingt wissen, aus welchen Gründen und an welchen Stellen die bestehenden Entscheidungsbefugnisse (von denen viele stillschweigender, informeller Natur sind und nicht offiziell festgelegt wurden) auf die Entscheidungsfindung einwirken.

Entscheidungsbefugnisse bestimmen darüber, wie gut Organisationen funktionieren – wie schnell die richtigen Waren oder Dienstleistungen auf den Markt kommen und welche finanziellen Mittel aufgewendet werden, um gute Ergebnisse zu erzielen. Sie sind daher der Baustein, mit dem sich ungesunde Unternehmen zuerst befassen sollten. Sie bilden den Eckstein einer effektiven Erneuerung.

Entscheidungsrechte legen fest, wer für welche Entschlüsse verantwortlich ist, und haben somit den größten Einfluss darauf, wie Mitarbeiter ihre Arbeitszeit gestalten. Wenn Carol bei *ACW* gewusst hätte, dass sie für langfristige Kapazitätsentscheidungen zuständig ist, hätte sie ihre Arbeit anders angepackt. Sie hätte mehr Informationen von den Geschäftseinheiten eingeholt, hätte ihre Vermutungen mit den zuständigen Fachleuten in der Produktion und im Marketing besprochen und Entscheidungen in ihrer eigenen Einheit vielleicht stärker delegiert. Sie hätte in Management-Meetings andere Punkte angesprochen und ihre eigene Leistung sowie die ihres Teams anders bewertet. Sie hätte mehr Zeit in der Fabrik verbracht. Sie hätte sich in vielerlei Hinsicht anders verhalten. Aus diesem Grund müssen Firmen Entscheidungsbefugnisse klären, bevor sie ein sinnvolles Organigramm erstellen können. Denn so wie sich die Form nach der Funktion richtet, richtet sich die Struktur nach den Entscheidungsbefugnissen. Wenn Carol Entscheidungsbefugnisse für die Kapazitätsplanung übertragen werden, tangiert das ihre tägliche Arbeit mehr als beispielsweise ein Wechsel ihres Vorgesetzten.

Die Unternehmensführung zahlt einen hohen Preis, wenn sie die Entscheidungsrechte nicht klar und unmissverständlich definiert. Unklare Entscheidungsbefugnisse verursachen nicht nur horrende Zeitverluste, sondern sind auch die Hauptursachen für unterdurchschnittliche oder miserable Leistungen.

Wenn Sie in einer Firma arbeiten, in der frisch beförderte Führungskräfte ihrer alten Routine nachgehen und die Beschlüsse ihrer Mitarbeiter dauernd in Frage stellen, oder in der auf Schleichwegen versucht wird, die »offiziellen« Entscheidungsprozesse zu umgehen, dann wissen Sie, welche Folgen schlecht zentralisierte Entscheidungsbefugnisse haben. Verpasste Gelegenheiten, verschleppte Konflikte und nur mühsam verborgene Frustration gehören zu Ihrem Alltag.

Wenn Sie dagegen in einer Organisation tätig sind, in der sich jeder zum Steuermann berufen fühlt und die operativen Bereiche so große Autonomie besitzen, dass sie einander ignorieren oder behindern und jegliche Koordinationsversuche des Unternehmens vereiteln, haben Sie das entgegengesetzte Problem – Sie kämpfen mit schlecht dezentralisierten Entscheidungsbefugnissen.

ACW Auto ist ein gutes Beispiel für Letzteres. In ihrem unablässigen Bemühen, dem Drängen der Kunden auf Kostensenkungen zu entsprechen, hatte die Geschäftsleitung in einem internen Rundbrief einen »Einstellungsstopp« bekannt gegeben. Alle Abteilungsleiter hefteten das Schreiben im Pausenraum ans schwarze Brett und vergaßen es dann umgehend. Amit Jain wusste, dass die Fabriken unter voller Leistung arbeiteten und ging daher davon aus, dass der Einstellungsstopp auf keinen Fall für ihn gelten könne. David James versuchte, die Präsenz an der Ostküste zu verstärken, und musste deshalb neue Vertriebsmitarbeiter einstellen. Carol Mapother umging den Einstellungsstopp, indem sie Aufträge an externe Beratungsunternehmen vergab. Diese standen nicht auf der Gehaltsliste, was Carol das gute Gefühl gab, die Anweisung befolgt zu haben.

Sechs Monate nach Verhängung des Einstellungsstopps zählte das Unternehmen 125 neue Mitarbeiter, und die Organisation hatte eine wichtige Lektion gelernt: Hinweise von der Zentrale können getrost ignoriert werden – entscheidend ist nur, dass man sich lautstark rühmt, »alles richtig zu machen«.

So wurde bei *ACW* wie in vielen anderen Unternehmen eindringlich dafür geworben, den unteren Hierarchieebenen mehr Verantwortung zu übertragen. Allerdings ließen die Manager ihren markigen Worten oftmals keine Taten folgen. Produktionsleiter Amit Jain prahlte damit, dass seine Werksleiter für alle Posten in ihrem Budget selbst verantwortlich seien, einschließlich Löhnen, Materialien, Reisen, Schulungen und Zeitarbeitern. Anstatt ihnen jedoch die Verantwortung für das Gesamtbudget zu übertragen und es ihnen freizustellen, die Mittel nach eigenem Ermessen auszugeben, prüfte er jede einzelne Ausgabe. Seine Werksleiter hatten kaum Spielraum, Ausgaben in den verschiedenen Kategorien flexibel zu handhaben – also sinnvolle Entscheidungen darüber zu fällen, wie das übergeordnete Ziel letztendlich erreicht werden sollte. So wie die Delegierung von Verantwortung umgesetzt wurde, war sie im Großen und Ganzen eine Farce.

Als die Firma ein neues Geschäftsmodell einführte, das eine ausdrückliche Festlegung der Entscheidungsbefugnisse vorsah, trugen die Werksleiter zum ersten Mal die volle Verantwortung für ihr Budget und konnten nach eigenem Ermessen unter den verschiedenen Ausgabenposten abwägen. Dies führte dazu, dass sie sich stärker für die Ergebnisse ihres Werks und auch des Unternehmens verantwortlich fühlten. Ein Fabrikleiter schulte sein Personal zum Beispiel speziell darin, auf Recycling-Möglichkeiten zu achten, wodurch die Materialkosten erheblich reduziert werden konnten. Dieses effektive Verfahren wurde bald von den anderen Werken übernommen.

In einem System fest umrissener Zuständigkeiten, in dem Entscheidungsbefugnisse unmissverständlich zugeteilt und verstanden werden, hat jeder ein klares Bild davon, welche Beschlüsse und Handlungen in seinem Verantwortungsbereich liegen. Es gibt keine Grauzonen wie bei *ACW*, wo sich niemand um die Kapazitätsplanung kümmerte. Alle Mitarbeiter wissen, mit welchen Entscheidungen sie betraut sind, und verfolgen diese, bis sie umgesetzt wurden. Da Zuständigkeitsbereiche klar abgesteckt und vernünftig gewählt sind, werden rasche und richtige Beschlüsse getroffen. Es gibt keinen Grund, Entscheidungen im Nachhinein in Frage zu stellen oder anderen die Schuld für Versäumnisse zuzuschieben. Effektive Entscheidungsbefugnisse haben somit einen positiven Multiplikator-Effekt.

Informationen

» Mir fehlen die Informationen,
die ich für meine Arbeit brauche.«

Wer kennt diese Situation nicht: Wir haben die besten Absichten, aber leider nicht die relevanten Informationen, die wir für eine effektive Entscheidungsfindung bräuchten. Der Schlüssel zum Erfolg einer Organisation liegt darin, die kritischen Informationen zu identifizieren, die für richtige Entscheidungen benötigt werden. Dann muss dafür gesorgt werden, dass sie den Entscheidungsträgern rechtzeitig zur Verfügung stehen.

Informationen sind der Lebenssaft aller Organisationen. Es wird gemeinhin anerkannt, dass sie für gute Leistungen und Wettbewerbsvorteile von entscheidender Bedeutung sind. Tatsächlich weisen Studien darauf hin, dass Unternehmen, die ihre Informationsflüsse gezielt verwalten und verbessern, höhere Renditen erwirtschaften.[1] Geschäftseinheiten kommunizieren miteinander, übergeordnete Ziele werden diskutiert und nachahmenswerte Verfahren – so genannte Best Practices – werden abteilungsübergreifend eingeführt.

Das mag nach einem einfachen Rezept klingen. Die richtigen Personen jederzeit mit den richtigen Informationen auszustatten zählt jedoch zu den schwierigsten Führungsaufgaben.

Überhöhte Kosten sind in allen Unternehmen ein deutliches Signal dafür, dass etwas falsch läuft. Anbietern von Waren und Rohstoffen verpassen sie jedoch geradezu den Todesstoß. Als Will Kawena, Vorstandsdirektor der Abteilung Agriculture bei dem Zuckerproduzenten *Crystalline Sugar*, eine Benchmark-Analyse über die Kostenstrukturen in seiner Branche las, wusste er, dass *Crystalline* am Abgrund stand.

Als Zuckerproduzent mittlerer Größe bestellte *Crystalline* auf Hawaii rund 3 650 Hektar Zuckerrohr, die auf neun Plantagen aufgeteilt waren. Den einzelnen Plantagenleitern wurde ein Jahresbudget zugeteilt und ein Sollertrag vorgegeben. Sie waren Will unterstellt, der wiederum gegenüber der Geschäftsleitung verantwortlich war.

Die jährlichen Ertragsziele errechnete Wally Harvell, Vorstandsdirektor der Abteilung Planning and Research von *Crystalline*. Als Doktor der Agrarwissenschaften hatte Wally eine Datenbank erstellt, die in der gesamten Branche ihresgleichen suchte. Dort lagerten Gigabytes von historischen Daten zur Produktivität eines jeden Hektars, auf dem die Firma in den letzten 30 Jahren Zuckerrohr angebaut hatte. Wally wusste genau, welche Sorte auf den verschiedenen Plantagen angebaut wurde, wie oft und an welchen Tagen die einzelnen Felder bepflanzt, gedüngt und abgeerntet wurden und wie viel Zucker sie jährlich produzierten. Wally ließ seine gesammelten historischen Daten durch ein firmeneigenes Kalkulationsmodell laufen, das er selbst entwickelt hatte, und errechnete so für alle neun Plantagen einen Sollertrag. Im Laufe der Jahre war das Modell zu einem komplexen Ungetüm herangewachsen, das nur noch Wally durchschaute. Aus Sicht der Plantagenleiter unterschieden sich die Berechnungen von Jahr zu Jahr jedoch kaum. Wenn ihnen die Mitteilungen über die jährlichen Ertragsziele auf den Schreibtisch flatterten, scherzten sie untereinander: »Soso, die Zahlen vom letzten Jahr mit einer kleinen Draufgabe. Welch eine Überraschung!«

Um die steigenden Ertragsziele zu erfüllen, düngten die Farmleiter etwas ausgiebiger oder bauten mehr Zuckerrohr an. Entsprechend erhöhte sich auch ihr Ressourcenbedarf von Jahr zu Jahr. Nachdem man dieses Spielchen 30 Jahre gespielt hatte, waren die Folgen nicht mehr zu übersehen. Die Benchmarking-Studie zeigte Will Kawena schwarz auf weiß, dass die Kosten von *Crystalline* über all die Jahre viel stärker als bei der Konkurrenz gestiegen waren. In einigen Kategorien wie bei den Landmaschinen lagen sie sogar 20 Prozent über dem Branchendurchschnitt.

Wenn Will durch Hawaiis Zuckerrohrplantagen fuhr, konnte er sofort sagen, wo eine Plantage der Firma endete und das Feld eines unabhängigen Farmers begann. Auf den Feldern der unabhängigen Bauern erblickte man viel mehr Unkraut und ältere Traktoren. Bei *Crystalline* war man stolz darauf, die saubersten Felder und besten Maschinen der Gegend vorweisen zu können. Will wusste, dass seine Plantagenleiter sich nicht um die Kosten scherten. Solange sie ihr Budget nicht überschritten, hatten sie das Gefühl, alles richtig zu machen. Wenn der Kauf eines neuen Traktors anstand, wählten sie daher fast immer neue statt gebrauchter Maschinen. Angesichts der von Jahr zu Jahr steigenden Sollerträge hielt Will es jedoch nicht für vertretbar, seinen Farmern ein schmaleres Budget zuzumuten.

Unserer Definition nach sind Informationen alle Daten, Kennzahlen, Kenntnisse und Koordinierungsmechanismen, die in den verschiedenen Winkeln einer Organisation vorhanden sind. Gute Informationen sind zweckmäßig, korrekt, verfügbar und somit effektiv.

Um zu beurteilen, ob Sie über »gute« Informationen verfügen, sollten Sie sich die folgenden Fragen stellen:

- Ein wichtiger Kunde von Ihnen ist unzufrieden. Wie und wann erfahren Sie davon? Wenn er zur Konkurrenz wechselt? Oder so rechtzeitig, dass Sie noch etwas dagegen unternehmen können?
- Ein Fließbandarbeiter hat einen genialen Einfall, mit dem man die Kosten um eine Million Dollar senken könnte. Kann er sich mit seiner Idee an jemanden wenden, der befugt ist, sie umzusetzen?
- Ein Ingenieur in der Forschungsabteilung beginnt, an einem Projekt zu arbeiten, das vor zwei Jahren schon einmal gestartet und abgebrochen wurde. An welchem Punkt im Entwicklungsprozess erfährt er von den damaligen Arbeiten?
- Ein Mitarbeiter verlässt das Unternehmen Hals über Kopf. Was wird aus dem umfassenden Wissen über die Organisation, das er in all den Jahren zusammengetragen hat? Verschwindet dieses Wissen zusammen mit ihm?

Schlechte Informationen sind wie Junk-Food für ein Unternehmen. Sie verstopfen die Kommunikationsarterien, belasten das System mit leeren Kalorien und täuschen dem Körper vor, gut ernährt zu sein, während er womöglich kurz vor dem Kollaps steht. Bei *Crystalline Sugar* waren die Plantagenleiter zufrieden, wenn sie ihre Budgets nicht überschritten. Sie hatten keine Ahnung, dass die Unternehmenskosten aus dem Ruder gelaufen waren. Wallys Computermodelle und Gigabytes von Daten vermittelten fälschlicherweise den Eindruck, dass das Unternehmen sein Plantagengeschäft wie eine Wissenschaft betrieb und alles fest im Griff hatte. Tatsächlich lagen die Kosten jedoch beträchtlich höher als die der weniger modernen Familienplantagen nebenan.

Unserer Erfahrung nach treten im Zusammenhang mit Informationen die unterschiedlichsten Probleme auf. Selbst in ein und derselben Firma kann man, abhängig vom Arbeitsplatz, in Informationen ertrinken oder geeigneten Daten verzweifelt hinterherlaufen. Menschen wie Wally baden in Informationen, während ihre Mitarbeiter nicht den blassesten Schimmer davon haben, welches Kostenniveau wettbewerbsfähig wäre. Ob Informationsüberflutung oder Informationsmangel – die Organisation leidet. Sie leidet an falschen Prioritäten, an Entscheidungsblockaden und an der Unfähigkeit, nachahmenswerte Verfahren auf das gesamte Unternehmen zu übertragen. Schlimmstenfalls werden sogar Ermittlungen gegen die Mitglieder der Geschäftsführung oder Aufsichtsgremien eingeleitet, wenn es in ihrem Verantwortungsbereich zu Unregelmäßigkeiten gekommen ist. Eine unzureichende Corporate-Governance und laxe Kontrollen sind im Wesentlichen Folgen eines schwachen Informationsmanagements. Wenn der Chef nicht weiß, was um ihn herum geschieht, kann er auch nicht wissen, was falsch läuft. Das ist immer ein Problem, auch wenn es letztlich nicht zu einer Verurteilung kommt.

Die Auswirkungen schlechter Informationen auf die anderen Bausteine der DNA, insbesondere auf Entscheidungsbefugnisse und Motivationsfaktoren, liegen auf der Hand. Ohne korrekte, abrufbare Informationen können Entscheidungsträger am Markt nicht schnell und geschickt agieren. Den Mitarbeitern wiederum bleiben Lob und Kritik vorenthalten, und sie wissen somit nicht, wie ihre Arbeit letztlich eingeschätzt wird.

Nachdem Will Kawena die Benchmark-Studie gelesen hatte, stellte er eine Arbeitsgruppe aus Plantagen- und Funktionsleitern zusammen, unter denen sich auch Informationsspezialist Wally Harvell befand. Gemeinsam entwickelten sie ein neues Geschäftsmodell für *Crystalline Sugar*, in dessen Rahmen nun alle Plantagen als unabhängige Profit-Center geführt wurden. Um in dieser neuen Struktur erfolgreich arbeiten zu können, erhielten die Plantagenleiter umfassende Informationen. Dazu zählten insbesondere auch die Gewinn- und Verlustrechnungen für ihre Plantagen, die neben vielen anderen Positionen auch die Kosten der eingesetzten Maschinen aufzeigten. Außerdem waren Prämienzahlungen an Plantagenleiter nicht mehr wie bisher an den Ertrag, sondern an die Rentabilität gebunden. Dies führte zu umgehenden Verhaltensänderungen. Die Plantagenleiter kauften gebrauchte statt neue Ausrüstung. Sie riefen Wallys Daten ab, um sich ein Bild davon zu machen, was sich in der Vergangenheit bewährt hatte und was nicht. Sie sprachen mit selbstständigen Plantagenbesitzern und ihren Kollegen von *Crystalline* und tauschten Tipps und Techniken aus. Innerhalb weniger Monate sanken die Kosten erheblich und der Aktienkurs des Unternehmens stieg in einem Jahr um beeindruckende 48 Prozent.

Die verbesserte Informationspolitik trug nicht nur zur Kostensenkung, sondern auch zu einer effizienteren Verteilung knapper Ressourcen – insbesondere der Produktionskapazitäten – bei. Reife Zuckerrohrpflanzen mussten innerhalb von 15 Tagen geerntet werden, wenn man Spitzenerträge erzielen wollte, und nach der Ernte musste das Zuckerrohr binnen 24 Stunden verarbeitet werden. Forschungsleiter Wally Harvell war seit vielen Jahren dafür zuständig, den Ernteplan für die gesamten 3.650 Hektar zu erstellen und festzulegen, in welcher Reihenfolge die Felder abgeerntet werden mussten, um die Fabrik kontinuierlich mit reifem, frisch geschnittenem Zuckerrohr zu versorgen. Wally entwarf diesen Plan Monate im Voraus und musste ihn dann laufend anpassen, wenn sich die Erntezeit näherte und unvorhergesehene Regenfälle oder Temperaturschwankungen eintraten. Ab Oktober stand sein Telefon nicht mehr still. Plantagenleiter, deren Zuckerrohr etwas »zu schnell« oder »zu langsam« reifte, baten ihn um eine Änderung ihrer Erntetermine. Obwohl Wally sich nach besten Kräften bemühte, den Reifungsprozess auf allen Plantagen ständig im Auge zu haben, waren seine Möglichkeiten doch begrenzt. Meistens teilte er um den 1. November herum jenen Plantagenleitern neue Erntetermine zu, die am lautesten danach riefen.

Bei dem neuen Geschäftsmodell stand Wally nicht länger im Mittelpunkt. Wally und sein Team schufen einen Online-Markt für »Fabrikzeiten«: Die Plantagenleiter erhielten ein bestimmtes Guthaben, das sie einsetzen konnten, um Angebote für Fabriktage abzugeben. Stellte ein Farmleiter fest, dass sein produktivstes Feld reif war und er wegen angekündigtem Regen dringend ernten musste, reichte er ein hohes Angebot für die Inanspruchnahme der Fabrikzeit ein. Konnte er mit der Ernte noch warten, schonte er sein Guthaben und kaufte gegen Ende der Erntesaison günstigere Fabriktage. Mithilfe dieses Verfahrens konnten die knappen Fabrikressourcen viel effizienter und gerechter zugeteilt werden, als Wally es je vermocht hätte. Es legte die Entscheidungsbefugnisse für die Nutzung der Fabriken effektiv in die Hände jener Personen, die am besten informiert waren, nämlich der Farmer. Sie waren es schließlich, die am Ort des Geschehens den Himmel beobachteten und stündlich den Reifegrad ihrer Pflanzen prüften.

Motivationsfaktoren

» Wir haben Prämien gezahlt,
doch niemand hat sein Verhalten geändert.«

Motivationsfaktoren beschränken sich nicht auf die finanziellen Aspekte der Entlohnung. Sie umfassen alle Ziele, Leistungsanreize und Aufstiegschancen, die Menschen dazu bewegen, sich anzustrengen und gute Leistungen zu erbringen. Diese finanziellen und nichtfinanziellen Belohnungen können Angehörige einer Organisation veranlassen, ihre eigenen Ziele effektiv mit der Zielsetzung der Firma abzustimmen. Auf der anderen Seite können sie jedoch auch kontraproduktive Verhaltensweisen fördern, wenn sie einen Keil zwischen die Interessen der Mitarbeiter und die Interessen des Unternehmens treiben.

Es war Freitagabend, 18 Uhr, und Terry Howard, Leiterin des Bezirks Nordost von *Security First Insurance*, war wohlbehalten am Logan Airport gelandet und dann nach Hause gefahren. Die vergangene Woche hatte sie in Puerto Rico auf der Jahreskonferenz zur Auszeichnung der Versicherungsagenten verbracht. Noch bevor sie ihren Ehemann begrüßte, sah sie die Post durch, bis sie den begehrten Brief in den Händen hielt – ihren jährlichen Prämienscheck. Sie riss den Umschlag auf, suchte die Zahl mit dem Betrag und rechnete rasch aus, wie viel Prozent ihres Gehalts sie zusätzlich als Prämie erhalten hatte. Es waren 19 Prozent. Terry atmete erleichtert auf. Sie lag im grünen Bereich, das heißt in der üblichen Prämienspanne für Mitarbeiter ihrer Position.

Bei *Security First* erhielt jeder Manager drei Monate nach Abschluss des Geschäftsjahres eine Jahresprämie, deren Höhe er im Grunde schon kannte, bevor der Scheck eintraf. Die Unternehmensleitung errechnete hinter verschlossenen Türen auf der Grundlage des Geschäftsergebnisses eine Prämienspanne für die verschiedenen Hierarchieebenen. Stellvertretende Aufsichtsratsvorsitzende brachten es in der Regel auf 40 Prozent ihres Gehalts, Vorstandsdirektoren auf 30 Prozent und Manager wie Terry auf rund 20 Prozent. Obwohl die Zahlen nie öffentlich bekannt gegeben wurden, kursierten binnen 24 Stunden nach der geheimen Sitzung erste Gerüchte über die Verteilung der Prämien. Terry wusste, dass sie mit ihren 19 Prozent recht gut lag. Allerdings war ihr schleierhaft, womit sie sich die Prämie verdient hatte.

Terry war bewusst, dass sie im vergangenen Jahr in jeder Hinsicht nur mittelmäßige Ergebnisse erzielt hatte. Sie war für den wohlhabendsten Bezirk des Landes zuständig, und das demografische Profil des Nordostens ließ ihre Kollegen vor Neid erblassen. Dennoch hatte sie nur ein Wachstum von 6 Prozent erwirtschaftet. Ihr Kollege Rudd Connors im Südwest-Bezirk hatte seinen Umsatz dagegen um 26 Prozent gesteigert. Diese Leistungsunterschiede wurden bei der Prämienzuteilung jedoch kaum berücksichtigt, und innerhalb der einzelnen Prämienspannen gab es nur geringe Unterschiede. In guten Jahren durften die Manager mit Prämienzahlungen zwischen 15 und 20 Prozent ihres Gehalts rechnen, unabhängig von ihrem persönlichen Beitrag oder dem Beitrag ihrer Geschäftseinheit zum Gesamtumsatz. Alle Angehörigen einer Hierarchieebene erhielten also praktisch die gleiche Prämie. Etwaige Unterschiede waren auf Faktoren wie die Dauer der Unternehmenszugehörigkeit zurückzuführen, auf welche die Mitarbeiter keinen Einfluss hatten. Terry arbeitete schon zehn Jahre länger bei *Security First* als Rudd, sodass ihre Prämie erheblich höher ausgefallen war als seine. Im privaten Kreis musste sie selbst zugeben, dass das ungerecht war – aber was sollte sie machen?

Terry holte eine Flasche Sekt aus dem Kühlschrank und gesellte sich zu ihrem Ehemann im Wohnzimmer, um auf ihre Prämie anzustoßen und sich anschließend über die machtpolitischen Spielchen an ihrem Arbeitsplatz zu beschweren. Bei *Security First*, das eine Kultur der »Beschäftigung auf Lebenszeit« pflegte, war Machtpolitik eine hohe Kunst. Mitarbeiter kümmerten sich stärker um ihre nächste Beförderung (die mit höheren Prämien verbunden sein würde) als um gute Leistungen in ihren aktuellen Positionen. Warum sollten sie sich auch ins Zeug legen, wenn der Einsatz ohnehin nicht honoriert wurde? Beschäftigte von *Security First* lernten schnell, Arbeiten liegen zu lassen, die auch der Nachfolger erledigen könnte – wenn sie selbst schon auf die nächsthöhere Ebene befördert worden waren. Ungeliebte Aufgaben wie Kostensenkungs- oder Personalentwicklungsprogramme blieben auf der Strecke, während um die Hätschelprojekte der Topmanager zu viel Aufhebens gemacht wurde.

Terry musste zugeben, dass sie das alles ziemlich leid war. Dafür, dass sie jeden Abend pünktlich zum Vorabendprogramm zu Hause war, wurde sie allerdings ordentlich bezahlt.

Wenn Mitarbeiter erst einmal mit geeigneten Entscheidungsbefugnissen und relevanten Informationen ausgestattet sind, können Motivationsfaktoren sie dazu animieren, sich für den Erfolg der Organisation einzusetzen. Der Aufruf, die Unternehmensstrategie umzusetzen und je nach gewählter Metapher einen Gang höher zu schalten und sich kräftiger in die Riemen zu legen, bleibt jedoch wirkungslos, wenn Ziele und Leistungsanreize der Firma widersprüchliche Signale aussenden. Um Wirkung zu erzielen, müssen die Motivationsfaktoren nicht nur auf die anderen Bausteine, sondern auch auf die Leistungsziele des Unternehmens abgestimmt werden.

Bei *Security First* hingen die Motivationsfaktoren stärker von der Dauer der Unternehmenszugehörigkeit und einem guten Draht zum Chef ab als vom Beitrag der Angestellten zum Unternehmensergebnis. Rudd Connors hatte im vergangenen Jahr großartige Umsätze erzielt, was sich aber nicht in seinem Gehalt niederschlug. Tatsächlich verdiente er weniger als seine dienstälteren Kollegen, obwohl die Ergebnisse in seinem Bezirk nach allen Kennzahlen weit über dem Durchschnitt lagen. Es wundert daher nicht, dass im Haus der Connors nicht die Korken knallten.

Rudd, der in Phoenix ansässig war, hatte im Gegensatz zu Terry Howard nur selten Gelegenheit zu einem gemeinsamen Mittagessen mit Suhail Nasser, dem Leiter des Bereichs Individual Insurance. Ebenso wenig konnte er in einer Arbeitsgruppe der Konzernzentrale mitarbeiten, da der Hauptsitz von *Security First* in New York lag. Diese Mitarbeit bot eine gute Möglichkeit, hochrangige Manager auf sich aufmerksam zu machen. Der Briefbeschwerer aus Messing mit der Aufschrift »Bezirk Nr. 1« und die Konferenz in Puerto Rico konnten kaum als angemessene Anerkennung für den außerordentlichen Einsatz gelten, den Rudd in seinen beiden Jahren bei der Firma an den Tag gelegt hatte. Die Finanzplanungsseminare für Ruheständler, die er selbst ausgearbeitet hatte, erfuhren in Arizona und New Mexico einen solchen Zulauf, dass mittlerweile nur noch geladene Gäste teilnehmen durften. Außerdem hatte Rudd alle fünf Bezirke des Landes abgeklappert, um die Versicherungsagenten anderer Manager in der Präsentation des Materials zu schulen. Doch diesen Fehler würde er nicht noch einmal machen. Schließlich half Rudd seinen Kollegen doch nur, sich in gutem Licht zu präsentieren. Der Bezirk Südwest hatte das Unternehmensergebnis in den letzten beiden Jahren ganz allein in die Höhe getrieben und viele Sünden verschleiert, die in anderen Bezirken begangen wurden – insbesondere im Nordosten.

Motivationsfaktoren müssen Entscheidungsträgern wie Rudd Connors einen klaren Kurs vorgeben und ihnen gute Gründe dafür liefern, warum sie im Interesse des Unternehmens handeln sollten. Zu diesem Zweck müssen Motivationsfaktoren über rein finanzielle Anreize hinausgehen und auch nichtfinanzielle Belohnungen wie Beförderungen, Weiterbildungsmöglichkeiten, Lob und Anerkennung umfassen (siehe Abbildung 2.2). Außerdem sollten sie personenbezogen sein und konkret die Mitarbeiter würdigen, nicht die Position.

Security First hätte viele Möglichkeiten, Rudd zu noch größerem Engagement anzuspornen. Er erweckt nur deshalb den Anschein, als würde er seinen Erfolg allein am Gehalt festmachen, weil das Unternehmen ihn so erzogen hat. Obwohl er schon seit zwei Jahren für *Security First* arbeitet, wartet Rudd noch immer auf eine formelle Leistungsbewertung oder auf eine

	Ansatzpunkt	Beschreibung	Beispiele
Leistung	**Vergütung**	• Gehaltserhöhungen bei erreichten oder überschrittenen Leistungszielen	• Leistungsprämien • Aktienoptionen • schnellere Einräumung der Option
	Anerkennung	• öffentliche Anerkennung für erreichte oder übertroffene Zielvorgaben	• Auszeichnung/Preise • Artikel in internen und externen Publikationen
Mitarbeiter	**Beförderung**	• erweiterte Befugnisse und/oder mehr Eigenständigkeit zur Belohnung und Förderung bestimmter Verhaltensweisen	• mehr Verantwortung • Rücksprache mit dem oberen Management und Einbeziehung in Entscheidungsprozesse des oberen Managements
	Aufmerksamkeit	• mehr Kontakt/Interaktion mit dem oberen Management durch persönliche Gespräche oder in größeren Gruppen	• Meetings mit dem Management zu zweit oder in größeren Gruppen • Coaching durch Vorgesetzte

Vorwiegend finanzieller Art Vorwiegend nicht-finanzieller Art

Einladung in die Konzernzentrale. Er hat also keinen anderen Anhaltspunkt als seine Gehaltsabrechnung, wenn er Vermutungen darüber anstellt, was sein Arbeitgeber von ihm hält.

Stellen wir uns für Rudd ein Arbeitsumfeld vor, in dem die Leistung zählt. Seine herausragenden Zahlen fallen der Führungsriege ins Auge, sobald die Quartalsergebnisse der einzelnen Bezirke vorliegen. Rudd gilt ab sofort als vielversprechende Nachwuchsführungskraft und erhält Sonderleistungen (zum Beispiel ein Mittagessen mit dem Firmenchef oder eine Weiterbildung zum Executive MBA). Man teilt ihm einen hochrangigen Mentor zu, der sich vierteljährlich mit Rudd zusammensetzt und gemeinsam mit ihm einen Karriereplan entwirft, der vorsieht, dass Rudd in den nächsten fünf bis zehn Jahren in allen wichtigen Sparten des Unternehmens eingesetzt wird. Außerdem wird Rudd eingeladen, in einer viel beachteten Arbeitsgruppe der Firma mitzuarbeiten, und er wird regelmäßig von seinem Vorgesetzten Suhail Nasser besucht. Ferner erhält er eine Spitzenprämie, die sich nicht an seiner Hierarchieebene, sondern an seiner Leistung orientiert.

Einige dieser Motivationsfaktoren müssen von den Stabsfunktionen genehmigt werden. Andere erfordern lediglich, dass Rudds Chef seinem begabten Mitarbeiter ein wenig Zeit und Aufmerksamkeit schenkt. Jeder Manager kann Anreize geben. Er motiviert, wenn er regelmäßig Leistungsbeurteilungen vornimmt und offenes, konstruktives Feedback übermittelt. Er spornt seine Angestellten an, wenn er klare Leistungserwartungen formuliert und gute Arbeit würdigt.

Überraschend wenig Unternehmen motivieren ihre Mitarbeiter, und die mangelnden Anreize führen mit der Zeit zu Lähmungserscheinungen. Wenn effektive Motivationsfaktoren fehlen, wählen Angestellte eine der drei folgenden Optionen: Sie kassieren (wie Terry) weiterhin Prämienschecks, die sie sogar nach eigener Einschätzung nicht verdient haben; sie schalten einen Gang zurück und leisten weniger; oder sie kündigen. Es liegt also eine Situation vor, in der alle Beteiligten verlieren. Wenn Mitarbeiter erkennen, dass ihre Leistung nicht auf einheitliche, nachvollziehbare Weise gemessen und gewürdigt wird, beschränken sie sich darauf, die Stechuhr zu drücken und nur noch das Nötigste zu tun. Spitzenkräfte verlassen das Unternehmen, wenden sich vielversprechenderen oder besser bezahlten Aufgaben zu und überlassen ihre weniger produktiven Kollegen dem alten Trott.

Im besten Fall erkennt man unmotivierte Angestellte und Manager an ihrer Gleichgültigkeit und Mittelmäßigkeit, schlimmstenfalls entwickeln sie einen tiefen Groll. Die Arbeitsmoral ist also von großer Bedeutung und sie verbessert sich erheblich, wenn einheitliche und ergebnisorientierte Motivationsfaktoren existieren.

Organisationsstruktur

> »Das ist unser Organigramm, aber nun erkläre
> ich Ihnen noch kurz, wie der Hase hier wirklich läuft.«

Die Strukturen stellen den am deutlichsten sichtbaren Baustein der Organisations-DNA dar. Hier setzen auch die meisten Änderungsprogramme an.

Und zwar deshalb, weil es nicht viel Aufwand erfordert, die Organisationsstrukturen zu verändern. Sie können das Organigramm beliebig umstellen und diese Änderungen mithilfe eines Schaubilds schnell und einfach verdeutlichen.

Organigramme zeigen auf einen Blick, wo die Machtzentren eines Unternehmens liegen. Insider sehen sofort, wer degradiert oder befördert wurde und wer die meisten Untergebenen hat. Für sich genommen verraten sie Außenstehenden jedoch sehr wenig darüber, wie die Firma tatsächlich funktioniert.

Strukturen sind nicht der Ausgangspunkt, sondern das logische Ergebnis der Entscheidungen, die im Zusammenhang mit den anderen Bausteinen getroffen werden. Auch wenn sie wichtig sind und schlechte Strukturen ein Unternehmen lähmen können, sind sie doch der Schlussstein und nicht der Grundstein der meisten Umstrukturierungsprojekte.

Strukturen sollten sich grundsätzlich nach der Strategie richten. Wenn ein Unternehmen seine Strategie auf Kundensegmente ausgerichtet hat, sollte seine Struktur diese Ausrichtung unterstützen. In der Praxis harmonieren Organisationsstruktur und strategische Zielsetzung einer Firma jedoch oft nicht.

Ein Beispiel dafür ist *Pro-Line Supplies*, ein Hersteller medizintechnischer Geräte mit Sitz in Pittsburgh, der sich vorgenommen hat, seine Kundenfreundlichkeit auf dem sich rasch verändernden Gesundheitsmarkt zu verbessern. Susan Jacobson, Hauptgeschäftsführerin von *Pro-Line*, ist nervös. Sie trifft sich gleich mit Carl Martino, Einkaufsleiter bei *New Horizons Medical Systems*, einer führenden nationalen Krankenhauskette mit zugehörigem Ärztenetzwerk. Susan macht sich Sorgen, dass dieser wichtige Auftraggeber abtrünnig werden könnte. Im letzten Jahr haben sie schon drei wichtige Kunden an kleinere und wendigere lokale Anbieter verloren und können es sich nicht leisten, jetzt auch noch auf *New Horizons* zu verzichten. Susan hat zu dem gemeinsamen Mittagessen eingeladen, um Carl davon zu überzeugen, dass er sich bei *Pro-Line* auf einen optimalen Service verlassen kann.

Sie haben gerade bestellt, als Carl zu Susan sagt: »Es gibt da etwas, das mich brennend interessiert. Ich frage mich, mit welchem unserer Krankenhäuser Sie im letzten Jahr den meisten Umsatz gemacht haben. Können Sie mir eine entsprechende Übersicht schicken?« Susan atmet erleichtert auf: »Aber natürlich, Carl, morgen haben Sie die Infos.«

Zurück im Büro ruft sie den Controller Chuck Matthews an und bittet ihn um eine Aufstellung der monatlichen Umsätze mit *New Horizons* aus den letzten drei Jahren, aufgeschlüsselt nach Krankenhäusern. So nimmt das Verhängnis seinen Lauf ... Die Anfrage, die von Susan an der Spitze des Organigramms ausgeht, landet schließlich bei Mark Yenko, einem Analysten in der Abteilung Betriebsanalyse vier Ebenen tiefer. Als Susans einfache Anforderung bei ihm eintrifft, ist sie natürlich längst nicht mehr einfach. Jeder, der mit dem Auftrag in Berührung gekommen ist, hat ihm das eine oder andere Detail hinzugefügt, um sich ein ebenso gutes oder besseres Bild von der Sache machen zu können wie sein Chef oder seine Chefin. Der Controller Chuck fordert die Daten der letzten fünf statt letzten drei Jahre an. Der Vertriebsleiter will die Zahlen auch nach Regionen aufgeschlüsselt haben. Die beteiligten Produktmanager bitten um eine Aufgliederung nach Produktlinien und der Leiter der Abteilung Betriebsanalyse wünscht sich eine Grafik. Als der Auftrag schließlich auf Marks Schreibtisch landet, ist er nicht mehr in einer halben Stunde zu erledigen, sondern zu einem Zweitagesprojekt angeschwollen.

Schlimmer noch, auf dem Weg durch die verschiedenen Unternehmensebenen hat die Anforderung ihre ursprüngliche Eindeutigkeit verloren. Auch der Zusammenhang ist nicht mehr erkennbar. Mark weiß gar nicht, wofür die Daten eigentlich gebraucht werden oder wie sie genutzt werden sollen. Wie bei dem Spiel »Stille Post« wird die Botschaft durch jedes neue Glied in der Kette weiter entstellt, so dass Mark den Sinn der Anfrage nicht mehr erkennen kann. Er kämpft nun mit einem Projekt »höchster Priorität«, das ihm mehrere Parteien gleichzeitig aufgehalst haben, und hat keine Zeit, sich Klarheit über den eigentlichen Zweck der Anfrage zu verschaffen. Mark schüttelt nur mit dem Kopf und verfasst einen hundertseitigen Bericht, von dem magere zehn Zeilen für Susan und somit auch für den Kunden relevant sind. Noch schwerer wiegt, dass Susans Glaubwürdigkeit bei Carl Martino leidet, weil sie den Bericht erst nach zweieinhalb Tagen liefern kann. Dies fügt der Geschäftsbeziehung zwischen *Pro-Line* und *New Horizons* einen erheblichen Schaden zu.

Das Problem von *Pro-Line* liegt in seiner komplizierten Hierarchie. Das Unternehmen, das auf eine 150-jährige Geschichte zurückblickt, hatte sich daran gewöhnt, seine Mitarbeiter alle zwei bis drei Jahre zu befördern. Um alle beförderten Personen unterzubringen, mussten viele unnötige mittlere Führungsebenen geschaffen werden. Außerdem wurde ungewollt eine Kultur gefördert, in der sich Angestellte durch geschicktes Taktieren nach oben manövrieren. Jüngere Manager verbringen übermäßig viel Zeit damit, Daten zu sammeln und sich auf jede erdenkliche Frage vorzubereiten, die ein Vorgesetzter in einem Meeting stellen könnte. Das ist der beste Weg, sich als Alleskönner darzustellen und befördert zu werden. Folglich wird den zugehörigen Analysen immer mehr Bedeutung beigemessen, während die eigentlichen Entscheidungen und die Qualität der Ergebnisse aus dem Blickfeld geraten. Diese sanduhrförmige Organisationsstruktur führt letztlich zu blockierten Entscheidungsprozessen, einer aufgeblähten Bürokratie und im Fall von *Pro-Line* zu Kundenverlusten.

Ein weiteres strukturelles Problem liegt in der Zunahme von »Schattenpersonal«. Das sind Mitarbeiter, die heimlich bestimmte Aufgaben erledigen, die »offiziell« schon an anderer Stelle im Unternehmen verrichtet werden. Schattenpersonal entsteht für gewöhnlich in Geschäftseinheiten und führt Tätigkeiten aus, die von unterstützenden Stabsfunktionen wie dem Personalwesen, Finanzwesen oder der EDV ausgeübt werden sollten. Wenn Geschäftseinheiten mit der Qualität oder dem Kostenniveau dieser Funktionen nicht zufrieden sind, umgehen sie die Unternehmenszentrale und bauen ihre eigenen Stabsfunktionen auf.

Die Lösung liegt *nicht* darin, das Schattenpersonal zu beseitigen, sondern herauszufinden, warum es überhaupt entstanden ist. Sie müssen sich den betrieblichen Problemen stellen, welche die Geschäftseinheiten zum Aufbau eigener Stabsfunktionen veranlasst haben. Ansonsten werden die entsprechenden Positionen einfach »nachwachsen«.

Das sind nur einige der auffälligsten strukturellen Mängel, die wir in Organisationen festgestellt haben. Die Liste ist lang. Wie wir jedoch bereits betont haben, sind die Strukturen allein weder die Krankheit, die ein Unternehmen in die Knie zwingt, noch das Heilmittel.

Es gibt sicherlich Strukturen, die effizienter sind als andere, aber es gibt keine Idealstruktur. Viele dauerhaft erfolgreiche Organisationen verlassen sich nicht allzu sehr auf Strukturen und klar abgesteckte Grenzen, sondern setzen auf funktionsübergreifende Teamarbeit. Einige erfolgreiche Firmen organisieren sich nach Produktlinien, andere nach Funktionen oder geografischen Regionen. Richtig ist, was angemessene Entscheidungsbefugnisse, Informationen und Motivationsfaktoren fördert. Das spricht meistens für eine geringere Zahl von Hierarchieebenen und breitere Spannen, was jedoch nicht als Patentrezept betrachtet werden darf. Unternehmen begehen zu oft den Fehler, bei rückgängigen Umsätzen ihr Organigramm zu überarbeiten, anstatt einen genauen Blick auf ihre Mitarbeiter zu werfen und diese zu veranlassen, auf der Grundlage relevanter Informationen die richtigen Entscheidungen zu treffen.

Die vier Bausteine: Integration ist Trumpf

Auch wenn wir die vier Elemente der Unternehmens-DNA getrennt vorgestellt haben, um ihre jeweiligen Merkmale hervorzuheben, sind sie miteinander verflochten. Entscheidungsbefugnisse nützen wenig, wenn Entscheidungsträger nicht auf relevante, korrekte Informationen zugreifen können. Und Mitarbeiter fällen wahrscheinlich keine optimalen Entscheidungen, wenn sie nicht durch geeignete Motivationsfaktoren zu richtigen Verhaltensweisen und der passenden Zielsetzung ermuntert werden.

Menschen brauchen also angemessene Informationen, um überhaupt eine Entscheidung treffen zu können, sie brauchen Leistungsanreize, um die richtige Entscheidung zu treffen, und sie brauchen die erforderliche Handlungsbefugnis. Effektive Organisationsstrukturen fördern die harmonische Ausrichtung dieser drei Bausteine. Kein Element steht für sich allein. Wichtig ist, wie sie zusammenwirken, damit eine ergebnisorientierte Organisation entsteht.

Diese Wechselwirkung entscheidet über das Leistungsprofil einer Firma und darüber, ob sie handfeste Ergebnisse hervorbringt. Auf der Grundlage unserer Zusammenarbeit mit vielen Unternehmen und unserer Untersuchungen zur Qualität der Abstimmung der vier DNA-Bausteine haben wir sieben Organisationstypen identifiziert: die passiv-aggressive, unkoordinierte, komplexe, überverwaltete, Just-in-Time-, hierarchische und flexible Organisation.

Natürlich sind die meisten großen Unternehmen viel zu komplex, um nur einer dieser Kategorien anzugehören, doch in allen dominiert ein Typ. Auch bei den Bausteinen gibt es nicht nur Schwarz und Weiß. So sind zum Beispiel in kaum einem Unternehmen alle wichtigen Entscheidungsbefugnisse konsequent dezentralisiert oder zentralisiert.

Wie Archäologen, die anhand ihrer Ausgrabungen die Geschichte und Kultur einer Gesellschaft nachvollziehen können, werfen Manager und Unternehmensberater meist erst einen Blick auf die Strukturen oder Hierarchieebenen, um sich eine Vorstellung von den Abläufen in einer Organisation zu machen. Strukturen können zwar verraten, ob sich eine Firma durch Beförderungsrituale, Schattenpersonal oder bevormundete Mitarbeiter kennzeichnet, doch sie sind nur eine von mehreren Bestimmungsgrößen für den Gesundheitszustand einer Organisation. Die Strukturen können die anderen drei Bausteine unterstützen oder behindern, sie jedoch nicht zur Bedeutungslosigkeit verdammen.

Die meisten Unternehmen wurden nicht nach einem Generalplan aufgebaut, sondern haben sich im Laufe der Zeit entwickelt und dabei auf Marktbewegungen, den Wettbewerb und andere oft willkürliche Kräfte reagiert. Der Weggang eines wichtigen Abteilungsleiters kann eine Firma veranlassen, die gesamte Abteilung in eine andere Einheit einzugliedern. Eine Fusion kann schlecht integrierte Informationssysteme mit sich bringen. Solche schnellen Lösungen haben oft lange Bestand, und nachfolgende betriebliche Änderungen bauen darauf auf, bis sich das Unternehmen nach einigen Jahren in eine konzeptlose Ansammlung von Provisorien verwandelt hat, denen eine sinnvolle Grundlage fehlt. In solchen Fällen kann ein unvoreingenommener Blick auf das Wie und Warum der tatsächlichen Abläufe zu wichtigen Erkenntnissen darüber führen, welche Änderungen vorgenommen werden sollten, um das Potenzial der Firma voll ausschöpfen zu können.

Wer die Organisations-DNA verbessern oder korrigieren will, muss Wissen, Entscheidungsfähigkeit und die Fokussierung auf gemeinsame Ziele tief im Unternehmen verankern, damit alle Mitarbeiter und alle Einheiten effektiv handeln können und gut zusammenarbeiten. Die oberen Führungskräfte hinter sich zu bringen ist eine Sache. Eine ganz andere Aufgabe ist es, auf alle Unternehmensebenen, bis zur Fabrikhalle, einzuwirken. Doch die Summe der täglichen Handlungen aller Angestellten entscheidet über das Firmenergebnis.

Unserer Erfahrung nach sehen die meisten Managementteams nicht, welch wichtige Rolle die vier Bausteine der Unternehmens-DNA bei der Verbesserung der Leistung spielen. Ebenso wenig erkennen sie, dass ihre Firma vor einer großen betrieblichen Herausforderung steht. Viele Topmanager »erben« ein Geschäftsmodell und haben weder die Zeit noch die Mittel, sich ein detailliertes Bild davon zu machen, ob es wirklich funktioniert. Vielleicht sind sie frustriert, weil sie ihre Ziele nicht verwirklichen können, sehen jedoch nur selten, dass die vorhandenen Annahmen, Kompromisse und Motivationsfaktoren die Ursache dafür sind.

Jeder Versuch, eigene Schwächen zu bekämpfen oder strategische Chancen zu nutzen, muss die Ursachen dafür berücksichtigen, warum die aktuelle Strategie nicht funktioniert. Dieser Versuch darf allerdings nicht mit der Schlussfolgerung beginnen, dass das Problem in der Strategie selbst liegt. Dies führt allzu oft dazu, dass Unternehmen lediglich ihre Ziele und ihre Vision neu formulieren. Wenn Organisationen das erkennen und sich zudem bewusst machen, dass eine schwierige Aufgabe vor ihnen liegt, haben sie die Chance, sich einen dauerhaften Wettbewerbsvorteil vor der Konkurrenz zu erarbeiten. Außerdem werden sie zu einer neuen Denkweise angeregt, nicht nur im Hinblick auf organisatorische Fragen, sondern auch auf die Strategie. Sehr flexible, dauerhaft erfolgreiche Unternehmen haben begriffen, dass der Teufel im Detail steckt. Diese Firmen haben sich einen Wettbewerbsvorteil verschafft, indem sie ihre Organisation auf handfeste Ergebnisse ausgerichtet haben.

Anmerkung zu diesem Kapitel

1 Ranjay Gulati, Gary Neilson und David Kletter: Organizing for Success in the 21st Century: The Relationship-Centric Organization, Kellogg School of Management at Northwestern University and Booz Allen Hamilton, März 2002.

Kapitel 3

Die passiv-aggressive Organisation: »Alle sind sich einig, aber nichts ändert sich«

In dieser Organisation werden zwar Veränderungen beschlossen, aber es erweist sich dann als unmöglich, sie umzusetzen. Widerstand aus den operativen Bereichen bringt neue Initiativen immer wieder zu Fall, weil die Mitarbeiter meinen: »Auch das wird vorbeigehen.« Das Topmanagement wiederum schüttelt den Kopf über diese Gleichgültigkeit.

Passiv-aggressive Organisationen streben oft nach Mittelmaß. Mittelmäßigkeit wird nicht nur stillschweigend akzeptiert, sondern häufig sogar gefördert. Entscheidungsbefugnisse sind bestenfalls schwammig, und getroffene Entscheidungen werden vielfach in Frage gestellt. Ein stark ausgeprägter Herdentrieb zerstört Innovationsgeist und individuelles Verantwortungsgefühl, und Informationen sind unerreichbar für die Personen, die sie am dringendsten brauchen. Seltsamerweise trifft dieses Profil auf die meisten Unternehmen der Fortune-500-Liste zu. Diese Firmen haben sich starke Marktpositionen gesichert und verschließen die Augen vor ihren Problemen.

Schauen wir noch einmal bei *ZZ Electronics* und George Sullivan, dem desillusionierten Manager in der Marktforschungsabteilung, vorbei. Wie im ersten Kapitel erwähnt, hat George, der seit 15 Jahren bei *ZZ Electronics* arbeitet, seiner enthusiastischen jungen Kollegin Judy empfohlen, ihren Arbeitseifer im Zusammenhang mit der Einführung eines neuen Mediaplayers zu bremsen, weil das Unternehmen den Termin sowieso nicht schaffen würde. Leider lag George mit seiner Vermutung richtig. *ZZ Electronics* brachte das neue Produkt nicht pünktlich zum Weihnachtsgeschäft auf den Markt, und CEO Bill Corrigan musste seinen Hut nehmen.

Eine Woche nach Corrigans Hinauswurf trifft George im monatlichen Marketing-Meeting mit seinen Kollegen aus den Abteilungen Marktmanagement, Werbung, Verkaufsförderung und Vertriebspartner-Management zusammen. Auch sein Chef Roger Marcinno, Vorstandsdirektor des Marketing, die beiden zuständigen Manager aus den Bereichen Personal- und

Finanzwesen und ein Mitglied der Vertriebsabteilung nehmen an der Besprechung teil. Die Produktentwicklung ist nicht vertreten, weil weder Roger noch sonst jemand daran gedacht hat, einen Mitarbeiter dieser Abteilung einzuladen.

Das monatliche Meeting ist eine Marathonveranstaltung, die für gewöhnlich den gesamten Arbeitstag in Anspruch nimmt und den Marketingmanagern Gelegenheit gibt, das Team über ihre Vorhaben zu informieren. Die heutige Versammlung beginnt schleppend, da die Manager zunächst die neuesten Gerüchte über die letzten Tage von Corrigan im Unternehmen und den Ruf seines vorläufigen Nachfolgers austauschen. Eigentlich gehen alle davon aus, dass sich nicht viel ändern wird. Man muss das Spielchen nur mitspielen und herausfinden, wie man einer etwaigen Kündigung aus dem Weg gehen kann.

Um 9:30 Uhr, fast eine halbe Stunde nach dem offiziellen Beginn der Besprechung, bittet Roger die Teilnehmer, sich zu setzen. Die Tagesordnung steht fest: Jeder hat eine Stunde Zeit, seine Projekte vorzustellen. Außerdem soll über den »neuen« Mediaplayer diskutiert werden, der leider nicht zum Weihnachtsgeschäft auf den Markt gekommen ist. Wie wird die Marketingabteilung den neuen Einführungstermin unterstützen, der nun angeblich für das nächste Weihnachtsgeschäft vorgesehen ist? Das hat Roger zumindest von Conrad Hobbs gehört, dem Leiter der Produktentwicklung. Jetzt, wo Cor-rigan gegangen ist, drückt bei dem Projekt niemand mehr aufs Gaspedal.

Während seiner Präsentation berichtet George über die geplanten Marktforschungsaktivitäten, um Reaktionen auf den Prototypen zu testen. In vier Städten – New York, Miami, Los Angeles und Chicago – sollen Anfang Mai jeweils fünf Gruppendiskussionen durchgeführt werden. Bis dahin haben sie also noch sieben Monate Zeit. Diese gemächliche Gangart ist typischer für *ZZ Electronics* als das rasante Tempo, das Corrigan dem Unternehmen aufzwingen wollte. George informiert über die Ziele, die zeitliche Planung und die Kosten des Marktforschungsplans. ZZ wird eine externe Marktforschungsfirma beauftragen, Fokusgruppen vorzubereiten, Moderatoren auszuwählen und die Schlüsselergebnisse schriftlich zusammenzufassen. Hierfür wird die Firma rund 75 000 US-Dollar aufwenden müssen.

Wie George schon erwartet hat, hebt Sarah Tillman vom Marktmanagement als Erste die Hand, als er seine Ausführungen beendet hat. Die Abteilung Marktmanagement ist für die Wettbewerbsanalyse von Markttrends verantwortlich. Sarah lobt George mit schmeichelnden Worten für sein Vorhaben, schiebt jedoch auch einige scheinbar harmlose Fragen ein, mit denen sie ihn als schlecht vorbereitet hinstellen und sich selbst als Fachfrau präsentieren will: »George, das klingt nach einem ehrgeizigen Zeitplan. Haben Sie sich schon um Räumlichkeiten und Fokusgruppenleiter gekümmert? ... Gehe ich recht in der Annahme, dass Sie das schon mit der Produktentwicklung geklärt haben? ... Wir haben in diesen vier Städten zahlreiche Analysen durchgeführt. Soll ich Ihnen jemanden aus meinem Team zur Seite stellen, der Ihnen hilft, die Gruppen zusammenzustellen?«

George beantwortet alle Fragen eingehend und höflich, um Sarah den Wind aus den Segeln zu nehmen. »Gute Frage, Sarah, aber wir haben unsere Hausaufgaben gemacht und uns mit Firmen in Verbindung gesetzt, die uns unterstützen werden. Trotzdem vielen Dank für Ihr Angebot.«

Nach der Diskussion gibt Roger zwar grünes Licht für das Projekt, allerdings wie immer unter Vorbehalt. Er schlägt George vor, seinen Vorschlag zu Papier zu bringen und zur Prüfung in der Gruppe zu verteilen. Natürlich drängt sich damit die Frage auf, welchen Zweck das Meeting dann eigentlich hatte, aber George hat schon mit dieser Forderung gerechnet. Bei *ZZ Electronics* muss alles dokumentiert werden. Eine mündliche Genehmigung ist wertlos, solange man nichts Schriftliches in der Hand hat. Als die Versammlung um 17 Uhr beendet wird, macht sich George umgehend auf den Nachhauseweg, um pünktlich zum Essen bei seiner Familie zu sein.

ZZ Electronics zeigt alle Symptome einer passiv-aggressiven Organisation. Entscheidungsbefugnisse sind unklar, Mitarbeiter weisen Verantwortung von sich, Informationen fließen spärlich und es herrscht allgemeine Trägheit. Wie so viele passiv-aggressive Unternehmen neigt die Firma zur Selbstgefälligkeit und ruht sich auf ihren Lorbeeren aus. Manager überstehen Flops und Personalwechsel in der Chefetage, indem sie gerade genug leisten, um nicht aufzufallen.

Unter den sieben Organisationstypen, die wir identifiziert haben, kommt die passiv-aggressive Organisation am häufigsten vor.[1] Diese Tatsache ist recht ernüchternd, da passiv-aggressives Verhalten per se ungesund ist. Wenn es nicht korrigiert wird, breitet es sich aus wie ein Krebsgeschwür, unbemerkt und langsam.

Das passiv-aggressive Profil ist manchmal schwer zu fassen, weil die Funktionsstörungen weit verbreitet sind und oft im Verborgenen wirken. Alle DNA-Bausteine sind auf irgendeine Weise betroffen oder insgesamt aus dem Gleichgewicht geraten. Entscheidungsbefugnisse, Informationen, Motivationsfaktoren und Strukturen arbeiten gegeneinander und gegen die strategischen Ziele der Organisation. Befugnisse und Verantwortlichkeiten sind unklar oder kurzlebig, was dazu führt, dass Entscheidungen ständig revidiert werden. Außerdem fehlen den Mitarbeitern oft die Informationen, die sie für ihre Arbeit bräuchten.[2] Die Strukturen behindern reibungslose Abläufe, und die Motivationsfaktoren sind nicht dafür geeignet, der wachsenden Frustration entgegenzuwirken.

Die passiv-aggressive Organisation: Symptome

Passiv-aggressive Unternehmen leiden unter verschiedenen Symptomen. Diese sind zunächst kaum wahrnehmbar, führen jedoch unweigerlich zu gravierenden Problemen.

Unstimmigkeiten werden mit einem Lächeln überspielt

Als wir George und Judy von *ZZ Electronics* erstmals erwähnten, kamen sie gerade aus einem Management-Meeting, das vom CEO geleitet worden war. In dieser Besprechung hatten sich die beiden gemeinsam mit ihren Kollegen verpflichtet, ein bahnbrechendes Produkt noch vor Weihnachten auf den Markt zu bringen. Es blieb jedoch bei der Ankündigung, was zumindest bei Judy große Enttäuschung hervorrief. Dieser Vorgang ist für passiv-aggressive Unternehmen sehr charakteristisch – großen Worten folgen keine Taten. Sie sind daher sehr resistent gegenüber Veränderungen. Das liegt nicht daran, dass die Mitarbeiter subversiv veranlagt oder böswillig wären, sondern vielmehr daran, dass es einfach bequemer ist, nicht zu widersprechen. Die schweigende Mehrheit macht einfach mit, auch wenn sie weiß, dass ein Projekt zum Scheitern verurteilt ist. Viele Manager haben in ihren Jahren in großen, von Machtpolitik geprägten Firmen gelernt, »klein« zu denken. Sie haben zu viele Initiativen »höchster Priorität« kommen und gehen sehen, um sich auch bei der nächsten noch ins Zeug zu legen. Sie warten einfach ab und nehmen strategische Anweisungen aus der Chefetage kaum wahr. Dieser allgegenwärtige Mangel an Verantwortungsgefühl und klaren Verantwortungsbereichen erklärt, warum passiv-aggressive Organisationen so schlecht auf Veränderungen und Umbrüche in ihrem Wettbewerbsumfeld reagieren können.[3]

Als George am nächsten Morgen zur Arbeit kommt, ruft er Randy Williams in sein Büro. Randy ist in seiner Abteilung mit der Organisation der Gruppendiskussionen betraut und an diesem Morgen der Erste, mit dem George ausgiebig lästern kann. Randy erkundigt sich nach dem Verlauf des Meetings und George erzählt in allen Einzelheiten von Sarahs hinterhältigem Versuch, ihn schlecht aussehen zu lassen. George und Randy sind davon überzeugt, dass Sarah es auf ihre Abteilung abgesehen hat. Bei der Fluggesellschaft, bei der sie vorher tätig war, war die Marktforschung dem Marktmanagement unterstellt. Ohne Zweifel arbeitet Sarah nun hinter den Kulissen eifrig daran, die Abteilung von George und Randy zu übernehmen.

George teilt Randy mit, dass Roger wie erwartet einen offiziellen Plan für die Gruppendiskussionen anforderte, den sie dem gesamten Marketingteam zur Prüfung vorlegen sollen. Es ist Ende November, und die Gruppendiskussionen sind für Anfang Mai geplant. George schlägt vor, das Konzept Mitte Februar vorzulegen. Ausgehend von diesem Datum kommen die beiden zu dem Schluss, dass die Marktforschungsfirma ihnen in der ersten Januarwoche einen vorläufigen Plan liefern muss, damit sie noch genügend Zeit haben, um die Unterlagen zu »frisieren« und als eigenes Werk zu präsentieren.

Die beauftragte Marktforschungsgesellschaft liefert ihren Entwurf fristgerecht. Randy löscht das Logo, formatiert das Dokument neu, passt einige Details an und schickt die Unterlagen zwei Wochen später per E-Mail an George weiter. Dort schlummern sie eine weitere Woche im Posteingang. George prüft die Unterlagen eine weitere Woche lang und leitet sie dann an die Teilnehmer des Marketing-Meetings weiter. (Es wäre nicht sinnvoll, die Unterlagen früher zu verteilen, weil man dann eher darüber diskutiert und das gesamte Fokusgruppenprojekt vielleicht beschleunigt. Warum soll er sich das Leben unnötig schwer machen?)

George bittet die Gruppe, ihm bis Ende Februar ihr Feedback zu übermitteln. Seine Kollegen haben also zwei Wochen Zeit, den Plan zu prüfen und zu kommentieren. Als die Frist am 28. Februar abläuft, hat George eine einzige E-Mail erhalten – vom Vertreter der Vertriebsabteilung, der an den Meetings teilgenommen hat und das Konzept gutheißt. George weiß aus langjähriger Erfahrung bei ZZ, dass er Schweigen nicht als Zustimmung deuten darf. Also schickt er den Plan noch einmal in die Runde und bittet um Rückmeldungen bis zum monatlichen Meeting, das für den nächsten Freitag anberaumt ist. Einige weitere E-Mails trudeln ein, die den Entwurf im Wesentlichen befürworten. Dann meldet sich Sarah zu Wort – mit einer vierseitigen Liste von Kommentaren und Fragen. Sie hat sogar einen Fahrplan für die Gruppendiskussionen ausgearbeitet, George in ihren ausschweifenden Ausführungen allerdings nicht verraten, ob sie seinem Plan zustimmt.

Dank Sarahs E-Mail, die erst am Abend vor dem Meeting eintrifft, kann das Konzept nicht wie geplant besprochen werden. Vorher müssen George und Randy sich erst noch einmal mit der Marktforschungsgesellschaft in Verbindung setzen, um Antworten auf Sarahs pingelige Fragen und Anmerkungen einzuholen. Sarah hat ihr Ziel erreicht und George vor Roger und den anderen Kollegen schlecht vorbereitet aussehen lassen. George kocht vor Wut.

Als John Thompson nach 28 Berufsjahren bei *IBM* im Jahr 1999 als Präsident und CEO zur *Symantec Corporation* wechselte, einer Softwareschmiede im Silicon Valley, stieß er schon bald auf passiv-aggressiven Widerstand seitens der »Lehensherren« im Unternehmen. Es folgt eine typische Begebenheit aus seinen ersten Tagen bei *Symantec*:[4]

»Wir verkaufen eine Software namens PC Anywhere, und 1999 wurde die CD zusammen mit einem langen Kabel in einem großen Karton ausgeliefert. Als ich damals die Kosten kontrollierte, fragte ich, warum das Kabel beigelegt werde. Man antwortete mir, dass viele Kunden das Kabel bräuchten, um ihre Systeme zu verbinden, damit sie dann mit PC Anywhere Dateien versenden könnten. Ich fragte: ›Wie viele unserer Kunden kaufen mehrere CDs?‹

›Oh, die meisten.‹

›Und wir liefern jedes Mal das Kabel mit?‹

›Ja.‹

›Was machen die Leute mit all den Kabeln?‹

›Ich vermute, sie werfen sie in den Müll.‹

›Welche Kosten entstehen uns dadurch?‹«

Es stellte sich heraus, dass das beigelegte Kabel *Symantec* fast 5 US-Dollar pro Karton kostete. Thompson empfahl, einen kleineren Karton zu verwenden und das Kabel nur noch auf Anforderung kostenlos zur Verfügung zu stellen. Die Führungsriege stimmte bereitwillig zu.

Rund vier Wochen später erfuhr Thompson, dass PC Anywhere immer noch mit Kabel ausgeliefert wurde. Bei der nächsten Besprechung erkundigte er sich nach dem Stand der Dinge.

Der für das Produkt zuständige Manager aus der Geschäftseinheit erklärte, man habe beschlossen, anders vorzugehen. Thompson erwiderte wutentbrannt: »Wir treffen Entscheidungen nur einmal. Und wir haben in dieser Sache vor vier Wochen einen Entschluss gefasst. Warum haben Sie die Entscheidung nicht weitergegeben und in Ihrer Abteilung umgesetzt? Gehen Sie zu Ihren Leuten und sehen Sie zu, dass Sie die Sache regeln. Wir liefern keine Kabel mehr mit. Und wenn Sie das nicht kommunizieren können, werde ich es tun.«

Thompson erinnert sich noch gut an die Reaktion. »Dieses Signal wurde von niemandem mehr überhört. Plötzlich dämmerte allen, dass ich es ernst meinte.

Wichtig war folgender Punkt: Wenn eine Entscheidung ansteht und jemand anderer Meinung ist oder etwas anzumerken hat, dann soll er sich rechtzeitig melden. Er kann nicht einfach seinen Mund halten, lächelnd zustimmen und später durch sein Handeln demonstrieren, dass er mit der Entscheidung nicht einverstanden ist. Der beschriebene Fall war ein klassisches Beispiel dafür, wie eine Organisation sich plötzlich widersetzt und sagt: ›Wir heißen die Entscheidung nicht gut und werden sie deshalb ignorieren.‹ Das ist der Moment der Wahrheit, an dem Sie einschreiten und laut und deutlich sagen müssen: ›Nein, das werden Sie nicht tun. Sie werden sich an unsere Vereinbarung halten – und zwar sofort.‹«

Entscheidungen in Frage stellen

Die Entscheidungsbefugnisse waren bei *Symantec* nicht fest umrissen. Dieses Symptom ist in den meisten passiv-aggressiven Unternehmen zu beobachten. In solchen Fällen ist nicht klar, wer bei wichtigen und weniger wichtigen Beschlüssen das letzte Wort hat – ob es nun um ein mitgeliefertes Kabel, die Einführung neuer Produkte oder den Eintritt in neue Märkte geht. Linienmanager stellen Entscheidungen, die in der Zentrale getroffen werden, mit schöner Regelmäßigkeit in Frage, weil sie weder durch Sanktionen noch durch Leistungsanreize zu ihrer Umsetzung animiert werden (bis jemand wie John Thompson auf den Plan tritt und zeigt, wo es langgeht). Auf der anderen Seite neigen obere Manager dazu, ihre Untergebenen zu bevormunden. So versuchen alle, sich gegeneinander durchzusetzen. Machtpolitik und die Persönlichkeit haben größeres Gewicht als Prozesse und vereinbarte Abläufe. Getroffene Beschlüsse werden selten umgesetzt, sondern nach Belieben abgewandelt oder sogar ignoriert. Dies führt zu blockierten Entscheidungsprozessen, einer verzögerten Umsetzung, enttäuschten Kunden, entgangenen Umsätzen oder, wie im Falle von *Symantec*, zu unnötigen Kosten. Wichtige Projekte hängen in der Luft, während ihre Förderer – sofern überhaupt jemand genügend Energie und Idealismus besitzt, diese Rolle zu übernehmen – denjenigen Managern hinterherlaufen, die es in der Hand hätten, endlich eine Entscheidung zu treffen.

Bei einem Hersteller von medizintechnischer Ausrüstung, mit dem wir zusammengearbeitet haben, wurden getroffene Entscheidungen mit schöner Regelmäßigkeit kritisiert und in Frage gestellt. In den ersten Monaten seiner Amtszeit wurde der CEO nach jedem Meeting, auf dem ein Beschluss gefällt worden war, von Managern angesprochen, die ihm ihre Gegenargumente präsentierten. Sie hielten ihm Daten oder eine Grafik unter die Nase, die beweisen sollten, wie unsinnig die Entscheidung war. Diese Überredungsversuche abseits des offiziellen Wegs verstärkten jedoch die Mauern, die innerhalb des Unternehmens errichtet worden waren, und lähmten die Umsetzung wichtiger Beschlüsse.

Das Bermudadreieck der Informationen

Informationen gelten in jeder Organisation als harte Währung. In passiv-aggressiven Unternehmen neigen Manager dazu, diesen Schatz sorgsam zu hüten, statt ihn mit anderen zu teilen. Folglich gehen Linienmanager und Topmanager meist von unterschiedlichen Daten aus und liegen bei der Prioritätensetzung oder Leistungsbewertung selten auf einer Linie. Die Aktionen der Firma am Markt wirken daher häufig uneinheitlich oder widersprüchlich.[5] Linienmanager treffen bei der Einstellung neuer Mitarbeiter, im Produktmarketing, bei Investitionen oder in anderen Angelegenheiten oft suboptimale Entscheidungen, weil sie nicht wissen, wie sich ihre Beschlüsse letztlich im Unternehmen auswirken. Die Zentrale ihrerseits befindet sich im Blindflug, weil ihr wichtige Informationen über die Konkurrenz und den eigenen Betrieb vorenthalten werden. Geschäftsbereiche, Funktionen und Regionen verfolgen unterschiedliche Ziele, weil Informationen horizontal genauso spärlich fließen wie vertikal – sofern überhaupt kritische Informationen existieren. Selbst das ist nicht selbstverständlich, da sie häufig im Vakuum zwischen konkurrierenden IT-Systemen verloren gehen.

Der März ist bereits weit fortgeschritten, und George isst mit einigen guten Kollegen in der Cafeteria von *ZZ Electronics* zu Mittag. Er ahmt Sarah Tillman nach und berichtet von ihrem Versuch, seine Karriere mit höflichen Worten zu beenden. George ist jedoch zuversichtlich, dass er mit Roger wieder die Oberhand gewinnen wird, wenn die Gruppendiskussionen wie geplant im Mai beginnen. Da räuspert sich Grace Li aus der Abteilung Produktentwicklung und gesteht: »George, es tut mir leid, Ihnen das sagen zu müssen, aber wir hinken mit dem Prototypen für den neuen Mediaplayer um Monate hinterher. Wir haben versucht, das Gerät kompakter zu gestalten, ohne die Tonqualität zu beeinträchtigen. Dabei hat sich jedoch leider gezeigt, dass wir das gesamte Schaltschema neu auslegen müssen. Der Prototyp wird also frühestens im Juni für Markttests zur Verfügung stehen.«

Jetzt legt auch Dante Rinaldi, ein Sarah Tillman direkt unterstellter Mitarbeiter im Marktmanagement, seine Beichte ab: »Also, um ehrlich zu sein, haben wir mit der Wettbewerbsanalyse oder dem Bericht zur Einschätzung der Kundenbedürfnisse noch gar nicht angefangen. Aber das wissen Sie nicht von mir!« George entschuldigt sich und verlässt den Tisch.

Auf dem Weg in sein Büro wird er immer wütender. In seinem Bemühen, es Sarah zu zeigen, hat er die Produktentwicklung aus den Augen verloren. Dabei ist er schon viel zu lange dabei, um nicht zu wissen, was gespielt wird. Er hat zugelassen, dass die anderen ihm eine Zielscheibe auf den Rücken malten.

Aber noch ist es nicht zu spät. Um den Schaden zu beheben, muss George schnell eine Datenspur legen. Zuerst wird er sich schriftlich an Conrad Hobbs wenden, den Leiter der Produktentwicklung, um sich den Zeitplan »noch einmal bestätigen zu lassen«, den sie für den Prototypen vereinbart haben. Dabei darf George allerdings nicht durchblicken lassen, dass er von den Terminschwierigkeiten weiß, weil er Grace damit verraten und vor allem zugeben würde, dass er die Sache aus den Augen gelassen hat. Um Sarah würde er sich später kümmern. Jetzt muss er zunächst die Fokusgruppen ohne viel Aufhebens von Mai auf Juli verschieben. George weiß, dass die Marktforschungsgesellschaft bereits Verpflichtungen eingegangen ist und die Terminverschiebung eine hübsche Stange Geld kosten wird – aber darauf kann er jetzt keine Rücksicht nehmen.

Die Unterlagen zur Vorbereitung auf das Meeting im April verschickt George erst am Vortag. Darin bringt er seine Kollegen kurz auf den neusten Stand. In den Zeitplan für die Gruppendiskussionen hat er die Julitermine eingesetzt, ohne Gründe für die Terminänderung zu nennen. Sein Chef Roger bemerkt die neuen Termine jedoch sofort. Noch am selben Abend erkundigt er sich per E-Mail bei George nach den Gründen für die Verlegung.

Motivationsfaktoren mit unterschiedlichen Botschaften

In passiv-aggressiven Firmen bewegt sich nicht viel, die Mitarbeiter eingeschlossen. Beförderungen erfolgen später als in den meisten anderen Organisationen und haben meist keinen Bezug zur Leistung.[6] Die Unfähigkeit des Unternehmens, zwischen exzellenten und schwachen Leistungen zu unterscheiden, erzeugt Selbstgefälligkeit und frustriert leistungsstarke Mitarbeiter. Letztere wechseln oft in Unternehmen, die ihre Verdienste stärker anerkennen. Die Leistungsanreize sind schlecht auf die Interessen der Firma abgestimmt, und der Leistungsbeurteilungsprozess erzielt keine Wirkung, weil die große Mehrheit der Angestellten ohnehin fest mit einheitlichen Prämien rechnen kann. Aufgrund dieser schlecht gewählten Motivationsfaktoren fällt es passiv-aggressiven Firmen oft sehr schwer, kompetente Mitarbeiter zu gewinnen und an sich zu binden.

John Thompson von *Symantec* berichtet: »Als ich hier anfing, stellte ich fest, dass die verschiedenen Geschäftseinheiten nicht zur Zusammenarbeit bereit waren. Die Entwicklungsteams kämpften regelrecht um Ressourcen. Jeder Vorstandsdirektor bekam einen BMW, sodass die Führungskräfte ein ausgeprägtes Anspruchsdenken an den Tag legten. Wenn Sie jemanden baten, etwas für Sie zu erledigen, lautete die Antwort ›Und was kriege ich dafür?‹. Das System beruhte auf einer Art internem Tauschhandel.«

Die Aktie von *Symantec* entwickelte sich Ende der 1990er Jahre schlechter als die Wertpapiere der meisten anderen Firmen aus dem Silicon Valley. Doch die Führungsriege schien das nicht sonderlich zu stören. Ihre Vergütung beruhte hauptsächlich auf Gehaltszahlungen, und Aktienoptionen spielten nur eine geringe Rolle. Die oberen Manager waren wenig motiviert, die Leistung ihrer Einheiten zu verbessern, weil sich ihr Gehalt im Wesentlichen nach dem Finanzergebnis des Gesamtunternehmens richtete. Dazu erklärt Thompson: »Fiel die Aktie, war es ihnen egal. Stieg der Kurs, bekamen sie eine kleine Sonderzulage. Ihren Wagen hatten sie sowieso, und wenn die Quartalszahlen stimmten, erhielten sie automatisch ihren Prämienscheck. Doch wie können Sie einen Manager dazu bewegen, langfristig zu denken, wenn seine Prämien sich nach Quartalsergebnissen richten?«

»Verteidigungsschriften«

In passiv-aggressiven Unternehmen wird viel Mühe darauf verwendet, sich in alle Richtungen abzusichern. Manager kommunizieren hauptsächlich durch schriftliche Mitteilungen, in denen sie ihr Revier verteidigen, Schuld von sich weisen und ihre Handlungen (oder den Mangel derselben) begründen. Diese »Verteidigungsschriften« machen in passiv-aggressiven Organisationen regelmäßig die Runde. Statt Kunden zu besuchen oder neue Produkte zu entwickeln, verschwenden Manager ihre Zeit und die Mittel des Unternehmens damit, ihre Fehler oder noch öfter ihre Untätigkeit zu rechtfertigen.

ZZ Electronics
Interne Mitteilung

An: *Roger Marcinno*
          Vorstandsdirektor Marketing

Von: *George Sullivan*
          Leiter Markforschung

Datum: 1. April 2005

Betreff: Verlegung der Gruppendiskussionen

Ihre E-Mail habe ich erhalten, in der Sie auf die Verschiebung der Gruppendiskussionen Bezug nehmen. Nun möchte ich auf Ihre Anmerkungen eingehen und erläutern, wie es zu der Verlegung gekommen ist.
   Wie Sie wissen, sollten die Fokusgruppen in den ersten beiden Maiwochen in New York, Miami, Chicago und Los Angeles stattfinden. Laut unserem Plan sollten in jeder Stadt fünf Gruppendiskussionen erfolgen, um die Reaktionen auf den neuen Mediaplayer zu testen. Im März stellte sich jedoch heraus, dass die Produktentwicklung den Prototypen noch nicht fertig gestellt hatte. Außerdem hatte das Marktmanagement die Wettbewerbsanalyse und den Bericht zur Bewertung der Kundenbedürfnisse noch nicht abgeschlossen.

Wie Sie sich sicherlich erinnern, habe ich unseren Marktforschungsplan im letzten November vorgestellt. Wir haben ein sehr ehrgeiziges Konzept präsentiert, bei dem wir natürlich davon ausgegangen sind, dass die Produktentwicklung den Prototypen bis zum heutigen Datum fertig stellen und das Marktmanagement seine Einschätzung zu den Verbraucherbedürfnissen bis Mitte März vorlegen würde. Leider haben beide Abteilungen ihre Frist nicht eingehalten. Offensichtlich wurden die Probleme, die im letzten Jahr die Einführung der neuen Headset-Linie verhindert haben, immer noch nicht behoben – trotz gegenteiliger Beteuerungen.

Wir mussten die Fokusgruppen absagen, wodurch unsere Abteilung viel Zeit und Geld verloren hat. Wir hatten schon Einladungen drucken lassen, Moderatoren engagiert und Räume gemietet. Wir hoffen nun, dass die anderen Abteilungen ihre Aufgaben bald erledigt haben, damit wir mit dem Projekt fortfahren können.

Ich schlage vor, dass wir in den nächsten beiden Wochen ein Meeting mit der Produktentwicklung und dem Marktmanagement abhalten, um herauszufinden, wann wir mit ihren Beiträgen rechnen können. Ich freue mich darauf, die Einführung des neuen Mediaplayer wieder auf Kurs zu bringen.

George Sullivan

New Horizons Medical System:
Wenn »Ja« eigentlich »Nein« bedeutet

Als Larry Schmidt vor einigen Jahren als Vorstandsdirektor der Personalabteilung bei *New Horizons Medical System* anfing, musste er sofort an seine Jahre in Japan zu Beginn seiner Karriere denken.[7] »In Japan gibt es acht Möglichkeiten, um in einem geschäftlichen Meeting ›nein‹ zu sagen. Alle beginnen damit, dass man zustimmend nickt«, berichtet Larry. »In unseren Management-Meetings war es genauso. Es wurde viel genickt – wir nannten es das ›New Horizons-Nicken‹ –, aber hinterher wenig gehandelt. Wie sich herausstellte, hatten die Leute nicht die geringste Absicht, die Dinge umzusetzen, denen sie soeben zugestimmt hatten.«

New Horizons hatte sich einen Namen mit seiner exzellenten Patientenpflege gemacht und sich nach außen immer als vertrauenswürdig und professionell präsentiert. Intern sah es jedoch anders aus. Obwohl die Mitarbeiter das Leitbild und die Werte des Unternehmens mit voller Überzeugung unterstützten, führten widersprüchliche Zielsetzungen und eine tiefsitzende Unzufriedenheit dazu, dass es unter der Oberfläche heftig brodelte. Die Funktionsstörungen waren so ausgeprägt, dass der Konzern vor einigen Jahren fast auseinander gebrochen wäre. An der Wall Street war man der Meinung, dass die medizinischen Zentren und Ärztegruppen als Einzelunternehmen einen größeren Wert besaßen als als Teil von *New Horizons*, und die Zentren und Ärzte kannten diese Einschätzung. Tatsächlich hatten die Ärzte schon versucht, sich vom Konzern zu trennen, doch die rechtlichen Hürden lagen einfach zu hoch. Also blieben sie – mit wachsendem Unmut.

»Unter den Ärzten und praktisch auch unter allen anderen Mitarbeitern herrschte großes Misstrauen. Das ging bis zu offenen Feindseligkeiten«, erinnert sich Dr. Genevieve Poissant. Angestellte unterstellten ihren Kollegen egoistische Absichten und »warteten nur darauf, dass man einen Fehler beging, um über einen herfallen und Entscheidungen anfechten zu können«, so die Schilderung einer Führungskraft.

Als die oberen Manager im Jahr 2003 auf einer Versammlung zusammentrafen, erkannten viele von ihnen, dass sich das Unternehmen bei der Verwirklichung seiner Ziele selbst am meisten im Wege stand. Alle vier DNA-Bausteine funktionierten nicht richtig und waren schlecht aufeinander abgestimmt. Die Strukturen und das Führungsmodell waren äußerst komplex und stifteten Verwirrung hinsichtlich der verschiedenen Rollen und Zuständigkeiten. Folglich waren auch die Entscheidungsbefugnisse unzureichend definiert, was zu häufigen Revierkämpfen führte. Informationen krochen im Schneckentempo durch die Firma. Außerdem waren die Motivationsfaktoren nicht auf die Strategie von *New Horizons* abgestimmt und wurden nicht konsequent angewendet.

Strukturen: Ohne Zusammenhang keine Synergien

Im Hinblick auf die Strukturen präsentierte sich *New Horizons Medical System* als eine Mischung verschiedener Einrichtungen und Aktivitäten. Im Grunde existierten drei Organisationen in einer: (1) zehn medizinische Zentren, die als eigenständige, vertikal integrierte Institute arbeiteten, (2) *New Horizons Select Coverage*, eine Versicherungsgesellschaft mit speziellem Angebot für Risikogruppen, und (3) sechs Ärztegruppen, die über den Nordosten der Vereinigten Staaten verteilt waren. Um die Sache noch komplizierter zu machen, hatte das Unternehmen soeben das *Pennsylvania Medical Center* übernommen und steckte mitten in einem mühevollen Integrationsprozess, der die organisatorischen Probleme noch verstärkte.

Obwohl alle Einrichtungen von der Marke *New Horizons* profitierten, verhielten sie sich Anfang 2000 ganz und gar nicht wie Teile eines gemeinsamen Konzerns. Im Gegenteil: Einige Standorte schienen sogar gegeneinander zu arbeiten. Obwohl die Einheiten ihre eigenen Leistungen und den guten Ruf von *New Horizons* in der Patientenpflege rühmten, wiesen sie jede Schuld für Lücken oder Mängel im Geschäftsmodell weit von sich und erklärten sie »zum Problem anderer«. Wie eine Führungskraft sich ausdrückte, »agierten sie wie ein loser Verbund von Einzelunternehmen und nicht wie eine geschlossene, synergetische Organisation«.

Entscheidungsbefugnisse: Revierkämpfe im Untergrund

Entscheidungsbefugnisse und Rechenschaftspflichten waren bei *New Horizons* außergewöhnlich vage. Viele Insider vermuteten Absicht dahinter, weil auf diese Weise »keiner für die Schwierigkeiten zuständig war«. In den meisten Funktionsbereichen, Verwaltungen und Einrichtungen war nicht klar, wer die Entscheidungen über strategische Ziele, die Mittelverteilung, den Wissenstransfer, IT-Investitionen und andere unternehmensweite operative Fragen traf und wie Fortschritte gemessen wurden. Um überhaupt irgendetwas festlegen zu können, musste man sich den richtigen Entscheidungsträger suchen. Eine Führungskraft beklagte sich damals: »Niemand ist erfahren und einflussreich genug, um Veränderungen einzuführen. Wir sind harte Kerle, bis sich der erste Konflikt anbahnt. Dann verschieben wir die Beschlüsse sofort auf das nächste Jahr. Wie viele Studien, Untersuchungen, Überlegungen und Verzögerungen kann ein Mensch ertragen?« Wenn tatsächlich einmal eine Entscheidung getroffen wurde, war nicht klar, wer für die Umsetzung verantwortlich war.

Die Situation lässt sich am Beispiel der Übernahme des *Pennsylvania Medical Center* verdeutlichen. Nach der Transaktion beschloss *New Horizons*, im Rahmen der Integrationsbemühungen 50 Millionen US-Dollar in die Zusammenlegung der beiden Patientenaufzeichnungssysteme zu investieren. Trotz Zusagen beider Seiten und der Auswahl einer IT-Servicefirma zur Durchführung der Arbeiten kam das Projekt nicht voran. Es gab einfach niemanden, der die grundlegenden Designmerkmale des Systems festlegte oder entschied, welche Daten in die gemeinsame Datenbank aufgenommen werden sollten.

So wurden in dem Unternehmen neue Mauern hochgezogen. Statt Informationen auszutauschen und einer anderen Einheit die Erbringung einer Dienstleistung anzuvertrauen, lautete die Devise, alles lieber selbst zu machen. Das führte dazu, dass viele Arbeiten doppelt erledigt und zahlreiche Möglichkeiten zur Kostensenkung verschenkt wurden. Die Verteidigung des eigenen Reviers genoss höchste Priorität und hatte maßgeblichen Einfluss auf die Aktivitäten des Managements. Im Grunde fungierte *New Horizons* lediglich als Dachorganisation für teure, isolierte Kompetenzzentren.

Informationen: Zu viele Systeme

Als Jeff Bell Anfang 2003 als Aufsichtsratsvorsitzender und CEO bei *New Horizons Medical System* antrat, gelang es ihm nicht einmal, sich einen Überblick über die Mitarbeiterzahl zu verschaffen. »Es gab Dutzende von Personalverwaltungssystemen«, berichtet Ball. »Als ich fragte, wie viele Beschäftigte wir hätten, konnte mir niemand die genaue Zahl nennen. Die erste offizielle Zählung brachte ein Ergebnis hervor, das 20 Prozent unter der tatsächlichen Zahl lag. Man ließ damals an allen Orten, an denen Gehaltsschecks ausgestellt wurden, die Schecks zählen, um sich einen groben Überblick zu verschaffen.«

Der Zugriff auf zeitgerechte, korrekte und einheitliche Informationen stellte für das Unternehmen ein enormes Problem dar. Bei mehr als 200 verschiedenen IT-Systemen und fehlender zentraler Planung hofften die Manager einfach, »dass die Zahlen passen würden«. Wie eine Führungskraft aus der Zentrale einräumte, »war die Firma nicht in der Lage, die Rentabilität ihrer medizinischen Zentren oder der einzelnen Patientengruppen zu messen«. Ebenso wenig konnten die Unternehmensfunktionen oder medizinischen Zentren von *New Horizons* ihre Ergebnisse miteinander oder mit externen Einrichtungen vergleichen. Die Finanzdaten ließen eine solche Gegenüberstellung einfach nicht zu.

Nachahmenswerte Verfahren in den medizinischen Zentren wurden nicht auf die anderen Institute übertragen, und es herrschte generell eine große Abneigung gegen alles, was nicht im eigenen Haus erdacht worden war. Wenn ein Bereich zum Beispiel ein effektives Mitarbeiterorientierungs- und -schulungsprogramm entwickelt hatte, wollte er das Programm ebenso wenig weitergeben, wie die anderen Zentren es übernehmen wollten. Wenn ein medizinisches Zentrum ein effizienteres Verfahren für die Patientenaufnahme erarbeitet hatte, wurde es gehütet wie ein Geschäftsgeheimnis. »Wir zogen es vor, das Rad immer wieder neu zu erfinden«, gibt ein Topmanager zu.

Motivationsfaktoren: Uneinheitliche Botschaften

Interne Umfragen und Rückmeldungen von Patients wiesen darauf hin, dass die Erfahrungen von Patients und anderen Personen, die mit *New Horizons Medical System* in Kontakt kamen, weitgehend durch die Qualität und das Schulungsniveau der Mitarbeiter geprägt wurden. Hier bestand in mehreren Bereichen Verbesserungsbedarf. Zum Beispiel verbrachte das Personal zu viel Zeit mit Verwaltungsaufgaben und zu wenig Zeit mit den Patienten, empfehlenswerte Verfahren wurden nicht hinreichend ausgetauscht und die Entscheidungsbefugnisse waren nicht klar festgelegt.

Kurz: Die Organisation war alles andere als motiviert. Weil *New Horizons* auch als Versicherungsgesellschaft agierte, wurden uneinheitliche Botschaften an die Mitarbeiter ausgesandt: Stellen Sie die Patienten zufrieden, aber widmen Sie ihnen auch nicht zu viel Zeit. Ärzte und Pflegepersonal hatten das Gefühl, zwischen den Stühlen zu sitzen.

Unterdessen auf dem Markt ...

Diese internen Dramen spielten sich vor dem Hintergrund umwälzender Veränderungen im Gesundheitssektor ab. Unter der Last steigender Versicherungsprämien gingen viele Arbeitgeber dazu über, die Kosten der Krankenversicherung auf ihre Mitarbeiter abzuwälzen. Um die finanzielle Belastung etwas abzufedern, boten sie den Beschäftigten eine immer größere Auswahl von Versicherungslösungen an, darunter auch so genannte »High Deductible Plans« mit niedrigen Versicherungsprämien und hohen Selbstbehalten. Diese Verlagerung brachte für *New Horizons* sowohl Chancen als auch Gefahren mit sich. Einige integrierte Dienstleister im Gesundheitswesen verloren gesunde (also rentable) Mitglieder, die clever genug waren, sich nach dem preiswertesten Versicherungsschutz umzusehen. *New Horizons* war jedoch nicht darauf vorbereitet, in diesem Segment der selbstständigen, kostenbewussten Verbraucher zu konkurrieren. »Wir können es uns nicht erlauben, jeden selbst entscheiden zu lassen, was er tut und wie er es tut«, erklärte ein Manager damals. »Wir müssen über unseren Schatten springen und unser Verhalten ändern.« Andernfalls würde der Zug nicht nur ohne *New Horizons* abfahren, sondern das Unternehmen möglicherweise sogar überrollen.

Heilende Hände: der passiven Aggression begegnen

Die Führung von *New Horizons* erkannte damals die dramatischen Veränderungen am Markt, sah aber auch die internen Barrieren, die rasche, effektive Reaktionen verhinderten. Sie war fest entschlossen, die Chancen der unlängst vollzogenen Fusion zu nutzen und Veränderungen einzuführen. Sie bildete daher eine Arbeitsgruppe, die sich aus Vertretern aller Unternehmensbereiche zusammensetzte und sich den verschiedenen organisatorischen Problemen widmete, darunter auch den Entscheidungsbefugnissen, Informationen, Motivationsfaktoren und Strukturen. Dieses Team erhielt den Namen »Healing Hands« (heilende Hände).

»Healing Hands« untersuchte alle Aspekte des Organisationsmodells von *New Horizons*, einschließlich der Rollen und Zuständigkeiten der Zentrale, der medizinischen Zentren und der unterstützenden Funktionen (zum Beispiel Personalverwaltung, IT, Finanzwesen, Public Relations). Arbeitsteams prüften, wie Entscheidungen zustande kamen, ob und wie Rechenschaft eingefordert wurde, wie Informationen übermittelt wurden und wie die Arbeit strukturiert war. Die Diskussionen waren offen und ehrlich und gaben den Mitarbeitern die Hoffnung, dass man sich den Problemen endlich stellen würde. Nach mehrmonatigen Untersuchungen gab die Arbeitsgruppe mehrere weitreichende Empfehlungen heraus.

Entscheidungsbefugnisse: Die Route abstecken

Ausgestattet mit den Empfehlungen der Arbeitsgruppe widmete sich das obere Management der Zuweisung von rund 100 verschiedenen Entscheidungsbefugnissen und klärte, wer Maßnahmen vorschlagen, prüfen und darüber entscheiden sollte und wer für die Umsetzung dieser Beschlüsse verantwortlich war. Diese Entscheidungsrechte betrafen alle Bereiche – von der strategischen Ausrichtung des Unternehmens über die Einführung nachahmenswerter medizinischer Verfahren bis hin zu den Prozessen in den Funktionsbereichen. Das Managementteam legte zudem fest, wie getroffene Entscheidungen idealerweise kommuniziert werden müssten, damit es keinen Spielraum für falsche Auslegungen oder Schuldzuweisungen gab.

Um diese neuen Entscheidungsbefugnisse in die Strategie von *New Horizons* aufzunehmen, erstellte das Team die »New Horizons Road Map«, die alle wichtigen strategischen Ziele und die geplanten Wege zu deren Verwirklichung bis 2006 beschrieb. Dieser Fahrplan führte auch aus, wer für die betreffenden Maßnahmen verantwortlich war und wie die Leistung gemessen würde. Ball erklärt es mit folgenden Worten: »Dieser Fahrplan bestimmt die Wechselwirkungen der verschiedenen strategischen Initiativen und legt ihre Entwicklung fest. Wir bringen die Initiativen regelmäßig auf den neuesten Stand. Sie stellen ein wichtiges Werkzeug dar, das wir sowohl in der Geschäftsleitung als auch in den Stabsfunktionen benutzen. Jedes hochrangige Teammitglied hat sehr detaillierte Pläne vorliegen, welche Ziele zu welchen Zeitpunkten erreicht werden müssen. An der Umsetzung der Pläne wird die gesamte Organisation beteiligt. Jeden Monat prüft das Managementteam, welche Fortschritte im Hinblick auf die vereinbarten Ziele gemacht wurden. Wenn ein Problem auftritt, wird es von der zuständigen Führungskraft sofort angesprochen, damit es dann vom gesamten Team unverzüglich gelöst werden kann. Wir machen nicht mehr wie früher andere für Schwierigkeiten verantwortlich, sondern überlegen uns, wie wir Probleme selbst in den Griff bekommen.«

Informationen: nur einen Mausklick entfernt

Das Unternehmen legte im Rahmen der »New Horizons Road Map« nicht nur Meilensteine fest, um die Fortschritte bei der Umsetzung strategischer

Ziele zu messen, sondern überarbeitete auch die Systeme, die Ärzte und Sachbearbeiter bei ihrer täglichen Arbeit unterstützen. Beide Gruppen können an ihren Computern jetzt umfassende Informationen über Patienten, Behandlungsmöglichkeiten und wahrscheinliche Resultate abrufen.

Motivationsfaktoren: Der Patient ist König

Anhand der Empfehlungen der Arbeitsgruppe »Healing Hands« wurden Teams zusammengestellt, die verschiedene Lücken im Geschäftsmodell von *New Horizons* untersuchen sollten. Unter der Leitung von Larry Schmidt organisierte eine Arbeitsgruppe, die Mitarbeiter aus dem gesamten Unternehmen wie Ärzte, Krankenschwestern, Techniker, Finanzexperten und IT-Spezialisten umfasste, die Personalverwaltung neu. Vor allem entwickelte sie eine Vergütungsstruktur, die den Patienten in den Mittelpunkt der Aufmerksamkeit der Ärzte stellte, und straffte den Fakturierungsprozess. Das neue Modell steigerte die Effektivität der Organisation und die Mitarbeiterzufriedenheit erheblich und senkte gleichzeitig die Verwaltungskosten.

Strukturen: Schluss mit dem gewohnten Trott

Als CEO Jeff Ball 2003 bei *New Horizons* anfing, machte er sich sofort an die Zusammenstellung seines Führungsteams. Binnen weniger Wochen hatte er die Aufgabenbereiche einiger wichtiger Führungskräfte geändert, Topkräfte von außen ins Unternehmen geholt und Manager entlassen, bei denen er den Eindruck hatte, dass sie seinen Plan nicht unterstützen würden. Eine der wichtigsten Aufgaben für einen CEO »von außen« liegt darin festzustellen, welche Manager in der Lage und bereit sind, Veränderungen mitzutragen, und wer die geplanten Neuerungen wahrscheinlich untergraben wird.

New Horizons Medical System: Nachwort

In den vergangenen Jahren hat *New Horizons* erfolgreich auf den externen Marktdruck wie auch auf interne Funktionsstörungen reagiert, indem es seine Spielregeln grundlegend geändert hat. Das Unternehmen hat flexiblere Produkte entwickelt und eingeführt und unterstützt sie durch beträchtliche Investitionen in integrierte IT-Systeme. Mittlerweile hat Jeff Ball Spitzenkräfte aus der gesamten Branche eingestellt, um den Wandel voranzutreiben und die Firma in neue Höhen zu führen.

Im Jahr 2004 trafen Verwaltungsleiter und medizinische Leiter aus den medizinischen Zentren, den Ärztegruppen und der Versicherung zusammen, um die »New Horizons Road Map« zu unterzeichnen und sich zur Verwirklichung eines detaillierten Fünfjahresplans zu verpflichten. Dieser sieht grundlegende Änderungen im Hinblick auf die Pflegequalität, die Verwaltungskosten und den allgemeinen Patientennutzen vor.

Wenngleich kontinuierliche Investitionen und fortgesetztes Engagement erforderlich sein werden, um diese Ziele zu verwirklichen, ist *New Horizons* auf dem besten Weg, zu einer flexiblen Organisation zu avancieren. Das Unternehmen verfügt heute über klare Entscheidungsbefugnisse, sinnvolle Kennzahlen, bessere Verfahren für den Wissenstransfer und einen klaren Fahrplan, der es ermöglicht, Fortschritte zu messen.

Die passiv-aggressive Organisation: Therapien

Wie »heilt« man eine passiv-aggressive Organisation? Eins ist klar: Mit einigen kosmetischen Änderungen ist es nicht getan. Vielmehr gilt es, bis ins Innerste des passiv-aggressiven Unternehmens vorzudringen und sein DNA-Profil zu ändern. Nur dann lassen sich langfristig deutliche Verbesserungen herbeiführen.

Keinen Stein auf dem anderen lassen

Passiv-aggressive Organisationskulturen widersetzen sich dem Wandel und sind daher besonders schwer zu ändern. Die DNA-Bausteine nacheinander einzeln anzugehen wäre ein vergebliches Unterfangen, weil alle Elemente Störungen aufweisen. Für dauerhafte Veränderungen müssen daher alle vier Bausteine gleichzeitig bearbeitet werden – Entscheidungsbefugnisse, Informationen, Motivationsfaktoren und Strukturen. Die Therapiemaßnahmen müssen rasch ergriffen werden und ganzheitlich ausgerichtet sein. Auch wenn der jeweilige Aktionsplan auf kleinen, aufeinander aufbauenden Schritten beruhen kann, sollte eine grundlegende Umgestaltung angestrebt werden.

John Thompson unterzog die Organisationsstruktur von *Symantec* einer Generalüberholung, als er 1999 das Amt des CEO antrat. Er gliederte verschiedene Geschäftsbereiche und Produktlinien aus, besetzte das Managementteam neu, überprüfte sämtliche Leistungsanreizsysteme und »ließ im Unternehmen fast keinen Stein auf dem anderen«. Dabei öffnete Thompson seinen eigenen Worten nach die Büchse der Pandora. »Sie heben einen Deckel, sehen etwas, das Ihnen nicht gefällt, und entweder schließen Sie den Deckel schnell wieder, weil Sie gerade keine Zeit haben, sich um den Inhalt zu kümmern ... oder Sie machen sich beherzt ans Werk.

Wir haben die alten ›Signalwege‹ in ihre Einzelteile zerlegt. Es war wie in Florida, wenn die Hurrikane über das Land hinwegfegen und zerstörte Strommasten hinterlassen. Irgendjemand muss sie reparieren. Wir entschlossen uns damals, die Gelegenheit zu nutzen und das ganze System zu erneuern.«

Das Resultat war erstaunlich. In nur fünf Jahren steigerte *Symantec* seinen Umsatz von 632 Millionen US-Dollar auf 1,87 Milliarden US-Dollar. In diesem Zeitraum verlagerte das Unternehmen seinen Vertriebsschwerpunkt von Verbrauchersoftware auf Internet-Sicherheitslösungen für Privatpersonen und Unternehmen und eroberte in dieser Nische eine dominante Stellung. *Symantec* expandiert heute in den größeren Markt des Informationsmanagements und hilft seinen Kunden sicherzustellen, dass ihre Informationen verschiedenen Zielgruppen zugänglich und gleichzeitig geschützt sind. Unter der Leitung von Thompson hat *Symantec* mehr als 20 Firmen übernommen und so erfolgreich integriert, dass es von der Zeitschrift *Fortune* heute zu den besten Arbeitgebern in den Vereinigten Staaten gezählt wird.

Frisches Blut wirkt Wunder

Um die Generalüberholung einzuleiten, die zur Neuausrichtung eines passiv-aggressiven Unternehmens nötig ist, muss der Anstoß meist von außen kommen. Allerdings sind Außenseiter dabei in gewisser Hinsicht benachteiligt. Ihnen fehlen die hilfreichen Beziehungen, die altgediente Mitarbeiter im Laufe der Jahre aufgebaut haben, und sie können sich das mittlere Management leicht zum Feind machen. Auf diese Weise wird der passiv-aggressive Widerstand zusätzlich verstärkt. Wer als externer Chef Erfolg haben will, belässt meist genügend Angehörige der alten Garde im oberen Management, um sich die Loyalität der Organisation zu sichern, und setzt Personen vor die Tür, die auf keinen Fall mitspielen werden. Ersatzweise kann der Außenstehende auch ein Insider sein, also ein »Change Agent« aus den Reihen des Unternehmens. Unabhängig davon, ob das neue Führungsteam aus der Firma stammt oder von außen angeworben wird, muss es beim Fußvolk Vertrauen aufbauen und sich Respekt erwerben. Der Schlüssel hierzu ist rasches, entschlossenes Handeln. In Gesprächen mit Unternehmenschefs, die von außen kamen, gaben fast alle Befragten zu, dass sie in einer ähnlichen Situation vor allem eins anders machen würden: Sie würden viel schneller entscheiden, wer bleibt und wer gehen muss.

John Thompson von *Symantec* erzählt: »Das Unternehmen hatte sich verrannt und brauchte jemanden, der genügend Distanz zu den Mitarbeitern, Prozessen oder Strategien besaß, um die heiklen Fragen stellen und die Antworten darauf umsetzen zu können. Gordon Banks, der frühere CEO von *Symantec*, hatte bei null angefangen und führte nach 15 Jahren ein Unternehmen mit einem Jahresumsatz von 632 Millionen US-Dollar. Das war es, was ich von der Ostküste aus sah, als ich überlegte, ob ich den Job annehmen sollte. Das Rohmaterial, die Grundmerkmale waren vorhanden. Ich brachte lediglich eine andere Sichtweise mit und regte an, die mögliche Entwicklung der Organisation aus einem anderen Blickwinkel zu betrachten.«

So fing John Thompson bei *Symantec* an. Er machte zunächst eine gründliche Bestandsaufnahme und zog die Zügel an. Er nahm einige wesentliche Änderungen am DNA-Profil der Firma vor, ließ das Unternehmen wieder schmecken, wie süß der Erfolg ist, und lockerte die Zügel dann nach und nach wieder. Zu bestimmen, wie viel Macht man der Organisation später zurückgibt, ist ein Balanceakt, weil alte Gewohnheiten sehr hartnäckig und auch nach Jahren noch latent vorhanden sind. »Das passiv-aggressive Gen ist immer da und wartet darauf, geweckt zu werden«, warnt John Thompson.

Entscheidungen treffen … und daran festhalten

Ein typisches Kennzeichen passiv-aggressiver Organisationen ist die fehlende Entscheidungsfähigkeit. Wenn doch einmal eine Entscheidung getroffen wird, wird sie garantiert angefochten oder ignoriert und nur in seltensten Fällen umgesetzt. Wer ein passiv-aggressives Unternehmen effektiver machen will, muss daher zuerst die Entscheidungsbefugnisse klären und eindeutig zuweisen. Diese Befugnisse sollten Personen übertragen werden, die über die erforderlichen Informationen verfügen und am ehesten in der Lage sind, das gewünschte Ergebnis zu erzielen (oft sind es Mitarbeiter, die in vorderster Linie arbeiten und Kundenkontakt haben). Es reicht jedoch nicht aus, ein Raster anzulegen, Entscheidungsbefugnisse zu verteilen und es dann dabei zu belassen. Passiv-aggressive Organisationen müssen Rechenschaftspflichten für diese Entscheidungen verankern und Leistungsbeurteilungen und -anreize damit verknüpfen. Außerdem muss das obere Management den Entscheidungsprozess straffen und Prozessverantwortliche benennen, die sich um die Umsetzung der Beschlüsse kümmern.

»Es gab viele Leute, die ihr Veto einlegen konnten, jedoch nur wenige, die Entscheidungen absegneten und dann auch daran festhielten«, berichtet John Thompson. Als er bei *Symantec* anfing, nahm er zuerst einmal den allmächtigen Regionalleitern und Produktleitern ihr Vetorecht. »Damals war der Produktmanager König. Ein hochrangiger Produktmanager konnte dem CEO sagen, was er zu tun und zu lassen hatte«, erinnert sich Thompson. »Die Regionalleiter besaßen sogar noch mehr Autonomie. Sie sagten den Entwicklungsteams klipp und klar, was sie verkaufen und was sie nicht verkaufen würden.« Die Regionen waren bekannt dafür, dass sie Verpackungen umgestalteten und Bestände horteten, die sie nicht verkaufen wollten.

»Wir mussten uns durchsetzen und klar vorgeben, wer für welche Entscheidungen verantwortlich war«, beschreibt Thompson. »Also sagten wir den Regionen: ›Euer Job ist es, Vorgaben umzusetzen. Ihr tut, was man euch sagt. Ihr seid keine Geschäftseinheit, sondern der Verkaufsmotor des Unternehmens. Eure Aufgabe ist es, das zu verkaufen, was wir produzieren. Folglich habt ihr weder zu entscheiden, ob ihr diese Produkte verkaufen wollt, noch eigene Kampagnen zu entwickeln.‹ Außerdem trugen wir den Geschäftseinheiten auf, sich stärker an den Kunden zu orientieren, die sie bedienten. Auf diese Weise richteten wir die Firma neu aus – auf die Kundengruppen Verbraucher und Unternehmen.«

Den Worten Daten folgen lassen

Ohne den zeitnahen, effizienten Zugriff auf relevante und korrekte Informationen ist eine effektive Entscheidungsfindung nicht möglich. Dieser Zugriff ist jedoch nicht gerade ein Markenzeichen passiv-aggressiver Organisationen. Wenn Entscheidungsbefugnisse festgelegt und zugewiesen werden, müssen auch die Informationsflüsse im Unternehmen systematisch neu gestaltet werden. Das Management muss Systeme einrichten, die Entscheidungsträgern leichten Zugriff auf Schlüsselinformationen gewähren. Das erfordert eine Straffung des Berichtsverfahrens, um sicherzustellen, dass das Topmanagement am Puls des Marktes und der Kunden ist. Darüber hinaus ist dafür zu sorgen, dass die Daten den mittleren Managern zur Verfügung stehen, die diese Informationen bei der Kundenbetreuung am wirksamsten einsetzen können. Passiv-aggressive Firmen müssen besonders darauf achten, dass sie das funktionale und regionale Inseldenken beseitigen und geeignete Leistungsanreize einführen, um sowohl horizontal als auch vertikal einen effizienten Informationsaustausch zu fördern. Schließlich muss das Topmanagement durch geeignete Mechanismen gewährleisten, dass alle an den Markt gerichteten Informationen einheitlich und klar sind. Geeignete Messgrößen sollten verdeutlichen, welchen Einfluss Beschlüsse haben und welche Fortschritte im Hinblick auf vereinbarte Ziele gemacht werden. Außerdem müssen sie frühzeitig warnen, wenn Pläne oder Programme möglicherweise nicht wie vorgesehen umgesetzt werden können. Wichtig ist also zweierlei: die richtigen Dinge zu messen und diese Dinge richtig zu messen.

Ende Juni, als sich George Sullivan auf die neu terminierten Fokusgruppen vorbereitet, trifft er Judy DeGrasse auf einer externen Manager-Klausurtagung. Beim Mittagessen erzählen sich die beiden, wie es ihnen in der letzten Zeit ergangen ist. Judy sprüht vor Begeisterung, worüber George sich wundert. Schließlich war sie noch vor einem Jahr völlig frustriert, weil der geplante Einführungstermin für den neuen Mediaplayer nicht eingehalten werden konnte. Damals war Judy Account Managerin in der Abteilung Medienprodukte. Mittlerweile wurde sie ins Vertriebsmanagement befördert und im Rahmen eines Programms, das der neue CEO Toshi Yamamoto eingeführt hatte, als vielversprechende Nachwuchsführungskraft identifiziert. Judy leitet nun eine Gruppe von zwölf Mitarbeitern und hat in ihrem Team ein Leistungsmodell erstellt, das nun nach und nach in der gesamten

Vertriebsorganisation übernommen wird. Sie soll sogar am nächsten Tag vor dem oberen Management einen Vortrag über ihr erfolgreiches Modell halten.

Als George an diesem Abend auf sein Hotelzimmer geht, macht er sich, angeregt durch Judys Schilderung, viele Gedanken. Er vergisst für einen Augenblick die zahlreichen Enttäuschungen, die er im Unternehmen erlebt hat, und erinnert sich an den Ehrgeiz, die Hoffnungen und die Energie, mit denen er vor 16 Jahren seine erste Stelle bei *ZZ Electronics* antrat. Zum ersten Mal nach langer Zeit gestattet George sich, darüber nachzudenken, ob er – so wie Judy – Veränderungen in seinem Bereich durchführen könnte. Er beschließt, es auf einen Versuch ankommen zu lassen.

Bei seinen Vorbereitungen auf das Marketing-Meeting im Juli überwindet George unternehmensinterne Barrieren und holt Input aus der Produktentwicklung und der Produktion ein. Auf einem Arbeitsblatt fasst er den Status aller laufenden Marktforschungsprojekte zusammen. Schluss mit Tricks und Hintergedanken – George will sein gesamtes Wissen preisgeben und einfach sehen, was dabei herauskommt. Anstatt Anrufe aus der Finanzabteilung abzuwehren, organisiert er eine Zusammenkunft seines Teams mit der zuständigen Gruppe aus dieser Abteilung, um einen umfassenden Bericht zu den Budgetanforderungen, zur Zeitplanung und zur Risikobewertung aller bearbeiteten und geplanten neuen Produkte auszuarbeiten. Um diese Tätigkeit hat ihn keiner gebeten, sie steht nicht in seiner Arbeitsplatzbeschreibung und wird seiner Gruppe vermutlich zusätzliche Arbeit bescheren. Doch sie gehört zu der Arbeit eines effektiven Marktforschungsteams. Und George ist dazu bereit, endlich effektiv zu sein.

Anstatt die Produktentwicklung, die Produktion und die für die Fokusgruppen verantwortliche Marktforschungsgesellschaft wie üblich im Dunkeln zu lassen, lädt George sie ein, seinen Ausführungen in dem Marketing-Meeting im Juli beizuwohnen. Er weiß, dass er die Umsetzung des Projekts nur beschleunigen kann, wenn er alle Beteiligten an einen Tisch holt. Fragen oder Probleme können sofort angesprochen und geklärt werden. Die Diskussion, die sich an seine Präsentation zum Marktforschungsplan für den neuen Mediaplayer anschließt, ist eine der engagiertesten und produktivsten, an die sich George in all seinen Jahren bei *ZZ* erinnern kann.

Am meisten freut sich George jedoch, als Sarah Tillman ihn nach dem Meeting anspricht und für sein effektives Vorgehen lobt. Außerdem erhält er ein Dankesschreiben von der Marktforschungsgesellschaft und E-Mails von seinen Kollegen aus der Produktentwicklung und Produktion. Sie scheinen sich plötzlich für die Einführung des neuen Mediaplayers begeistern zu können und bitten George, ihnen den Bericht über die Fokusgruppen zu schicken, sobald er bei ihm eintrifft. Vom alten Trott ist nichts mehr zu spüren, und alle Mitarbeiter malen sich aus, welche Wirkung der Mediaplayer bei den Kunden erzielen wird. George ist zufrieden – nicht nur, weil das Unternehmen diesmal den Termin einhalten wird, sondern weil er wirklich etwas bewegt hat.

Die Vorteile der Glockenkurve

Passiv-aggressive Unternehmen kommunizieren extrem schlecht, was sie von ihrer Belegschaft erwarten und wo die Leistung zu wünschen übrig lässt. Entsprechend werden unterdurchschnittliche Mitarbeiter selten durch eine klare Ansage aufgerüttelt. Wenn Einzelpersonen ihr Verhalten auf das Gesamtziel der Firma abstimmen sollen, muss das obere Management präzise Erwartungen an die Mitarbeiterleistung formulieren, diese kommunizieren und Vergütungen und sonstige Leistungen mit diesen Kriterien verknüpfen. Zu diesem Zweck sollten die Angestellten auf einer Glockenkurve eingestuft werden. Betriebsangehörige, die hervorragende Zahlen vorlegen und die Unternehmenswerte verinnerlicht haben, müssen für ihre überdurchschnittlichen Leistungen gelobt und belohnt werden, und zwar nicht nur mit einer symbolischen Prämie. Diese Top-Performer sollten in den Genuss weiterer Leistungsanreize kommen, finanzieller und nichtfinanzieller Art. Gleichzeitig sollten schwache Kandidaten auf ihre Randstellung hingewiesen werden und Gelegenheit bekommen, sich zu verbessern oder das Unternehmen zu verlassen. Die Organisation muss Vergütungs- und Beurteilungssysteme an Entscheidungsbefugnisse und wichtige Messgrößen binden (zum Beispiel Einfluss auf die Abläufe, Budgetverantwortung, Qualität, Wirkung auf den Kunden) und diesen Bezug klar zum Ausdruck bringen und öffentlich machen. Passiv-aggressive Unternehmen müssen vor allem Bürokratie abbauen und die Leistungsorientierung fördern.

» Wir haben einen Aktienoptionsplan, in den viele, aber nicht alle Angestellten eingebunden sind«, erzählt John Thompson, CEO von *Symantec*. »Wir haben frühzeitig erkannt, dass wir bei gleichbleibendem Wachstum bei der Vergabe von Aktienoptionen etwas wählerischer vorgehen mussten, um den Wert unserer Aktien nicht zu verwässern. Also haben wir zuerst eine Reihe von Mitarbeitern ermittelt, die zwar eine wichtige Rolle spielen, aber auch mit anderen finanziellen Leistungen als mit Aktienoptionen belohnt werden können. Anschließend haben wir den Aktienanteil für unsere Ingenieure und sonstigen Angestellten erhöht, die unseren langfristigen Erfolg maßgeblich beeinflussen.«

Darüber hinaus nahm *Symantec* weitere Änderungen am Vergütungssystem vor, um die Mitarbeiter zur Verwirklichung der Unternehmensziele zu motivieren. Der fixe Barbestandteil des Gehalts oberer Manager wurde reduziert und die Aktienkomponente deutlich erhöht. Vorstandsdirektoren erhielten keinen BMW mehr, sondern einen Pkw-Zuschuss und einen jährlichen Incentive-Plan, bei dem die Spreu vom Weizen getrennt wurde.

»Wir haben das gesamte Unternehmen neu justiert«, sagt Thompson. »Das Gehalt aller Beschäftigten hängt nun vom erzielten Umsatz und vom Gewinn ab. Von den Mitarbeitern in der Postabteilung bis hin zu meinem Büro kümmern wir uns alle um zwei Dinge, die auch unser Gehalt beeinflussen: Wie schnell haben wir den Umsatz gesteigert und in welchem Maße haben wir den Gewinn erhöht? Früher lag das Augenmerk allein auf dem Gewinn. Als wir auch das Umsatzwachstum berücksichtigten, fragten sich viele Leute, warum sie sich darüber den Kopf zerbrechen sollten. Mein Standpunkt lautete: ›Die meisten von Ihnen haben mit dem Ertrag nichts zu tun. Aber *alle* von Ihnen haben irgendetwas mit dem Umsatz zu tun. Lassen Sie uns also die Leistungsanreize so strukturieren, dass wir dieser Tatsache gerecht werden.‹«

Fast alle Angestellten der Firma nehmen an einem Aktienerwerbsplan für Mitarbeiter teil, über den sie vergünstigt *Symantec*-Aktien kaufen können. »Genau so muss es sein«, meint Thompson. »Welche Vermögenswerte besitzt eine Softwarefirma? Wir haben ein paar Computer, einige Gebäude, doch unser größtes Kapital sind die Leute, die jeden Tag hier arbeiten. Wenn in einer Softwareschmiede die interne Abstimmung hakt, stellt das Unternehmen keine guten Produkte her und erbringt keine guten Dienstleistungen. Die innere Einstellung macht sich ziemlich schnell bemerkbar.«

Passiv-aggressive Organisationen stecken in einer heiklen Lage. Nach außen hin erscheint alles harmonisch, doch im Inneren leidet das Unternehmen unter zahlreichen Funktionsstörungen. Es ist nur eine Frage der Zeit, bis kranke Bestandteile die gesunden anstecken und die Firma in den Abgrund treiben. Auch wenn die Umgestaltung einer passiv-aggressiven Organisation als monumentale Aufgabe erscheint, ist sie unerlässlich für ihren Fortbestand und Erfolg im Wettbewerb. Unserer Erfahrung nach kann die konsequente, gleichzeitige Anwendung der beschriebenen Therapiemaßnahmen zu klareren Verantwortlichkeiten, reibungslosen Informationsflüssen, ausgewogenen Leistungsbewertungssystemen und insbesondere zu einer verbesserten Strategieumsetzung und erhöhten Ergebnissen führen.

Anmerkungen zu diesem Kapitel

1 Mehr als ein Viertel der 20 000 Personen, die den Fragebogen *Org DNA Profiler*[SM] ausgefüllt haben, bezeichnen ihr Unternehmen als passiv-aggressiv.

2 Von den Befragten aus passiv-aggressiven Firmen stimmten 75 Prozent der Aussage zu, dass »getroffene Entscheidungen oft in Frage gestellt werden«. Nur 27 Prozent »wissen ziemlich genau, für welche Entscheidungen/Aufgaben sie zuständig sind«. Nur 23 Prozent der Mitarbeiter in operativen Bereichen und der Linienmitarbeiter in passiv-aggressiven Unternehmen »besitzen in der Regel die nötigen Informationen, um den Einfluss ihrer täglichen Entscheidungen auf das Geschäftsergebnis zu verstehen«, und nur 20 Prozent geben an, dass »Informationen ungehindert über Abteilungs- und Fachbereichsgrenzen hinweg fließen«.

3 Nur 33 Prozent der Befragten aus passiv-aggressiven Organisationen haben den Eindruck, dass ihre Unternehmen »auf Veränderungen im Wettbewerbsumfeld erfolgreich reagieren«.

4 Gespräch mit John Thompson, Präsident und CEO der Symantec Corporation, Cupertino, Kalifornien, 16. September 2004.

5 Nur 42 Prozent der befragten Personen aus passiv-aggressiven Unternehmen stimmen folgender Behauptung zu: »Wir senden nur selten widersprüchliche Botschaften an den Markt aus« (gegenüber 78 Prozent aus »gesunden« Organisationen).

6 Weniger als die Hälfte der Personen, die ihre Firma als passiv-aggressiv charakterisieren, stimmen der Aussage zu, dass »bei der Leistungsbewertung deutlich zwischen guten, mittelmäßigen und unterdurchschnittlichen Leistungsträgern unterschieden wird«. Nur 41 Prozent glauben, dass »die Fähigkeit, Leistungsvereinbarungen einzuhalten, den Karriereaufstieg und die Vergütung beeinflusst«.

7 New Horizons Medical System ist ein repräsentatives Beispiel für eine Organisation, auf die wir in unserer Beratungspraxis häufig gestoßen sind. Die Zitate in dieser kurzen Geschichte sind echt. In unserem erfundenen Beispiel ist New Horizons ein Medizinkonzern mit mehreren Standorten, der in sechs Ärztegruppen

und zehn medizinischen Zentren im Nordosten der Vereinigten Staaten mehr als 3 000 Ärzte, Krankenschwestern und Hilfskräfte beschäftigt. Das Unternehmen hat unlängst mit einem anderen Medizinunternehmen aus Pennsylvania fusioniert. Über eine hundertprozentige Tochtergesellschaft bietet es außerdem Krankenversicherungen für Bevölkerungsgruppen mit hohem Gesundheitsrisiko an. Ein Führungsteam von über 100 Personen leitet New Horizons.

Kapitel 4

Die unkoordinierte Organisation: »Lasst tausend Blumen blühen«

In unkoordinierten Unternehmen arbeiten Heerscharen von tüchtigen, motivierten und begabten Mitarbeitern, die jedoch nur selten an einem Strang ziehen. Wenn sie es tun, können brillante und bahnbrechende strategische Maßnahmen dabei herauskommen. Meistens mangelt es diesen Firmen jedoch an der erforderlichen Disziplin und Koordination, um solche Erfolge zu wiederholen. Unkoordinierte Organisationen wirken wie ein Magnet auf schlaue Köpfe mit Initiativ- und Unternehmergeist und sind durch ein Arbeitsumfeld gekennzeichnet, in dem Mitarbeiter ihre Ideen ungehindert verfolgen können. Da eine ordnende Hand und ein solides Wertefundament fehlen, verlaufen Initiativen jedoch oft im Sande. Das Ergebnis ist ein planloses Unternehmen, das kurz davor steht, außer Kontrolle zu geraten.

Dieser Organisationstyp macht am Markt durch konzeptlose Initiativen und widersprüchliche Botschaften auf sich aufmerksam, weil die grundlegenden DNA-Bausteine in keiner Weise aufeinander abgestimmt sind. Während Entscheidungsbefugnisse stark dezentralisiert sind, stehen Informationen, die zu einer optimalen Entscheidungsfindung benötigt werden, nur in der Zentrale zur Verfügung – wenn überhaupt. Entscheidungsträger auf allen Unternehmensebenen befinden sich im Blindflug, und es gelingt der Firma nicht, ihre strategische Zielsetzung zu verwirklichen.

Linda Simon arbeitete nun seit 18 Monaten bei *Advantage Advertising* und fragte sich langsam, ob es richtig war, ihre Karriere in diesem Unternehmen fortzusetzen. Linda, bereits seit 19 Jahren in der Werbebranche tätig, war von CEO Ray Cortes als geschäftsführende Gesellschafterin in die Firma geholt worden. Früher hatte sie als leitende Account Managerin bei einer großen New Yorker Werbeagentur gearbeitet, später dann als Führungskraft im Marketing bei *Top Tier Toys*, einem der größten Spielzeugmärkte der USA. Nach all diesen Jahren in großen Unternehmen war sie offen für Veränderungen. Die kreative Energie und Freiheit, welche die Arbeitsatmosphäre bei *Advantage* prägten, hatten sie magisch angezogen. Sie kannte Ray aus ihrer Zeit bei der Werbeagentur, wo er ihr Mentor gewesen war, und sie war als Mitarbeiterin von *Top Tier Toys* Kundin von Ray gewesen. Linda hatte damals dafür gesorgt, dass *Top Tier* zu *Advantage* wechselte, als die Firma vor acht Jahren von Ray gegründet wurde. Kurz danach trat sie eine Stelle bei einem großen Konsumgüterhersteller an und verlor Ray zunächst aus den Augen. Als Ray sie vor zwei Jahren anrief, um ihr eine Partnerschaft in seiner Agentur anzubieten, überlegte sie nicht lange, gab ihren ruhigen Job im Großunternehmen auf und übernahm eine Beteiligung an Rays dynamischer Werbeagentur.

Ray hatte Linda eigens aufgrund ihrer Erfahrungen als Kundin eingestellt. Sie wusste, nach welchen Kriterien eine Werbeagentur ausgewählt wurde und worauf Kunden besonders achteten. Trotz Rays untrüglichen Werbeinstinkts, seines Charismas und der vielen talentierten Köpfe, die er in die Agentur geholt hatte, gewann *Advantage* nicht schnell genug Neukunden hinzu, um seine zahlreichen Büros zu beschäftigen. Mit 75 Mitarbeitern in Niederlassungen in Dallas, Atlanta, Detroit und Los Angeles war *Advantage* selbst über die Aufträge kleiner Kunden froh.

Einen Monat nach ihrer Ankunft stieß Linda auf die beunruhigende Wahrheit. Als sie zum ersten Mal in die Geschäftsbücher blickte, fielen ihr sofort die rückläufige Rentabilität und die gefährliche Abhängigkeit von einem einzigen Großkunden, *Top Tier*, ins Auge. *Top Tier* generierte 40 Prozent des Werbeumsatzes von 100 Millionen US-Dollar von *Advantage*. Vermutlich hatte Ray zu viel in die kleinen Agenturen in Atlanta und Los Angeles investiert, nur um *Top Tier* als Kunden halten zu können. Mit dem Büro in Detroit, das die Automobilindustrie ins Visier nahm, versuchte man, den Kundenstamm zu erweitern. Das war zwar ein Schritt in die richtige Richtung, doch noch hatte Detroit die Gewinnschwelle nicht erreicht. Linda schlüsselte die Umsätze nach Kunden statt nach Büros auf, was bis dato noch niemandem eingefallen war. Sie stellte fest, dass es neben *Top Tier* rund ein Dutzend Kunden gab, mit denen ein kleiner Gewinn erzielt wurde, und vier Kunden, welche die Agentur nur Geld kosteten und noch nie profitabel gewesen waren.

Einige Monate nach ihrem Eintritt ins Unternehmen nahm Linda an einer Präsentation vor dem potenziellen Kunden *Wax-On Products* teil, der Poliermittel und Reinigungslösungen für die Automobilindustrie verkaufte.

Vor dem Hintergrund rückläufiger Umsätze wollte *Wax-On Products* seinen Werbeetat von 5 Millionen US-Dollar neu vergeben, und *Advantage* hatte es zusammen mit zwei anderen Agenturen in die Endauswahl geschafft. Linda hatte auf dem Flug nach Detroit das Konzept angesehen und die Marktforschungsunterlagen geprüft, die das Team von *Advantage* zusammengestellt hatte. Das Angebot war wirklich überzeugend. Das originelle Werbekonzept war passgenau auf die Bedürfnisse des Kunden zugeschnitten und zeugte von profunden Kenntnissen der Autoreiniger-Branche. Linda glaubte, dass sie den Auftrag bereits in der Tasche hatten.

Das heißt, sie glaubte daran, bis sich das Team am nächsten Morgen im Hotel versammelte. Sie hatten vereinbart, sich um 7:30 Uhr zu treffen, um die Unterlagen noch einmal durchzugehen und die Rollen für die Präsentation zu verteilen. Um halb acht saß Linda allein im Hotelrestaurant. Die drei jüngeren Mitarbeiter, die für die Marktforschung und Vorbereitung des Entwurfs verantwortlich waren, trafen mit fünfzehnminütiger Verspätung völlig außer Atem ein, nachdem sie die ganze Nacht im Copyshop verbracht hatten. Ray Cortes und der für das Büro in Detroit zuständige Partner Rob Knox kamen um 8 Uhr und entschuldigten sich damit, bei einem anderen Kunden aufgehalten worden zu sein. Es folgte eine fesselnde Schilderung des gerade Erlebten, einschließlich einer Parodie auf den Kunden. Als man endlich auf *Wax-On* zu sprechen kam, zeigte die Uhr bereits 8:30 Uhr, und das Team musste sich schleunigst auf den Weg machen, um zur Präsentation um 9:00 Uhr pünktlich zu sein.

Unterwegs fragte Rob die Managerin Serina Hayes, die das Verkaufsgespräch geplant hatte, ob sie bei der Präsentation nicht das Kommando übernehmen wolle. Serina freute sich riesig, bis Rob hinzufügte: »Ray und ich hatten leider keine Zeit, die letzte Version des Konzepts durchzugehen.« Was Rob verschwieg und nicht hätte verschweigen sollen, war die Tatsache, dass er in der Vorwoche mit dem Marketingleiter von *Wax-On* zu Abend gegessen hatte. Bei der Gelegenheit hatten sie lustige Anekdötchen aus Fokusgruppen ausgetauscht und waren gemeinsam zu dem Schluss gekommen, dass viele Firmen sich allzu sehr auf diese veraltete Forschungstechnik verließen.

Als sich das *Advantage*-Team in Detroit noch durch den morgendlichen Berufsverkehr quälte, schlug die Uhr neun, und die Mitarbeiter der Agentur, die nach *Advantage* ihre Präsentation halten sollte, waren bereits bei der Firma eingetroffen. Bei der Ankunft des *Advantage*-Teams war die Konkurrenz in ein angeregtes Gespräch mit den Managern von *Wax-On* vertieft, die für die Vergabe des Werbeetats zuständig waren. Als Linda das Outfit ihrer Konkurrenten sah, fiel ihr das nachlässige Erscheinungsbild ihrer eigenen Mannschaft auf. Während Linda ein Kostüm und die jungen Manager Anzüge trugen, waren Ray und Rob leger gekleidet. Das traf zwar auch auf die Manager von *Wax-On* zu, doch als Kunde konnten sie sich das erlauben. Linda deutete die saloppe Kleidung von Ray und Rob und das uneinheitliche Auftreten des Teams als Zeichen von Nachlässigkeit, so wie vermutlich auch der Kunde – ein weiterer Minuspunkt für *Advantage*.

Und bis dahin hatten sie noch kein Wort gesagt …

Im Laufe der Präsentation gelang es *Advantage* zunächst, verlorenen Boden wieder gutzumachen. Serina hatte ihr Material im Griff, das Team zeigte beeindruckende Kenntnisse des Marktes von *Wax-On* und das Werbekonzept war fantasievoll und zielführend. Ray und Rob würzten das Gespräch mit witzigen und sachkundigen Kommentaren, und Linda sah den Kunden zustimmend nicken. Sie waren wieder im Spiel.

Als Serina die Präsentation abgeschlossen hatte, stellte der Marketingchef von *Wax-On* eine Frage, mit der er *Advantage* den Ball für das Siegtor zuspielen wollte: »Wie wichtig sind Ihrer Meinung nach Fokusgruppen in der Forschungsphase dieser Kampagne?« Beseelt von ihrem erfolgreichen Vortrag ergriff Serina das Wort und erklärte die Fokusgruppen zum unverzichtbaren Bestandteil ihrer Arbeit, zum unabdingbaren ersten Schritt. Rob unterbrach sie und widersprach auf ganzer Linie. Er führte aus, dass Gruppendiskussionen ein veraltetes Instrument seien und als Werkzeug zur Ergründung des Kundenverhaltens stark an Bedeutung verlören. Ja, bei *Advantage* würde das Forschungsinstrument der Gruppendiskussionen hinter der ethnographischen Marktforschung und persönlichen Befragungen in Einkaufszentren rangieren.

Ray schloss das Verkaufsgespräch wie üblich mit seiner »Vertrauen Sie *Advantage*«-Rede ab, die er mit Folien zu den Arbeiten von *Advantage* für *Top Tier Toys* unterlegte. Die Zahlen auf den Folien waren drei Jahre alt …

Eine Woche später erfuhr Rob von der Marketingleiterin von *Wax-On*, dass das Unternehmen sich für die andere Agentur entschieden hatte. Sie erzählte, dass *Advantage* das bessere Werbematerial präsentiert und umfassendere Kenntnisse der Autoreiniger-Branche offenbart hätte. Ihre Kollegen aus der Führungsetage hätten jedoch davor zurückgescheut, ihr Markenimage einer Agentur anzuvertrauen, die offenkundig nicht in der Lage war, ihre eigenen Botschaften zu koordinieren. Die Marketingleiterin führte an, dass Rob und Serina gegensätzliche Standpunkte vorgetragen hätten und das Gesamtprogramm wie eine Ansammlung von Einzelkomponenten gewirkt habe, nicht wie eine kohärente Einheit. Als Rob dem Team die Nachricht überbrachte, war Linda nicht überrascht.

Viel beunruhigender fand sie, dass der Vertrag mit *Top Tier Toys* zur Prüfung anstand. Linda hatte von einem ehemaligen Kollegen bei *Top Tier* gehört, dass die Verlängerung noch längst keine beschlossene Sache war.

Advantage Advertising ist eine typische unkoordinierte Organisation. Gesegnet mit Unternehmergeist, Energie und Talent, lässt sie Koordination und Disziplin weitgehend vermissen. Trotz großer Kreativität, genialer Werbeideen und umfassender Marktkenntnisse schafft die Firma es selten, sich Kundenetats langfristig zu sichern. Woran liegt das? Den Partnern aus den verschiedenen Büros gelingt es einfach nicht, ihre Aktivitäten zu koordinieren und eine schlüssige, überzeugende Botschaft an den Kunden zu übermitteln.

Unkoordinierte Unternehmen florieren oft über Jahre, doch das Führungsmodell wächst nicht mit, während die Firmen sich vergrößern und ihr Sortiment erweitern, oft durch Übernahmen. Sie verfügen über begabtes Personal und umfassende Ressourcen, jedoch nicht über die Führungsqualitäten, die zur effektiven Integration und Nutzung dieser Ressourcen erforderlich sind. Wenn sich das Wettbewerbsumfeld ändert, werden unkoordinierte Firmen oft kalt erwischt. In Ermangelung einer klaren Vision und stabiler Managementprozesse bleibt ihnen nur übrig, ihre Mitarbeiter aufzufordern, »härter zu arbeiten«. Diese Parole setzt zwangsläufig eine Vielzahl neuer Initiativen in Gang, die vermutlich sämtlich scheitern werden, da immer noch eine klare Marschroute und koordinierte Programme fehlen.

Unkoordinierte Organisationen: Symptome

In unkoordinierten Organisationen sind die Bausteine Entscheidungsbefugnisse und Informationen in keiner Weise aufeinander abgestimmt. Entscheidungsträger im gesamten Unternehmen fühlen sich berechtigt, nach eigenem Gutdünken zu handeln – ein Zeichen von Initiativgeist, der üblicherweise begrüßt wird. Leider sind sie von den Informationen abgeschnitten, die sie für eine vernünftige Entscheidungsfindung bräuchten. Daher fehlt ihren Handlungen ein gemeinsames Ziel oder eine gemeinsame Richtung, was am Markt zu konzeptlosen Aktionen führt. Unkoordinierte Unternehmen zeigen oftmals die im Folgenden beschriebenen Krankheitssymptome.

Gelegentlicher Gewinn, regelmäßiger Verlust

Gelegentlich landen unkoordinierte Firmen mit einem neuen Produkt oder einer Marketingkampagne einen Glückstreffer. Diese unverhofften Coups lassen sich jedoch nicht vorhersagen oder planen, und es gibt nicht einmal die Garantie, dass sie sich überhaupt je ereignen. Unkoordinierte Unternehmen, in denen Entscheidungsbefugnisse bis zum Äußersten dezentralisiert wurden, scheinen der Losung »Lasst tausend Blumen blühen« zu folgen, die Mao Tse Tung, Vorsitzender der Kommunistischen Partei Chinas, während der Kulturrevolution ausgab. Das hat zur Folge, dass die Organisation ihre Ressourcen rasch vergeudet, aber dennoch keine beständigen Leistungen erbringt.

Die zufälligen Glückstreffer machen es für das Management schwer zu erkennen, wann und wo die Firma Verluste einfährt. Und unkoordinierte Unternehmen fahren Verluste ein – regelmäßig. Woran liegt das? Es mangelt der Organisation an der nötigen Disziplin, um beständige Leistungen zu erbringen. Autonomen Entscheidungsträgern in den operativen Bereichen fehlen sowohl die richtigen Informationen als auch geeignete Leistungsanreize, um konsequent an einem Strang zu ziehen.[1]

Weil unkoordinierte Firmen keine übergeordnete Vision oder klare Marschrichtung haben, taumeln sie von Erfolg zu Misserfolg, was sowohl Manager als auch Mitarbeiter frustriert.

Mangelnde Kontrolle

Im Gegensatz zu überverwalteten und komplexen Unternehmen sind unkoordinierte Organisationen grundsätzlich *de*zentralisiert. Überredungskünste sind wichtiger als Befehle, und Mitarbeiter mit Unternehmergeist werden gefördert, nicht gebremst. Allerdings werden diese bei ihrer Arbeit weitgehend sich selbst überlassen.[2] Topmanager in unkoordinierten Firmen halten die Zügel nicht fest in der Hand und sind entweder zu schwach oder zu weit vom Geschehen entfernt, um grundlegende Werte oder einen klaren Kurs vorzugeben. Ohne diese Führungswerkzeuge kann die Zentrale das Treiben der Organisation jedoch nicht bändigen.

Ein ehrgeiziges High-Tech-Unternehmen aus dem Silicon Valley liefert ein Paradebeispiel für dieses Verhaltensmuster. Das obere Management der Firma war vor allem damit beschäftigt, den Wissenschaftlern und Ingenieuren nicht in die Quere zu kommen. Letztere sorgten in der Firma für die Wertschöpfung… und saßen in den schönen großen Büros. Solange das Management seinen findigen Entwicklern ihre Wünsche erfüllte, würde das Unternehmen sich seinen technologischen Vorsprung bewahren können und weiterhin bevorzugter Lieferant seiner zahlungskräftigen Kunden bleiben.

So glaubte man zumindest. Die Wahrheit sah jedoch anders aus: Da die Firmenleitung keine klare Marschrichtung vorgab, zog man in der Organisation nicht an einem Strang. Die Planung für die Geschäftsentwicklung bestand aus einer konzeptlosen Anhäufung oft widersprüchlicher interessanter Ideen. Diverse Marketing- und Vertriebsteams verfolgten unterschiedliche Programme, ohne ihre Aktivitäten abzusprechen oder sich auch nur gegenseitig zu informieren. Folglich wurden uneinheitliche Signale ausgesandt, welche die Kunden irritierten.

Inmitten dieses Durcheinanders gab es auch vernünftige Stimmen. Die Firma beschäftigte neben erstklassigen Ingenieuren auch einige fähige Manager, die zum Beispiel erkannten, dass man dringend Anwendungen für die allgegenwärtige Plattform Microsoft Windows entwickeln musste. Trotzdem erhielt niemand den Auftrag, den Markt systematisch zu sondieren und die Bereiche mit dem größten Gewinnpotenzial zu ermitteln. Niemand erhielt die Befugnis, das Unternehmen an diese glänzenden Marktmöglichkeiten heranzuführen. Schlimmer noch wirkte es sich aus, dass niemand die Kosten im Auge behielt. So finanzierte die Firma über 20 verschiedene Büros im Silicon Valley und den Bau eines neuen luxuriösen Hauptsitzes.

Doch dann ging es abwärts. Mitte bis Ende der 1990er Jahre, als die Wettbewerber gerade begannen, dem Unternehmen Marktanteile zu rauben, verschlechterte sich die Konjunkturlage. Die Firma war hierauf nicht vorbereitet und geriet in eine Abwärtsspirale, aus der es kein Entrinnen gab. Nicht daran gewöhnt, mit knappem Budget arbeiten zu müssen, konnte sie die Wunden, die ihr geschlagen wurden, nicht verkraften. Niemand hatte ausreichend Vollmachten oder genügend Einfluss, Produkte aus dem Sortiment zu nehmen, Produktlinien aufzugeben oder die Betriebskosten zu senken. Eine ehemalige Führungskraft beschrieb das Unternehmen als »Organisation mit einer Schaltzentrale, der die Verbindung zum operativen Geschäft fehlte«. Als die Firma schon dem Untergang geweiht war, beharrte der langjährige CEO noch immer darauf, dass seine Technologien und Mitarbeiter die besten im Lande seien. Doch sein Schicksal war längst besiegelt. Er verließ das Unternehmen, und wenige Monate später gab auch sein Nachfolger auf.

Fehlende Abstimmung führt zu Verwirrung am Markt

Da die Entscheidungsbefugnisse in einem unkoordinierten Unternehmen in den Händen der Geschäftseinheiten liegen, werden unterschiedliche Pläne und Zielsetzungen verfolgt. Somit hat die Zentrale das Geschehen nicht mehr unter Kontrolle. Die Geschäftsbereiche verfolgen ihre eigenen Interessen, statt sich für das Wohl des ganzen Unternehmens einzusetzen, was zu suboptimalen Entscheidungen und schlechten Gesamtergebnissen führt. Und zu allem Übel werden einige Entscheidungen gar nicht oder mit großer Verspätung getroffen, weil die Sparten um Zuständigkeiten rangeln. Solange die Zentrale die Entscheidungsbefugnisse nicht wieder an sich zieht, kann sie diese Konflikte nicht lösen und die Sparten dazu bringen, an einem Strang zu ziehen. Die gesamte Organisation verliert den Zusammenhalt und sendet schließlich ungewollt widersprüchliche Botschaften an den Markt aus.[3]

Schwacher Informationsfluss

Während unkoordinierte Unternehmen vor Ideen sprühen, fließen Informationen nur sehr spärlich.[4] Die Zentrale ist aufgrund ihrer Laisser-faire-Haltung und der von den operativen Bereichen beanspruchten Autonomie von den Marktinformationen abgeschnitten, während die mittleren Manager nicht wissen, wie sich ihre Entscheidungen auf das Unternehmensergebnis auswirken. Informationen versickern nicht wie in überverwalteten Organisationen in den Hierarchieebenen, sondern werden erst gar nicht weitergegeben. Die daraus resultierende Unwissenheit hat gravierende Folgen: Die Topmanager können die Strategien nicht an veränderte Marktbedingungen anpassen, und die Linienmanager können keine optimalen Entscheidungen fällen, weil ihnen umfassende Informationen über den Rest des Unternehmens fehlen. Sie können Ressourcen nicht effektiv koordinieren, nachahmenswerte Verfahren nicht nutzen und ihre Aktivitäten nicht auf die Gesamtstrategie ausrichten. Somit führt der mangelhafte Informationsfluss zu verstärktem Inseldenken, erhöhter Ineffizienz und vermehrter Doppelarbeit.

Belohnung nach dem Zufallsprinzip

Man kann sich leicht ausmalen, wie die Vergütungs- und Anreizsysteme in einer Firma aussehen, die ihre Entscheidungen und Informationen nicht koordiniert. Die Geschäftseinheiten und Funktionsleiter schnüren ihre eigenen Vergütungspakete mit finanziellen und nichtfinanziellen Leistungen. Die Motivationsfaktoren sind also nicht aufeinander abgestimmt. Dies gibt natürlich Anlass zu internen Konflikten, da die Gerüchteküche (der einzige funktionierende Informationskanal im Unternehmen) Spekulationen über aufsehenerregende Vergütungsunterschiede zwischen Regionen oder Geschäftsbereichen in Umlauf bringt, die mehr oder weniger die gleichen Aufgaben erledigen. Plötzlich fangen die Mitarbeiter an, während der Arbeitszeit ihre Lebensläufe und Bewerbungen auf den neuesten Stand zu bringen ...

Unkoordinierte Firmen widmen der Karriereentwicklung nur wenig Aufmerksamkeit. Da sie nicht über klar festgelegte oder einheitliche Leistungsmaßstäbe verfügen, unterscheiden sich die Leistungsbewertungen in den verschiedenen Geschäftsbereichen und lassen sich nur schwer vergleichen. Konzeptlose, inkonsequent angewandte Beurteilungsverfahren wiederum haben uneinheitliche Beförderungspraktiken zur Folge. Es besteht oft nur ein geringer Bezug zwischen Leistung und Beförderung.[5] Besonders begabte Angestellte werden in unkoordinierten Unternehmen, denen es meist an finanziellen Mitteln fehlt, nicht geschult und weitergebildet, sondern in regelmäßigen Abständen befördert. So übernehmen die aufstrebenden Stars mehr und mehr Verantwortung, ohne über die notwendigen Fähigkeiten und Erfahrung zu verfügen – mit der Folge, dass sie sehr schnell am Ende ihrer Kräfte sind. Niemand zeigt ihnen den Weg durch die Organisation oder sorgt dafür, dass sie die verschiedenen Funktionen und Linienbereiche kennen lernen. Das führt letztlich zum regelmäßigen Scheitern aufstrebender Nachwuchsmanager. Unkoordinierte Firmen laufen daher Gefahr, ihren wichtigsten Vermögenswert zu verlieren – ihre Mitarbeiter.

Quest Diagnostics: Auf der Suche nach Zusammenhalt

Die Aufgabe war Ken Freeman wie auf den Leib geschnitten. Als bewährter Turnaround-Experte mit 20 Berufsjahren bei *Corning Incorporated*, einem Giganten der Glasindustrie, wurde Freeman gebeten, *Corning Clinical Labs* zu sanieren, die kränkelnde Sparte für medizinische Tests. In Teterboro, New Jersey, sollte er vorübergehend als CEO der notleidenden Tochter arbeiten. Man ging davon aus, dass er ungefähr ein Jahr, vielleicht auch 18 Monate, brauchen würde, um den Geschäftsbereich wieder auf Kurs zu bringen.

Freemans erster Tag bei *Corning Clinical Labs* war sehr aufschlussreich. »Ich ging den langen Flur vom Eingang zum Bürobereich hinunter, an der Cafeteria vorbei. Da ich ein höflicher Mensch bin, lächelte ich die Leute an, die mir entgegenkamen, und begrüßte sie mit einem freundlichen ›Hallo‹. Es waren nicht gerade wenige, die ich traf, schließlich hat *Corning Clinical Labs* einige tausend Mitarbeiter. Doch niemand schien mich wahrzunehmen, von einem Lächeln oder einer Begrüßung ganz zu schweigen. Die Leute schauten auf den Boden, aus dem Fenster oder sonst wohin, um Blickkontakt zu vermeiden. Da dämmerte mir zum ersten Mal, dass es in dieser Firma mit einigen kleinen Korrekturen wohl nicht getan wäre.«[6]

Freeman hatte Recht. *Corning Clinical Labs* kämpfte mit vielen drängenden Problemen, die dem Unternehmen die Ergebnisse nun schon seit längerem verhagelten. Zum einen hatte sich die Firma diverse Konkurrenzlabors einverleibt. In den 18 Monaten vor Freemans Ankunft hatte sie drei größere Wettbewerber geschluckt – zusätzlich zu fast 500 kleinen Labors, die das Unternehmen in den 1980er und 1990er Jahren übernommen hatte. Um die Integrationsarbeit hatte man sich allerdings wenig gekümmert. Um mit Freemans Worten zu sprechen, folgte *Corning Clinical* bei seinen Akquisitionen der Devise »Was nicht passt, wird passend gemacht«.

Das Resultat war ein Unternehmen »ohne Identität«. Freeman erinnert sich, wie er an einem seiner ersten Tage nach Baltimore fuhr und die Mitarbeiter fragte, für welche Firma sie arbeiteten. Einige antworteten *Met-Path*, andere *Maryland Medical*, je nachdem, für welches Unternehmen sie vor der Übernahme durch *Corning Clinical* gearbeitet hatten. Noch Jahre, nachdem die Tinte unter den Übernahmeverträgen getrocknet war, identifizierten sich viele Beschäftigte mit ihrem alten Arbeitgeber und nicht mit *Corning*.

Umfragen zur Mitarbeiterzufriedenheit gab es nicht. Kennzahlen für die Kundenzufriedenheit gab es auch nicht. Lediglich in den Labors existierten einige wenige Messgrößen für die Produktivität. Laut Freeman beschränkte man sich im Wesentlichen darauf, »die Tests vorzubereiten, durchzuführen und darüber zu berichten. Über die offensichtlichsten Messgrößen hinaus gab es keine Kennzahlen. Mit Prozessvariablen, über deren Anpassung die Leistung hätte verbessert werden können, hatte man nichts zu tun.«

Corning Clinical Labs präsentierte sich im Grunde als loser Verbund von übernommenen Firmen, die über zahlreiche kompetente Mitarbeiter verfügten, jedoch nie in dieselbe Richtung gingen. Jedes Labor wurde unter den wachsamen Augen eines Laborleiters, der von diagnostischen Tests viel, von betriebswirtschaftlichen Dingen jedoch wenig verstand, wie ein Lehensgut geführt. Alte Allianzen mit einzelnen Unternehmen wurden aufrechterhalten, obwohl sie nicht mehr sinnvoll waren. Entscheidungen von der Unternehmensspitze wurden entweder in Frage gestellt oder gänzlich ignoriert.

»Es war schwierig, eine gangbare Lösung zu finden«, berichtet Freeman. »Die Labors waren weitgehend selbstständig geführt worden und hatten sich einige schlechte Gewohnheiten angeeignet – teils auch, weil sie sich unbeobachtet fühlten. Die Macht lag seit jeher bei den Geschäftsführern der Labors. Sie hatten die Umsätze, die Betriebe, die Arzneimittel – sie hatten alles. Sie waren die geheimen Herrscher von *Corning Clinical*.

Das Unternehmen richtete sein ganzes Augenmerk auf den Ertrag. Die alte Unternehmensführung hatte den Mitarbeitern freie Hand gelassen, solange sie eine Marge von 20 Prozent erzielten und ihr Budget einhielten. So arbeitete ein Großteil der Firma nach eigenem Gutdünken, ohne dass das Management sich einmischte.

Die Laborleiter trafen in allen Bereichen Entscheidungen, die aus ihrer Sicht zweckmäßig waren. So entschieden sie leider auch, bestimmte Branchenvorschriften nicht zu befolgen. Sie vertraten beispielsweise die Ansicht, dass *Medicare,* die staatliche Krankenversicherung für ältere Menschen, nicht von ihnen verlangen könne, 50 000 Seiten mit Erstattungsvorschriften zu berücksichtigen. Das Ergebnis: *Corning Clinical* war mit horrenden Geldstrafen konfrontiert, da *Medicare* ihm Betrug und Missbrauch vorwarf – von Abschreibungen im zweistelligen Millionenbereich ganz zu schweigen.«

Die Muttergesellschaft *Corning* kam bald zu dem Schluss, dass sie mit dem aufmüpfigen Laborbereich nichts zu tun haben wollte, und überlegte, wie sie *Corning Clinical* am besten loswerden konnte. Schließlich beschloss man Ende 1996, das Unternehmen auszugliedern. »Wir wurden für einen Apfel und ein Ei verscherbelt«, sagt Freeman, der auf die Rückkehr in das Mutterunternehmen verzichtete, um die Leitung der ausgegliederten Firma zu übernehmen. So startete er unverhofft eine neue Karriere »in einer gebeutelten Branche und einem gebeutelten Unternehmen mit Eigentümern, die uns nicht haben wollten, Kunden, die mit uns keine Geschäfte machen wollten, Mitarbeitern, die nicht bei uns arbeiten wollten und Aufsichtsbehörden, die uns für Ganoven hielten.«

Unter diesen nicht gerade günstigen Vorzeichen erblickte *Quest Diagnostics* Anfang 1997 das Licht der Welt. An der Wall Street gaben viele Experten dem Unternehmen nicht einmal ein Jahr. »Niemand wollte in dieser Branche arbeiten«, erinnert sich Freeman. »Kollegen bei *Corning* fragten mich, welcher Teufel mich geritten habe, ins Laborgeschäft einzusteigen.«

Doch Freeman ließ sich nicht abschrecken und sah die Gründung von *Quest Diagnostics* als Gelegenheit an, die ungesunde DNA von *Corning Clinical* zu korrigieren. Mit der Hilfe von Dr. Surya Mohapatra, der über langjährige Erfahrung in der Gesundheitsbranche verfügte und Anfang 1999 als Präsident und Hauptgeschäftsführer eingestellt wurde, machte sich Freeman daran, das Unternehmen völlig auf den Kopf zu stellen – mit dem herrlich hochtrabenden Ziel, zum führenden Anbieter von Labortests zu avancieren. Das Hauptaugenmerk legte er dabei auf die Umsetzung und die Ergebnisse. »Strategien sind interessant, aber die Umsetzung schafft Resultate«, so Freeman kurz und bündig.

Quest Diagnostics präsentierte sich damals als klassische unkoordinierte Firma, die aus einer bunt zusammengewürfelten Mischung aus unabhängigen Labors bestand. In diesem lax geführten und schwach kontrollierten Unternehmen wimmelte es von kontraproduktiven, fragwürdigen Praktiken, die nicht nur die Finanzen, sondern auch den Ruf der Muttergesellschaft schädigten.

Die Firma beschäftigte zwar Tausende von kompetenten Wissenschaftlern und Technikern, die vor Erfindungs- und Initiativgeist sprühten, ließ jedoch eine einheitliche Ausrichtung vermissen. Das führte dazu, dass *Corning Clinical* viel Energie verschwendete, seinen Unternehmenswert beschädigte und schließlich auch noch die Aufsichtsbehörden auf sich aufmerksam machte.

Die Verzettelung beenden: Ein klarer Fokus

Um *Corning Clinical* wieder auf Kurs zu bringen und eine neue Marschroute für *Quest Diagnostics* abzustecken, rief Freeman sein Führungsteam zusammen – die 70 ranghöchsten Personen im Unternehmen – und ebnete mithilfe eines auf Werten basierenden »Fokusdokuments«, das acht kritische Erfolgsfaktoren darlegte, den Weg für den Wandel (siehe Abbildung 4.1).

Abbildung 4.1: Der Weg zur Gesundung von Quest Diagnostics

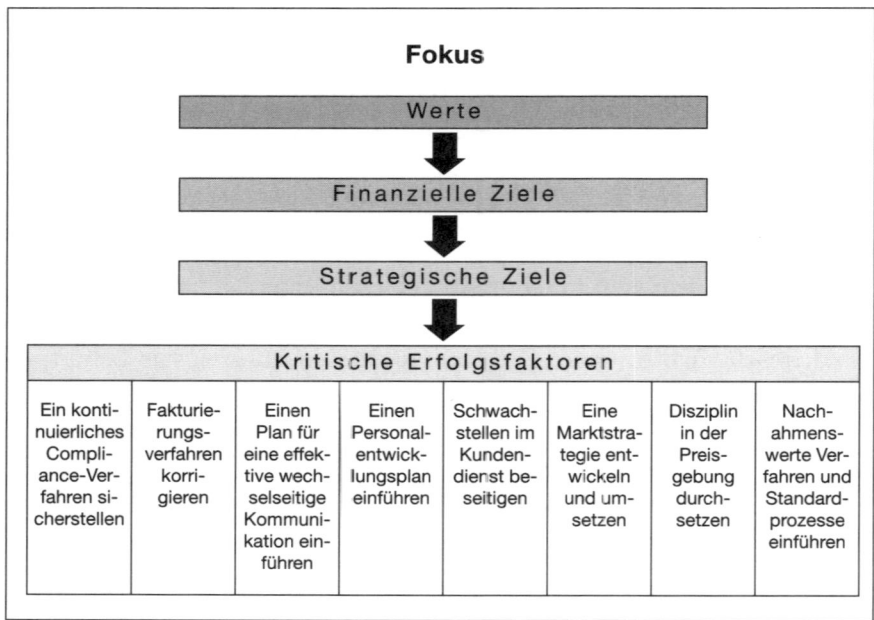

Es versteht sich von selbst, dass die Umsetzung dieser ehrgeizigen Ziele großes Unbehagen hervorrief. Mit zunehmender Standardisierung der Informationssysteme mussten die lokalen Labors zum Beispiel viele individuelle Merkmale aufgeben, die sie mühsam in ihre laboreigenen Systeme integriert hatten. Solche Änderungen waren für Mitarbeiter in einem Laborumfeld, in dem die Unternehmensinteressen meilenweit von den täglichen Arbeitsanforderungen entfernt schienen, schwer zu verdauen. Entsprechend viel Zeit verbrachte Freeman damit, die neue Unternehmenskultur zu propagieren, an Meetings teilzunehmen, Labors zu besuchen und seine Veränderungsvorhaben im persönlichen Gespräch zu erläutern.

Freeman sagt dazu: »Wenn Sie die DNA einer Organisation ändern wollen – und ich meine wirklich ändern –, dann müssen Sie zunächst einige sehr klare Grundregeln aufstellen. An diesem Punkt ist die Unternehmensführung wirklich gefordert. Der Geschäftsführer muss sich blicken lassen und sagen, ›Schaut her, ich bin der Neue, und das sind die Dinge, für die ich stehe. Ich weiß, dass ihr vorher vielleicht andere Prioritäten hattet, doch wir werden hier jetzt nach neuen Werten handeln, und so sehen diese Werte aus. Diese Botschaft werdet ihr übrigens von mir hören, solange ich lebe.‹

Sie müssen die Botschaft und die Werte jeden Tag aufs Neue untermauern, weil Sie Verhaltensänderungen nicht mit einmaligen Aktionen herbeiführen können. Sie müssen Ihr Anliegen gebetsmühlenartig wiederholen, und Sie müssen dafür sorgen, dass Mitarbeiter bei Ihrem Anblick sagen, ›Aha, da ist der Kerl im blauen Hemd wieder. Jetzt wird er wieder über unsere Werte sprechen. Und er wird wieder darüber reden, wie wichtig bestimmte Verhaltensweisen und Ergebnisse sind, um das Unternehmen voranzubringen. Er wird mir wieder erzählen, dass er mich respektiert und dass er meine Arbeit schätzt. Er wird mir Fragen stellen, um herauszufinden, wie es mir geht. Er wird jederzeit ansprechbar sein – auch außerhalb seines Büros.‹ Darum geht es bei der Personalführung – konsequent sein, klare Worte finden und unmissverständlich zum Ausdruck bringen, nach welchen Werten Ihre Angestellten handeln sollen.«

Als Freeman alle Mitarbeiter für seine Initiative gewonnen hatte, krempelten er und sein Team die Ärmel hoch und machten sich daran, alle vier Bausteine der Unternehmens-DNA in Ordnung zu bringen, damit *Quest Diagnostics* seine acht Ziele verwirklichen konnte.

Entscheidungsbefugnisse (1):
Die Zentrale übernimmt wieder das Kommando

Es bestand kein Zweifel daran, dass das Unternehmen auf seinem Weg zur Gesundung zuerst wieder die Befehlsgewalt über seine verschiedenen Geschäftsbereiche übernehmen musste. Oft stellen kranke Firmen fest, dass sie Entscheidungsbefugnisse an untere Organisationsebenen delegieren müssen. Unkoordinierte Unternehmen jedoch müssen häufig die Zügel straffen, zumindest zeitweise, und genau das tat Freeman. Er zentralisierte die Entscheidungsbefugnisse und übertrug sie einem kleinen Führungsteam.

Freeman merkt dazu an: »Das ist eine interessante Sache. Entscheidungsbefugnisse gehen in zwei Richtungen. Bei meiner Ankunft bei *Corning Clinical* befand sich das Unternehmen in einer Turnaround-Situation, und die Sache war klar. Ich sagte den Leuten, dass ich jetzt die Entscheidungen treffen würde. In einer solchen Situation müssen Sie einfach das Kommando übernehmen, die erforderlichen Änderungen durchsetzen und sich die Zustimmung später sichern, wenn sich die Leistung bessert.« Das obere Management schloss sich ihm schnell an und übernahm Verantwortung für alle größeren Entscheidungen, die im Unternehmen getroffen wurden – und auch für einige kleinere.

Die Laborleiter, die vorher niemandem zur Rechenschaft verpflichtet waren, solange sie die gewünschten Margen erzielten, empörten sich über die Beschneidung ihrer Entscheidungsmacht. Doch die Unternehmensergebnisse sprachen eine eindeutige Sprache. Nachdem *Corning Clinical* 1996 noch einen Verlust von 626 Millionen US-Dollar ausgewiesen hatte, erwirtschaftete es 2001, ein Jahr nach Freemans Ankunft, einen Gewinn von 162 Millionen US-Dollar. Im gleichen Zeitraum kletterte der Aktienkurs von *Quest Diagnostics* um schwindelerregende 914 Prozent.

Informationen: Die Black Box öffnen

»Wir mussten in Informationen investieren und Unsummen in die IT stecken«, resümiert Freeman. Oberste Priorität hatte die unternehmensweite Koordination der Fakturierung. Die Rechnungsstellung hatte sich bis Mitte der 1990er Jahre zur »Black Box« entwickelt, die das obere Management sich nicht zu öffnen traute. »Jede Einheit beschäftigte ihren eigenen Abteilungsleiter Rechnungsstellung und führte ihre eigene Fakturierung durch. Diese Manager kommunizierten nicht miteinander, und es gab keine Empfehlungen oder einheitliche Kenngrößen für die Rechnungsstellung. Als wir uns nach der durchschnittlichen Debitorenlaufzeit erkundigten, nannte einer die Zahl von 50 Tagen, der andere 90, und jeder rechnete anders – eine schlimme Sache in einem Unternehmen. Wir mussten also einheitliche Definitionen festlegen und einheitliche Kennzahlen einführen.

Am ersten Tag sagten wir der Fakturierungsabteilung: ›Hier haben Sie die neuen Kennzahlen. Es ist mir egal, was Sie gestern gemessen haben. Das sind die Kennzahlen, nach denen wir ab heute berichten. Wir werden jeden Monat eine Telefonkonferenz mit den betreffenden Abteilungsleitern aller Geschäftseinheiten durchführen, bei der sie ihre Erfahrungen austauschen können.‹ So begannen wir damals, Standardkennzahlen einzuführen, die Einheiten miteinander zu vergleichen und die Kommunikation zu verbessern.«

Motivationsfaktoren: Gemeinsame Ziele setzen

Freeman und Mohapatra implementierten bei *Quest Diagnostics* nicht nur ein umfassendes Kennzahlensystem, sondern sie formulierten auch Zielvorgaben und richteten ein Prämienprogramm namens »Goal Sharing« ein. Danach erhielten Mitarbeiter zwischen 0 und 6 Prozent ihres Jahresgehalts zusätzlich, wenn sie verschiedene finanzielle und nichtfinanzielle Zielvorgaben erreichten (zum Beispiel Kundenzufriedenheit, Umschlagsdauer, Servicequalität). Um widerspenstige Angestellte zu veranlassen, sich *Quest Diagnostics* stärker verpflichtet zu fühlen als ihrem Labor, knüpfte das Unternehmen 25 Prozent der Auszahlung an übergeordnete Unternehmensziele.

Als die Firma 1997 ausgegliedert wurde, erhielt jeder Mitarbeiter 25 der neu ausgegebenen Aktien von *Quest Diagnostics*. »Nicht genug, um den Kindern die Schulausbildung zu bezahlen«, merkt Freeman an, aber doch genug, um die Aufmerksamkeit der Beschäftigten auf die große Aufgabe zu lenken, die vor ihnen liegt.

Nicht alle Motivationsfaktoren werden in Dollar und Cent gemessen. Wie Freeman erklärt, besteht der größte Anreiz der Mitarbeiter von *Quest Diagnostics* »in dem emotionalen Moment ihrer Arbeit im Labor. Wenn die Leute eine Probe in die Hand nehmen, wissen sie, dass hinter dieser Probe das Leben eines Menschen steht. Das ist schon etwas anderes, als Hamburger zu braten, oder? Irgendjemand wartet da draußen auf eine Antwort – Eltern, Kindern oder Freunde. Das ist ein starker Ansporn.«

Entscheidungsbefugnisse (2):
Vorschlagen, validieren, entscheiden, umsetzen

Als *Quest Diagnostics* wieder auf Kurs war, festigte es seine Führungsposition auf dem Gebiet der diagnostischen Tests durch die Übernahme von *SmithKline Beecham Clinical Laboratories*, einem seiner beiden Hauptkonkurrenten. Mit dieser Akquisition und seiner erfolgreichen Integration schlug *Quest Diagnostics* ein neues Kapitel in seiner Firmengeschichte auf. Das Unternehmen hatte bewiesen, dass es umwälzende organisatorische Veränderungen bewältigen und schnell auf Marktentwicklungen reagieren konnte. Außerdem besaß die Firma jetzt ein effektives, engagiertes Managementteam. Es war an der Zeit, die Zügel zu lockern und Entscheidungsbefugnisse umzuverteilen.

Surya Mohapatra, der 2004 zum Aufsichtsratsvorsitzenden und CEO des Unternehmens ernannt wurde, fand Entscheidungsprozesse vor, die sich »im Kreis drehten«.[7] Zögerliche Entscheidungsträger »debattierten, entschieden, debattierten, widersprachen …«. Jetzt lautet der Entscheidungsprozess für alle »Vorschlagen, Validieren, Entscheiden, Umsetzen« (siehe Abbildung 4.2). Jemand schlägt eine Handlungsweise vor, holt Feedback (einschließlich Kritik) von den jeweiligen Fachleuten ein und legt den Vorschlag dann dem oberen Management zur Entscheidung vor. Sobald ein Beschluss gefasst wurde, ist die Umsetzung *obligatorisch* und wird aufmerksam verfolgt.

Mohapatra nennt ein Beispiel aus der Praxis: »Betrachten wir einmal das Labor in Teterboro. Teterboro bearbeitet heute 60 000 Proben pro Nacht. 60 000 Proben – das ist natürlich eigentlich ein Grund zur Freude. Aber was passiert, wenn mal etwas schief läuft? Wer schlägt also vor, das Labor in zwei Betriebe aufzuteilen? In diesem Fall war ich es.

Mein Vorschlag allein schafft jedoch noch keine Fakten, und hier kommt das neue Entscheidungsmodell ins Spiel. Die Idee geht nun in die Validierungsphase über, in der hitzige Diskussionen stattfinden. Geführt werden sie von denjenigen Mitarbeitern, auf deren Arbeit sich die Entscheidung am

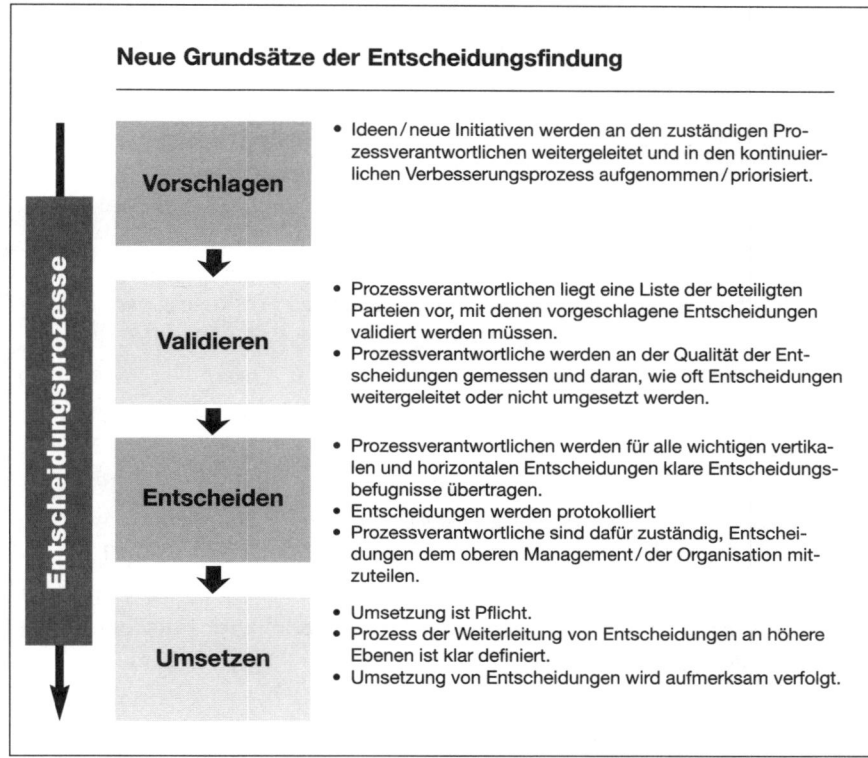

Neue Grundsätze der Entscheidungsfindung

Entscheidungsprozesse

Vorschlagen
- Ideen/neue Initiativen werden an den zuständigen Prozessverantwortlichen weitergeleitet und in den kontinuierlichen Verbesserungsprozess aufgenommen/priorisiert.

Validieren
- Prozessverantwortlichen liegt eine Liste der beteiligten Parteien vor, mit denen vorgeschlagene Entscheidungen validiert werden müssen.
- Prozessverantwortliche werden an der Qualität der Entscheidungen gemessen und daran, wie oft Entscheidungen weitergeleitet oder nicht umgesetzt werden.

Entscheiden
- Prozessverantwortlichen werden für alle wichtigen vertikalen und horizontalen Entscheidungen klare Entscheidungsbefugnisse übertragen.
- Entscheidungen werden protokolliert
- Prozessverantwortliche sind dafür zuständig, Entscheidungen dem oberen Management/der Organisation mitzuteilen.

Umsetzen
- Umsetzung ist Pflicht.
- Prozess der Weiterleitung von Entscheidungen an höhere Ebenen ist klar definiert.
- Umsetzung von Entscheidungen wird aufmerksam verfolgt.

meisten auswirkt. Das können Regionsleiter, Vertriebsleiter oder Laborleiter sein – Parteien, die meinen Vorschlag vielleicht unterstützen, vielleicht aber auch nicht. Viele verwechseln Vorschlagen mit Validieren und wollen gleich zum dritten Schritt, dem Beschluss, springen. Das geht jedoch nicht, weil man ohne den Input sachkundiger, betroffener Parteien keine vernünftigen Entscheidungen fällen kann. Das heißt – kein Beschluss ohne Validierung. Sie müssen also bewusst eine Gruppe von Personen zusammenstellen, die unterschiedliche Meinungen zu einem Vorschlag haben werden.«

Wenn eine Entscheidung getroffen wurde, wird sie einem »Prozessverantwortlichen« zugewiesen. Dieser hat die Aufgabe, Beschlüsse *horizontal* voranzutreiben, das heißt in den Funktionsbereichen und Geschäftseinheiten. Indem *Quest Diagnostics* den Prozessverantwortlichen eine funktions- und teamübergreifende Aufgabe überträgt, optimiert es nicht nur den Entscheidungsprozess, sondern schult seine Mitarbeiter auch darin, horizontal zusammenzuarbeiten, Prozesse konsequent zu Ende zu führen und bei der Entscheidungsfindung im Sinne des Unternehmens Kompromisse einzugehen. Außerdem entwickeln Prozessverantwortliche ein starkes Verantwortungsbewusstsein, weil sie wissen, dass sie für die erfolgreiche Umsetzung der Beschlüsse in ihrem Einflussbereich zuständig sind.

Strukturen: Horizontale und vertikale Verstärkung

Schließlich hat Mohapatra die Organisation durch Auflösung zweier Führungsebenen gestrafft. Das neue Organigramm weist einschließlich des CEO nur noch vier Managementebenen auf. Dabei hat *Quest Diagnostics* die Zahl der Entscheidungsorgane von vier auf eins reduziert. Dieses Entscheidungsorgan setzt sich nun aus dem oberen Managementteam und 15 Führungskräften zusammen, die für funktions- und geschäftsbereichsübergreifende horizontale Prozesse verantwortlich sind. Eine weitere wichtige strukturelle Veränderung lag in der Einführung des neuen »Front Line Forum«. Dieses Forum besteht aus Personen, die in vorderster Linie mit Kunden zusammenarbeiten und ihre Erfahrung in relevante Entscheidungen einbringen können.

Quest Diagnostics: Nachwort

Von seinen schwierigen Anfängen als *Corning Clinical Labs* über die dramatische Sanierung bis hin zur Branchenführerschaft hat *Quest Diagnostics* eine bemerkenswerte Entwicklung vollzogen. Ken Freeman und Surya Mohapatra haben ein Team geleitet, das eine ungesunde Ansammlung von unkoordinierten Labors in ein flexibles, erfolgreiches Unternehmen verwandelt hat. In der Fünfjahresperiode bis 2004 erwirtschaftete *Quest Diagnostics* für seine Aktionäre eine Rendite von 530 Prozent.

Heute führt die Firma die Branche an, mit einem Jahresumsatz von über 5 Milliarden US-Dollar und einem nationalen Netzwerk von Labors und Patienten-Servicezentren, die im Jahr 140 Millionen Patienten versorgen. Das Unternehmen dominiert mit 38 000 motivierten Mitarbeitern und einem Marktanteil von 12 Prozent den Markt der diagnostischen Tests. Fast zehn Jahre nach seinem Amtsantritt als Interims-CEO trat Freeman zuerst das Amt des CEO und 2004 auch die Position des Aufsichtsratsvorsitzenden an seinen von ihm selbst ausgewählten Nachfolger Surya Mohapatra ab.

Seither hat Mohapatra in der Firma Zeichen gesetzt und eine Vision eingeführt, die sich auf Patienten, Wachstum und Mitarbeiter fokussiert. Um zu verhindern, dass *Quest Diagnostics* sich auf den Erfolgen der Vergangenheit ausruht, hat er das Unternehmen auf die »Herausforderungen der Zukunft« ausgerichtet.

Mohapatra erklärt dazu: »Wir betreiben 2 000 Patienten-Servicezentren, die ich McQuest's nenne. Sie alle müssen den 40 Millionen Kunden, die sie im Jahr bedienen, eine einheitliche Erfahrung anbieten. Wir bekommen jeden Abend eine halbe Million Patientenproben. Das heißt, dass eine halbe Million Familien am nächsten Tag erfahren will, wie es um die Gesundheit ihrer Angehörigen steht. Das ist eine enorme soziale Verantwortung, und wir dürfen nicht einen einzigen Fehler machen.« Wie Mohapatra gerne betont, ist *Quest Diagnostics* aus organisatorischer Sicht betrachtet zugleich Einzelhändler, Logistikkonzern, Bank und medizinischer Dienstleister. Eine unkoordinierte Organisation ist das Unternehmen sicherlich nicht mehr. Es hat den Wandel zur flexiblen Organisation erfolgreich vollzogen und erfreut sich heute bester Gesundheit.

Die unkoordinierte Organisation: Therapien

Wenn Ihnen die beschriebenen Symptome allzu vertraut vorkommen, haben wir eine gute und leider auch eine schlechte Nachricht für Sie. Die gute Nachricht lautet, dass die meisten unkoordinierten Unternehmen sehr kompetente Mitarbeiter beschäftigen und somit über die notwendige Intelligenz und Initiative verfügen, um dauerhaft Gewinn zu erzielen. Die schlechte Nachricht lautet, dass hierfür jedoch auch das rigorose Eingreifen des oberen Managements erforderlich ist, das die Zügel vielleicht über einen längeren Zeitraum fest in die Hand nehmen muss, um das Ruder herumzureißen.

Führungskräfte sollten entscheiden und nicht zuschauen

Fähige Angestellte auf den unteren Hierarchieebenen mit einer guten Idee lospreschen zu lassen ist innerhalb bestimmter Parameter sinnvoll. Unkoordinierte Unternehmen haben diese Parameter jedoch falsch gesetzt. Die oberen Manager, die sich auf einen Beobachterposten zurückgezogen haben, müssen bei der Kontrolle von Aktivitäten, Schlichtung von Streitigkeiten und Zuteilung von Ressourcen wieder eine aktivere Rolle übernehmen. In dieser Phase geraten viele zunächst erfolgreiche Start-ups ins Straucheln. Es ist verlockend, seinen vielen kompetenten Mitarbeitern freie Hand zu lassen. Doch wenn klare Anweisungen von oben und ein gemeinsames Wertefundament fehlen, werden die Geschäftseinheiten Entscheidungen treffen, die ihren eigenen Interessen, nicht aber unbedingt denen der Firma entsprechen.

Im Gegensatz zu anderen ungesunden Unternehmenstypen, die Entscheidungsbefugnisse an *untere* Organisationsebenen delegieren müssen, müssen unkoordinierte Organisationen die Entscheidungsbefugnisse meist in der Unternehmensspitze bündeln, zumindest vorübergehend. In Extremfällen schreitet der Chef einer unkoordinierten Firma selbst ein und zentralisiert die Entscheidungsfindung, um die Befehlsgewalt zurückzugewinnen, Zugang zu kritischen Informationen zu erhalten und die Verzettelung zu beenden. Er wird große und kleine Entscheidungen persönlich absegnen, bis die Organisation wieder festen Boden unter den Füßen hat.

An dieser Stelle kehren wir zu Linda von *Advantage Advertising* zurück. Sie hätte damals genügend Kenntnisse und Einflussmöglichkeiten gehabt, um vor und während der *Wax-On*-Präsentation die ihr ins Auge fallenden Fehler zu korrigieren. Doch Linda sah tatenlos zu. Sie war eigens eingestellt worden, um die Kundenperspektive einzubringen und der Agentur zu helfen, Verhandlungen mit Kunden effektiver zu gestalten. Dennoch begnügte sie sich mit der Beobachterrolle, anstatt das Team gezielt auf den Kundenkontakt vorzubereiten oder zumindest hinterher eine Manöverkritik abzuhalten.

Sie hätte vor dem großen Tag ein Meeting ansetzen können, auf dem man die Abläufe klärte, sich gegenseitig über Kundenrecherchen und eventuell schon geführte Gespräche mit dem Kunden informierte und sich auf ein einheitliches Auftreten einigte – nicht nur für die Präsentation und begleitende Kundenunterlagen, sondern für das gesamte Team. Sie hätte Rob und Ray auf ihrem Hotelzimmer anrufen und sie drängen können, nun endlich ins Hotelrestaurant zu kommen. Oder sie hätte darauf bestehen können, dass man sich schon früher auf den Weg zum Kunden machte, um sich nicht zu verspäten.

All dies sind kleine Korrekturmaßnahmen, die dem Team wahrscheinlich geholfen hätten, sich den Werbeetat in Höhe von 5 Millionen US-Dollar zu sichern. Im Zuge einer weiterreichenden Korrekturmaßnahme hätte Linda zum Beispiel Ray ihre Kundenrentabilitätsanalyse zeigen können. Deren unleugbare Ergebnisse hätten Ray veranlasst, mit verlustbringenden Kunden entweder neue Vertragsbedingungen auszuhandeln oder fortan auf diese zu verzichten.

Einen Modus Operandi finden

Unternehmen müssen eine konsequente Vorgehensweise oder ein Geschäftsmodell entwickeln, um die Konzeptlosigkeit und die mangelnde Koordination zu bekämpfen, die für unkoordinierte Organisationen charakteristisch sind. Die Unternehmensleitung muss Erwartungen formulieren und standardisierte Geschäftssysteme und Geschäftsprozesse schaffen und einführen. *Advantage Advertising* hätte es zum Beispiel leichter gehabt, wenn Standardverfahren zur Angebotserstellung, zur Kundenanalyse und zur Renditeberechnung verfügbar gewesen wären. Außerdem müssen unkoordinierte Firmen sicherstellen, dass diese Standards dokumentiert und allen Angestellten zur Verfügung gestellt werden. Um zu gewährleisten, dass die Mitarbeiter die neuen Prozesse tatsächlich befolgen, müssen die Beschäftigten während des gesamten Prozesses durch geeignete Leistungsanreize angespornt und belohnt werden.

Um ein größeres Gemeinschaftsgefühl zu wecken und in den Mitarbeitern das Empfinden wachzurufen, ein gemeinsames Ziel anzustreben, könnte Linda Ray vorschlagen, alle Angestellten der Agentur in die Ausarbeitung der Vision und der Werte von *Advantage* einzubeziehen. Fragen wie »Wodurch heben wir uns von unseren Wettbewerbern ab?« oder »Welche Kunden möchten wir bedienen?« helfen erheblich, den Fokus eines Unternehmens neu einzustellen.

Auf dieser Basis könnte die Firma einen stärkeren kulturellen Zusammenhalt schaffen – mit einer gemeinsamen Sprache und gemeinsamen Erwartungen. Da ein solcher verbindender Rahmen jedoch fehlt, ist es für *Advantage* schwer, sein kreatives Potenzial und seine Ressourcen effektiv zu nutzen. Teamarbeit, exzellenter Kundenservice und klare Verantwortlichkeiten sind drei Werte oder Ziele, die bei dem Unternehmen ganz oben auf der Tagesordnung stehen müssten.

Da bei *Advantage* ein die Initiative förderndes Arbeitsklima herrscht, könnte Linda einen Vorstoß wagen, um über die verschiedenen Firmenstandorte hinweg einheitliche Grundsätze und optimale Verfahren zu entwickeln. Als geschäftsführende Gesellschafterin könnte sie büroübergreifende Teams aus Fachleuten verschiedener Disziplinen zusammenstellen, die unternehmensweite Prozesse für das Marketing, den Vertrieb und den Kundenservice ausarbeiten. Außerdem könnte sie diese Art der Gruppenarbeit zur festen Institution machen und eine entsprechende Erwartung formulieren, damit das Unternehmen sein Potenzial voll ausschöpfen kann.

Klare Rechenschaftspflichten einfordern

Da Entscheidungsbefugnisse in unkoordinierten Organisationen meist nicht klar verteilt sind und beförderte Manager oft weiterhin ihrer alten Routine nachgehen, statt ihre neuen Pflichten zu erfüllen, müssen die Entscheidungsrechte im gesamten Unternehmen dringend geklärt werden. Mitarbeiter auf allen Ebenen müssen wissen, wofür sie verantwortlich sind, und diese Verantwortungsbereiche müssen die übergeordneten Ziele und die Leistung der Firma fördern. Ziele und Pflichten müssen klar kommuniziert, verstanden und durch finanzielle und nichtfinanzielle Motivationsfaktoren unterstützt werden.

Linda wurde ins Unternehmen geholt, um die Kundenorientierung zu verbessern. Sie befindet sich daher in einer idealen Position, um Verantwortlichkeiten in der Firma zu klären. Beispielsweise kann Linda vorschlagen, Kundenbetreuer für ausgewählte nationale Kunden zu ernennen. Diese würden den gesamten Kontakt verwalten, als fester Ansprechpartner für den Kunden fungieren, sie wären für die Planung, Strategie und Umsetzung der Werbemaßnahmen zuständig und würden eine lückenlose Betreuung gewährleisten. Vor allem wären sie auch für die Rentabilität des Kunden verantwortlich.

Um das Verantwortungsgefühl zu stärken und die Karriereentwicklung bei *Advantage* professioneller zu gestalten, könnte Linda Ray helfen, eine offizielle, einheitliche Leistungsbewertung einzuführen, insbesondere für leitende Mitarbeiter. Bisher hing die Entwicklung der Angestellten davon ab, welche Meinung Ray von ihnen hatte und welche Belohnung er ihnen zugestand. Bei Jahresbeginn könnte man einen »Leistungsvertrag« aufsetzen, der von Ray und dem gesamten oberen Management geprüft würde. Wenn dann die Zeit für Beförderungen und Prämienzahlungen gekommen ist, könnten die erzielten Ergebnisse mit der vereinbarten Zielsetzung verglichen werden.

Wegweiser aufstellen

Unkoordinierte Firmen brauchen mehr als andere Unternehmen eine klare Vision und fest umrissene Ziele, um die Mitarbeiter geschlossen hinter sich zu bringen und ihre Aktivitäten zu lenken. Da die Geschäftseinheiten dazu neigen, eigene Interessen zu verfolgen, muss das obere Management mit besonderer Sorgfalt strategische Pläne entwickeln, eine Marschroute zur Umsetzung dieser Pläne abstecken und sowohl die Pläne als auch die Marschroute kommunizieren. Die Firmenzentrale muss rigoros Schlüsselkriterien festlegen und aufmerksam kontrollieren, anstatt die verschiedenen Geschäftseinheiten ihre eigenen Kennzahlen festlegen zu lassen. Alle Mitarbeiter in den operativen Bereichen sollten wissen, welche Richtung das Unternehmen einschlagen will und was von ihnen erwartet wird. Darüber hinaus brauchen unkoordinierte Organisationen robuste Informationssysteme, um alle Beschäftigten fortwährend über sämtliche strategische Änderungen und deren Gründe zu informieren und um ihnen mitzuteilen, wie sich diese Maßnahmen auf ihre Arbeit auswirken werden.

Falls es bei *Advantage Advertising* klare, quantifizierbare Unternehmensziele gab, musste Linda sie erst noch finden. Sie hätte mit Ray von Anfang an einige konkrete Vorgaben im Hinblick auf Gewinn und Diversifizierung ausarbeiten sollen (beispielsweise Umsatz und Gewinn in den nächsten drei Jahren oder Anteil von *Top Tier* am Gesamtumsatz).

Außerdem müssten die Aktivitäten der vier weit voneinander entfernt liegenden Büros dringend koordiniert werden. Bisher betreuten die Niederlassungen dieselben nationalen Kunden, verwendeten dabei jedoch jeweils eigene Marketingmaterialien und verfolgten eigene Ziele. Die Werbeagentur müsste diesen uneinheitlichen Signalen einen Riegel vorschieben und klare Anweisungen erteilen.

Linda erkannte schon nach kurzer Zeit bei *Advantage*, dass einige Büros bestimmte Aspekte des Werbegeschäfts besonders gut beherrschten. Los Angeles heimste für seine originelle Werbegestaltung regelmäßig Preise ein, Detroit glänzte in der Marktforschung und Atlanta hatte mit seinem ausgezeichneten Beziehungsmanagement schon viele Kunden gewonnen. Warum sollte man die Büros nicht zu Kompetenzzentren innerhalb der Agentur machen und Mitarbeiter aus anderen Büros im Rotationsverfahren in diesen Zentren arbeiten lassen, um so empfehlenswerte Verfahren auszutauschen und die Fähigkeiten des Personals zu erweitern? Darüber hinaus könnte man nationale Teams zusammenstellen, die Standards in den verschiedenen Schlüsselbereichen setzen würden. Die Kennzahlen könnten dann auf diese Standards abgestimmt werden.

Nach der Erfahrung mit *Wax-On* beschloss Linda, nach allen Präsentationen eine kurze Abschlussbesprechung durchzuführen. Bei dieser würde das Team genau analysieren, warum *Advantage* einen Auftrag erhalten oder nicht erhalten hatte. Auf diese Weise würde man herausfinden, welche Verfahren sich besonders bewährt hatten und institutionalisiert werden sollten.

Gemeinsame Aktivitäten belohnen

Unkoordinierte Organisationen stehen vor der großen Herausforderung, die Tätigkeiten der einzelnen Geschäftseinheiten so miteinander in Einklang zu bringen, dass sie die Performance des Gesamtunternehmens optimieren. Auch bei dieser Therapiemaßnahme sind eine größere Einmischung der Unternehmensspitze und eine bessere Kommunikation in der gesamten Organisation gefordert. In der Regel müssen unternehmensweite Belohnungen und Leistungsanreize eingeführt werden, welche die funktions- oder abteilungsübergreifende Koordination und Kooperation fördern und den Gemeinschaftsgeist stärken. Wenn die Firma Leistungsbewertungen und Belohnungen mit der Teamfähigkeit verknüpft, sendet sie ein wichtiges Signal an die Mitarbeiter aus. Die Botschaft lautet jetzt nicht mehr: »Sie werden dafür bezahlt, dass Sie unsere Anweisungen ausführen«, sondern: »Wir möchten Sie zu bestimmten Verhaltensweisen anregen, die wir als Unternehmen unterstützen.«

Linda wusste dank ihrer Analysen, dass einige der rentabelsten Kunden von mehreren Büros aus betreut wurden. Die verschiedenen Dependencen wiesen unterschiedliche Stärken auf, und häufig wendeten sich die Kunden gezielt an die Niederlassung mit den gesuchten Fähigkeiten. Um sein Potenzial voll auszuschöpfen, müsste *Advantage* seinen Kunden diese »Integrationsarbeit« abnehmen und sich bei der Erstellung seiner Dienstleistungen gezielt die Stärken aller Büros zunutze machen. Linda könnte die Zusammenarbeit fördern, indem sie Prämienzahlungen auch an das Unternehmensergebnis koppelte, nicht nur an die Leistung der einzelnen Angestellten oder Dependencen. Außerdem sollte bei Beförderungen und Leistungsbewertungen auch berücksichtigt werden, wie gut ein Mitarbeiter nachahmenswerte Verfahren mit anderen austauscht – sowohl in seinem eigenen Büro als auch mit anderen Niederlassungen.

Der Weg zum Wandel einer unkoordinierten Organisation ist lang und steinig. Wer sich etwas anderes vormacht und nur einige kleine Oberflächenkorrekturen vornimmt, wird mit seiner Turnaround-Initiative keinen Erfolg haben. Das obere Management braucht die nötigen Einflussmöglichkeiten und die Bereitschaft, die Führung zu übernehmen und unternehmensweite einheitliche Prozesse und Systeme einzuführen. Die Geschäftseinheiten müssen bis zur erfolgreichen Kurskorrektur Leitungsmacht abgeben und die Entscheidungsbefugnisse, Informationsflüsse, Motivationsfaktoren und Strukturen wieder effektiv aufeinander abstimmen. Wenn unkoordinierte Unternehmen erst ihre DNA-Bausteine miteinander in Einklang gebracht haben, können sie wieder wachsen und Gewinne erwirtschaften.

Anmerkungen zu diesem Kapitel

1   Nur 23 Prozent der Befragten aus unkoordinierten Firmen »wissen ziemlich genau, für welche Entscheidungen/Aufgaben sie zuständig sind«. Damit liegen sie weit unter dem Durchschnitt von 78 Prozent aus gesunden Unternehmen.

2   Es überrascht wenig, dass nur 26 Prozent der Befragten, die laut *Org DNA ProfilerSM* einer unkoordinierten Organisation angehören, angaben, vorgesetzte Manager würden »sich regelmäßig an operativen Entscheidungen beteiligen«. Bei gesunden Organisationstypen waren es dagegen 71 Prozent.

3 Von den Befragten aus unkoordinierten Organisationen stimmten 60 Prozent der Aussage zu, dass ihre Unternehmen widersprüchliche Botschaften an den Markt aussenden, verglichen mit durchschnittlich 14 Prozent aus gesunden Organisationen.

4 Nur 47 Prozent der Befragten aus unkoordinierten Unternehmen gaben an, dass »wichtige Informationen die Zentrale schnell erreichen«, während es in gesunden Firmen gemäß den Ergebnissen des *Org DNA Profiler*^{SM} durchschnittlich 84 Prozent waren.

5 Nach den Daten unseres *Org DNA Profiler*^{SM} ist die Wahrscheinlichkeit, auf der Grundlage der Leistung befördert oder bezahlt zu werden, bei Mitarbeitern aus unkoordinierten Organisationen nur halb so groß wie bei Beschäftigten aus flexiblen Unternehmen (44 Prozent bei unkoordinierten Organisationen gegenüber 85 Prozent bei gesunden und 94 Prozent bei flexiblen Unternehmen).

6 Gespräch mit Ken Freeman, ehemaliger Aufsichtsratsvorsitzender und CEO von Quest Diagnostics, New York, 8. Juli 2004.

7 Gespräch mit Dr. Surya Mohapatra, Aufsichtsratsvorsitzender und CEO von Quest Diagnostics, Lyndhurst, New Jersey, 26. Juli 2004.

Kapitel 5

Die komplexe Organisation:
»Die guten alten Zeiten sind vorbei«

Die komplexe Firma platzt förmlich aus allen Nähten, weil ihr Organisationsmodell mit der Unternehmensentwicklung nicht Schritt gehalten hat. Sie ist zu groß und komplex, um von einem kleinen Führungsteam effektiv gesteuert werden zu können, und muss noch ihre Entscheidungsprozesse »demokratisieren«. Bis dahin bleibt ein beträchtlicher Teil der Möglichkeiten dieser Firma unangezapft. Weil die Machtbefugnisse im Wesentlichen an der Unternehmensspitze angesiedelt sind, reagiert die komplexe Organisation zu langsam auf Marktentwicklungen, und wenn sie es tut, steht sie sich oft selbst im Weg. Wenn Sie in einem solchen Unternehmen arbeiten, erkennen Sie vielleicht Chancen für positive Veränderungen, können Ihre Ideen aber selten den Verantwortlichen ganz oben zur Kenntnis bringen. Das Erbe des Top-down-Managements, bei dem Anweisungen und Entscheidungen von oben nach unten durchgesetzt werden, ist sehr tief verwurzelt, und wie überall halten sich auch hier alte Gewohnheiten hartnäckig.

Dieses Modell funktionierte sehr gut, als die Firma noch kleiner und weniger komplex war. Jetzt aber hemmt es die Unternehmensentwicklung ebenso wie den Aufstieg der besten Mitarbeiter. Paradoxerweise gehen die Schwierigkeiten der komplexen Organisation ausgerechnet auf ihre schnellen Erfolge zurück. Man sollte die Symptome dieser Probleme kennen, um frühzeitig reagieren und diese »Erfolgsfalle« umgehen zu können.

Cargill Incorporated ist mit einem Jahresumsatz von über 60 Milliarden US-Dollar wahrscheinlich das weltweit größte Unternehmen in privater Hand. Die Firma zählt zu den Marktführern in den Bereichen Lebensmittel, Futtermittel, Industrie und Handel. W. W. Cargill gründete sie im Jahr 1865 mit einem einzigen Getreidelager in Conover, Iowa. Gemeinsam mit seinen Brüdern und der MacMillan-Familie baute er daraus ein Lebensmittel- und Landwirtschaftsunternehmen auf.[1]

Noch heute halten die Familien Cargill und MacMillan etwa 89 Prozent des Firmenkapitals und sind aktive Mitglieder des Aufsichtsrats. Bis in die jüngste Vergangenheit führten sie das Unternehmen und stellten in seiner 140-jährigen Geschichte mit Ausnahme von 26 Jahren immer den CEO. Aber seit sich W. W. Cargill auf den Getreidehandel konzentriert, hat sich viel geändert. Im Laufe der Jahre ist die Firma immer wieder ihrem Organisationsmodell entwachsen und musste Anpassungen vornehmen. Im Folgenden beschreiben wir, wie *Cargill* zuletzt aus seinem Geschäftsmodell »herauswuchs« und darauf richtig reagierte.

»Als wir uns im Jahr 1998 die Umwelt von *Cargill* ansahen, mussten wir feststellen, dass sich das Fundament unserer Geschäfte grundlegend änderte«, erinnert sich Jim Haymaker, Vorstandsdirektor für Strategie und Geschäftsentwicklung.[2] »Unsere größten Kunden – Konsumgüterhersteller, Einzelhändler und große Lebensmittelhersteller – wuchsen weiter und konsolidierten ihre Macht. Die Getreidepolitik in den USA wurde zunehmend protektionistisch, und es gab einen gewissen Widerstand in anderen Ländern... hier und da eskalierten die kleinen Auseinandersetzungen. *Monsanto* und *DuPont* versuchten, den Landwirtschafts- und Lebensmittelsektor durch die Entwicklung genetisch veränderter Organismen zu beeinflussen. Und Silicon Valley, das ›New Economy‹-Phänomen, war auf dem Höhepunkt seiner Leistungskraft. Kleine, wendige Konkurrenten griffen uns an den Rändern unserer Marktposition an. Plötzlich konnte man den Eindruck gewinnen, als sei schiere Größe längst nicht mehr so wichtig wie in der Vergangenheit.«

Cargill hatte im Laufe der Jahrzehnte globale Lieferketten aufgebaut. Von entscheidender Bedeutung waren dabei die Schnittstellen der einzelnen Glieder und deren Effizienz. Größen- und Breitenvorteile spielten eine wichtige Rolle. Das Unternehmen lebte vom Volumen und von der Effizienz der Verarbeitung von Massenprodukten mit geringer Differenzierung. Die Firma zeichnete sich besonders durch die Leistungen in der Logistik und im Management des Preisrisikos aus. Und nun gab es Entwicklungen, bei denen all diese Vorteile nichts mehr zählten.

Diese Gefahren wurden von den Managern zwar durchaus wahrgenommen, doch das DNA-Profil der Firma verhinderte zum damaligen Zeitpunkt eine schnelle und entschlossene Reaktion. Jim Haymaker fasst die Situation zusammen: »Was für ein Unternehmen war *Cargill* damals? Zunächst einmal befand es sich in privater Hand. Dies steht an erster Stelle, weil dies einen großen Einfluss auf die Unternehmenskultur hat. *Cargill* war eine Firma, in der viele Mitarbeiter ihre gesamte Laufbahn verbrachten. Der ehemalige CEO Whitney MacMillan war sehr darum bemüht, bestimmte Prioritäten zu vermitteln. Eine davon lautete, unseren Ruf als ehrlicher Geschäftspartner zu wahren und auszubauen. Eine andere lautete, das Unternehmen als Familie zu begreifen, die allen Beschäftigten – auch wenn sie aus verschiedenen Kulturen und Ländern kamen – das Gefühl gab, dazuzugehören.«

Dieses paternalistische Führungsmodell hatte fast eineinhalb Jahrhunderte funktioniert – sogar sehr effektiv. Die Mitarbeiter waren unglaublich loyal. »Aber im Jahr 1998 stellten wir dann fest, dass wir zu sehr nach innen gerichtet waren«, erinnert sich Haymaker. »Unsere traditionellen Stärken waren nicht mehr gefragt. Dafür kamen neue Unternehmensmodelle auf, die den Firmen immer mehr Flexibilität abverlangten und in denen die Strategiezyklen immer schneller aufeinander folgten.«

Damals hatte *Cargill* eine dreidimensionale Matrixorganisation. Im gesamten Unternehmen gab es sich überschneidende Einheiten, die nach geografischen Räumen, Produktlinien und Funktionen gegliedert waren. Die einzelnen Manager mussten also auch drei Dimensionen einbeziehen, wenn wichtige Entscheidungen anstanden: die Region, in der sie tätig waren (zum Beispiel Lateinamerika oder Asien), ihren Funktionsbereich (Finanzwesen, Rechtsabteilung etc.) und ihre Produktlinie (Kakao, Getreide etc.). Diese Struktur verlangsamte die Entscheidungsfindung und behinderte die Beweglichkeit der Organisation. Zu viele Menschen waren für die verschiedenen Projekte rechenschaftspflichtig.

Darüber hinaus verbrachten die Topmanager des Konzerns zu viel Zeit damit, sich um einzelne Geschäftsbereiche zu kümmern, anstatt ihr immer komplexeres Unternehmen zu führen. Haymaker meint: »Allmählich dämmerte uns die Erkenntnis, dass wir die Entscheidungsbefugnisse weiter nach unten delegieren mussten, als es bisher in unserer hierarchischen Organisation der Fall gewesen war.«

Zwar blieb es für die Identität des Unternehmens wichtig, die Firma als eine Familie zu begreifen und sich einen exzellenten Ruf zu bewahren. Gleichzeitig musste das Unternehmen seine Erwartungen und seine Prozesse jedoch eindeutiger formulieren. Es musste neue Managementsysteme und Prozesse verankern, um mehr Entscheidungsbefugnisse zu delegieren, die Mitarbeiter für die geleistete Arbeit stärker zur Rechenschaft zu ziehen und ihren latenten Unternehmergeist freizusetzen. Nicht zuletzt brauchte es eine Struktur, in der mehr Flexibilität und Transparenz möglich waren.

Im Sommer 1998 stellte der damalige CEO Ernie Micek – auf Initiative des Aufsichtsrats – das so genannte »Strategic Intent Team« zusammen. Seine Aufgabe: Es sollte für den Zeitraum bis zum Jahr 2010 einen Zukunftsplan entwerfen und *Cargill* auf dessen Umsetzung vorbereiten.

Ende der neunziger Jahre war *Cargill* noch keine komplexe Organisation, aber die ersten Anzeichen machten sich bereits bemerkbar. Glücklicherweise waren die Manager selbstkritisch genug, um diese Symptome frühzeitig zu diagnostizieren, bevor sie sich ausbreiten und schließlich negativ auf die Ergebnisse auswirken konnten.

Komplexe Firmen haben sich meist so schnell weiterentwickelt, dass ihr ursprüngliches – und bislang erfolgreiches – Organisationsmodell nicht mehr angemessen ist. Häufig handelt es sich um Familien- oder Start-up-Unternehmen, die ein schnelles Wachstum erlebt haben, oder um fusionierte Firmen, deren Organisation und Kultur nicht zusammenpassen.

In den ersten Jahren, als die Firma noch klein und überschaubar war, wusste jeder, wer wofür zuständig und rechenschaftspflichtig war. Das Modell funktionierte gut, stieß aber mit zunehmendem Erfolg an seine Grenzen. Sobald eine Firma wächst, treten ihre organisatorischen Schwächen zutage. Die daraus resultierenden Probleme sind dann zwar offensichtlich, aber niemand möchte sich als Bote schlechter Nachrichten bei seinen Vorgesetzten unbeliebt machen.

Komplexe Unternehmen sind meist nach dem Top-down-Prinzip organisiert: Die meisten Entscheidungen werden von einem kleinen Kreis hochrangiger Manager getroffen. Aber ein Großteil der dafür relevanten Informationen befindet sich an ganz anderen Stellen innerhalb der Firma, und die meisten gelangen niemals bis zu den Entscheidungsträgern an der Spitze. Deshalb sind die Beschlüsse nicht fundiert genug – bisweilen mit höchst problematischen Folgen. Gleichzeitig wächst die Frustration unter den Mitarbeitern mit jeder Entscheidung aus der Zentrale, die den Kundenbedürfnissen nicht entspricht und die tatsächlichen Probleme ihrer Geschäftseinheit nicht löst.

Die komplexe Organisation: Symptome

Die Symptome eines komplexen Unternehmens sind leicht zu erkennen. Wenn Sie sehen, dass sich die Mitarbeiter einer Firma übernehmen, dürfte das Organisationsmodell nicht mehr angemessen sein. Die typischen Signale werden im Folgenden beschrieben.

Fernbedienungen, die nicht funktionieren

Die zentralisierte Top-down-Organisation ist nicht allein der Grund für die Probleme komplexer Unternehmen – schließlich funktionieren hierarchische Organisationen mit ihrem »Command and Control«-Modell hervorragend. Vielmehr behindert die Kombination aus einem zentralisierten Management und dezentralen Informationsfluss die Firma. Kundenkritik und Kundenvorschläge gelangen nicht dorthin, wo die Entscheidungen getroffen werden.[3] Die wichtigen Informationen bleiben stattdessen in den einzelnen Geschäften, Vertriebsorganisationen oder Service-Centern, wo sie von geringem Nutzen sind.[4] Das Ergebnis ist vorhersehbar: Die Firma reagiert zu langsam auf die Schachzüge der Konkurrenten. Und wenn sie reagiert, dann so zögerlich, dass sie die entscheidenden Chancen dennoch verpasst.[5] In der Anfangszeit des Unternehmens konnten die Chefs wichtige Informationen noch sehr unkompliziert beschaffen, weil die räumliche Nähe gegeben war: Sie fragten einfach ihren Kollegen am nächsten Schreibtisch oder gingen nach nebenan und wussten dann alles, was sie für eine fundierte Entscheidung wissen mussten. Diesem paradiesischen Zustand trauern sie später oft nach. Deshalb legen sie großen Wert darauf, den persönlichen Kontakt zum Vertrieb und zu den Kunden aufrechtzuerhalten. Aber natürlich können sie die Firma auf diese Weise nicht weiterführen. Dazu ist sie mittlerweile in zu vielen geografischen Regionen tätig, in denen zu viele Endkunden mit zu vielen verschiedenen Produkten, Diensten und Technologien bedient werden.

130 Jahre lang florierte *Cargill* als Familienbetrieb. »In der guten alten Zeit konnte man innerhalb von fünf Minuten eine Sitzung des Aufsichtsrats ansetzen«, erinnert sich Jim Haymaker. Es gab keine externen Mitglieder im Führungsgremium. Die geschäftsführenden Manager und die Aufsichtsratsmitglieder, die zur Gründerfamilie gehörten, arbeiteten in der Unternehmenszentrale, sodass sie jederzeit kurzfristig zusammentreten konnten. Die Atmosphäre war kollegial, und das für wichtige Entscheidungen erforderliche Wissen größtenteils in den Köpfen der Anwesenden vorhanden.

Aber als *Cargill* international expandierte, erreichte es einen Grad der

Komplexität, für den dieser familiäre Führungsstil nicht mehr angemessen war. Es gab immer mehr Produktlinien und folglich auch immer mehr Systeme und Geschäftsmodelle. »Wir erkannten schnell, dass sich die einzelnen Abteilungen zu sehr isolierten und jede Abteilung ihre eigenen Systeme einsetzte«, meint Haymaker. Gleichzeitig wurden die Kundenbedürfnisse immer vielfältiger. So wünschten die Käufer von Tierfutter nun auch Informationen über die Nährwerte dieser Produkte.

Allmählich kristallisierte sich heraus, welche Folgen diese Entwicklungen für die Unternehmensführung hatte. *Cargill* durfte nicht mehr aus einer weit vom Geschehen entfernten Zentrale geführt werden, wenn es in der Lage sein wollte, an den Kundenschnittstellen schnell und flexibel zu handeln. Die Konzernleitung und die Führungskräfte durften nicht mehr davon ausgehen, dass sie weiterhin an jeder Entscheidung beteiligt wurden. Es war an der Zeit, mehr Befugnisse zu delegieren.

Als David Murray im Jahr 1992 das Amt des CEO bei der *Commonwealth Bank of Australia* antrat, übernahm er ein klassisches komplexes Unternehmen. Die Bank war zwar gerade teilweise privatisiert worden, aber an den alten Strukturen hatte sich im Grunde nichts verändert. Viele Mitarbeiter waren gewerkschaftlich organisiert, und in der Unternehmenskultur spielte die Dauer der Betriebszugehörigkeit eine wichtige Rolle. Die Prozesse hinkten der Marktpraxis in manchen Bereichen bis zu 15 Jahren hinterher.

»Die Angestellten taten nichts, was ihnen der Geschäftsführer nicht ausdrücklich aufgetragen hatte«, erinnert sich Murray. »Die Bank war 80 Jahre lang erfolgreich gewesen. Sie hatte den Schutz der staatlichen Beteiligung in einem sehr regulierten Markt genossen, der sich erst vor zehn Jahren dem Wettbewerb geöffnet hatte. Loyalität und Stolz waren deshalb wichtige Merkmale der Unternehmenskultur. In den Filialen glaubte man weiterhin, dass die *Commonwealth Bank* auf ewig Marktführer bleiben würde.

Es gab eigentlich kein Organisationsmodell und keine Organisationsarchitektur. Unsere internen Prozesse wurden durch ein Gesetz geregelt! Es gab klare Vorschriften für das Personalwesen, es gab Beschwerdeverfahren, wenn jemand nicht befördert wurde oder wenn Disziplinarmaßnahmen ergriffen wurden, und die Mitarbeiter waren stark gewerkschaftlich orientiert – unter solchen Umständen versuchen die Angestellten zwar, ihr Bestes zu geben, aber das Unternehmen kommt nicht voran, weil ihm die Struktur und die Führung fehlen.«[6]

Die Mitarbeiter in den Filialen erfüllten pflichtbewusst die vorgegebenen

Aufgaben. Wenn sie wichtige Informationen erhielten oder Mängel im Angebot der Bank entdeckten, gaben sie dieses Wissen nicht weiter, weil es dafür weder offizielle noch inoffizielle Mechanismen gab. Folglich wussten die Manager in Sydney nichts von den örtlichen Kundenbedürfnissen oder neuen Trends.

»In der Zentrale frotzelte man, dass ein Manager sich ein Visum besorgen sollte, bevor er einen Bereichsleiter in Queensland oder Victoria besuchte, weil er ja ausländisches Gebiet betrat«, sagt Murray. Informationen wurden weder über Abteilungsgrenzen noch über Führungsebenen hinweg weitergeleitet. Weder mussten Tages- oder Wochenberichte über Vertriebs- oder Servicefragen vorgelegt werden, noch wurden Schulungen durchgeführt, etwa zum Thema Cross-Selling. Die Aufgaben der Angestellten waren genau umrissen, und jeder hütete sich, darüber hinaus die Initiative zu ergreifen.

Die Spuren des Gründers

Das Schicksal einer komplexen Organisation wird von oben gelenkt, häufig von Gründern, die wie Helden verehrt werden, oder von Familienmitgliedern und ihren Schützlingen. Oft erhalten sie für die harte Arbeit, den sie mit ihrem unermüdlichen Einsatz leisten, mehr Anerkennung als für ihren Status als Inhaber. Diese Menschen sind untrennbar mit dem Image und Ruf ihres Unternehmens verknüpft. Alles, was sie tun, wird innerhalb und außerhalb der Firma genau beobachtet. Ihr Urteil über wichtige und unwichtige Themen gilt als Gesetz. Leider wird in einem solchen Unternehmen nur im Schneckentempo gehandelt, weil die Mitarbeiter es gewohnt sind, dass ihre Arbeit noch einmal überprüft und Entscheidungen noch einmal in Frage gestellt werden.[7] In komplexen Organisationen gibt es meist keine verästelten Strukturen, sodass jeder weiß, wer die Entscheidungen trifft. Die Mitarbeiter reden untereinander darüber, was »Sam« oder »Michael« oder »Bill« wohl meint. Auch wenn 50 000 Menschen in dem Unternehmen arbeiten und 300 davon »Bill« heißen, weiß jeder genau, welcher davon gemeint ist.

In den achtziger und neunziger Jahren überwachte Bill Gates persönlich jeden Winkel von *Microsoft*. Er legte nicht nur den Firmenkurs fest, sondern koordinierte und kontrollierte auch die unzähligen Projekte und Programme des Unternehmens. Alle zwei Wochen vertiefte er sich in über 100 Statusberichte von Dutzenden von Teams. Dazwischen hielt er die berühmten »Bill-Meetings« ab, in denen er seine Mitarbeiter zu ihren Fortschritten und Plänen befragte. In diesen Meetings trat er so einschüchternd auf, dass die Teams ihre Präsentationen vorher probten. Ein Softwareentwickler sagte: »Wir verfolgten nur ein Ziel: Jeder wollte Bill von seinem Produkt überzeugen.«[8]

Laura Ashley weckte mit ihren Blumendrucken und Chintzstoffen romantische Vorstellungen vom englischen Landleben und fand damit jahrzehntelang Anklang. Gemeinsam mit ihrem Mann Bernard schuf sie ein kleines, vertikal integriertes Imperium. Produzierte sie am Anfang im Jahr 1953 noch in ihrer Londoner Wohnung, betrieb sie schließlich über 500 Geschäfte weltweit. Bis zu ihrem Tod im Jahr 1985 hielt sich Laura Ashley strikt an ihre traditionellen britischen Werte und hielt die Zügel des Unternehmens fest in der Hand. Auf die lockeren Sitten und Miniröcke der sechziger Jahre reagierte sie mit knöchellangen Kleidern, die mit einem »Made in Wales«-Etikett versehen waren.[9] Während andere Modehersteller ihre Produktion aus Kostengründen ins Ausland verlagerten, weigerte sie sich, ihre Fabriken in Großbritannien zu schließen.[10] Als der Trend in der Damenmode zu nüchternen, bürotauglichen Outfits ging, blieb sie beim »Landadel«-Look. Bernard führte ihr Vermächtnis fort und behielt beim Börsengang im Jahr 1985 fast zwei Drittel der Unternehmensaktien. Seine Auseinandersetzungen mit dem professionellen Management, das er in den neunziger Jahren einstellte, waren legendär. Zwischen 1991 und 1998 hatte das Unternehmen fünf CEOs.[11] Ein scheidender Manager sagte über Bernard Ashley: »Er denkt und handelt immer noch so, als gehörte ihm die Firma ganz allein.«[12]

Behelfslösungen

Während die Manager der oberen Etagen die Unternehmensrichtlinien formulieren, ersinnen ihre Kollegen weiter unten Methoden, um sie zu umgehen, bis irgendwann die Ausnahme zur Regel wird. Solche »Behelfslösungen« deuten immer auf Schwächen des Organisationsmodells hin. Wenn Prozesse und Richtlinien mit Fehlern behaftet sind, müssen rasch Ersatzlösungen gefunden werden. So ruft etwa eine Vertriebsmitarbeiterin einen

»Freund« in der Zentrale an und bittet ihn um eine rasche Bearbeitung ihres Preisangebots, damit sie es ihrem Kunden innerhalb eines Tages vorlegen kann … und nicht innerhalb der sonst üblichen Wochenfrist. Das ist eine klassische »Behelfslösung«. Glücklicherweise sind diese Ausnahmen von der Regel im Allgemeinen auch ein Zeichen dafür, dass das Unternehmen motivierte Mitarbeiter hat, die sich für seine Ziele und Kunden einsetzen.

Das Problem sind nicht die provisorischen Maßnahmen, sondern die Unzulänglichkeiten der Unternehmensorganisation, die sie überhaupt erst nötig machten. Einmalige, inoffizielle Ausnahmen sind nicht nur ineffizient, sondern oft auch unfair. Denn der Vorteil, den diese eine Vertriebsmitarbeiterin für sich in Anspruch genommen hat, bleibt ihren Kollegen verwehrt. Außerdem sendet das Management eine sehr problematische Botschaft aus, wenn es die provisorische Maßnahme stillschweigend hinnimmt. Das gilt vor allem dann, wenn ein Kontrollprozess umgangen wurde. Ferner können sich Behelfslösungen nachteilig auf mögliche Größenvorteile auswirken. Entwickeln beispielsweise Geschäftseinheiten ihre eigenen Lösungen für den Materialeinkauf, sinken die Chancen des Unternehmens, hohe Rabatte in Anspruch nehmen zu können.

Bei der *Commonwealth Bank of Australia* wurde sogar ein Begriff für die im gesamten Filialsystem auftretenden provisorischen Maßnahmen geprägt. Sie nannten sie »ungenehmigte produktive Prozesse« – eine treffende Bezeichnung, die sowohl den Nutzen wie den Nachteil dieser Lösungen erfasste. Die *ungenehmigten produktiven Prozesse* waren letztlich eine Folge der Vergangenheit, als die Bank noch ein Staatsunternehmen in einem regulierten Markt war. Nach dem Wegfall dieser künstlichen Beschränkungen sprossen Behelfslösungen aus dem Boden, weil einfallsreiche Angestellte nach Wegen suchten, um die Geschäfte besser und rentabler zu betreiben. CEO David Murray räumt ein: »Wenn Entscheidungen zur Sicherung der Marktposition nicht von den erfahrenen Mitarbeitern vor Ort angestoßen wurden, kamen sie auch nicht zustande.« Natürlich war dies so nicht vorgesehen, und es gab keine offiziellen Prozesse und Funktionen, um gute Ideen und nachahmenswerte Verfahren zu verbreiten. Ihr Vorteil war daher immer auf den Einzelfall begrenzt. Tatsächlich verursachten die »ungenehmigten produktiven Prozesse« sogar mehr Schaden als Nutzen, weil sie die vorhandenen Richtlinien und Verfahren in Frage stellten. Sie stifteten Verwirrung unter den Angestellten und sorgten oft genug für große Verärgerung.

Was halten die Mitarbeiter davon, wenn sie die offiziellen Prozesse einer komplexen Organisation umgehen und »Behelfslösungen« finden müssen? Dies wird am Beispiel von Bob Krueger deutlich. Der 50-jährige Manager arbeitet bei *Danville Beverages*, einem Softdrink-Hersteller mit Sitz in Grand Rapids, Michigan. Das Familienunternehmen wurde in den vierziger Jahren von Don Danville gegründet. Heute leiten seine Kinder, Don Jr., Elizabeth und Julie, die Geschicke des Unternehmens. Don Jr. hat das Amt des CEO und Elizabeth und Julie teilen sich die Aufgaben eines Hauptgeschäftsführers. Bob ist schon seit 18 Jahren bei *Danville Beverages* beschäftigt und befürchtet, dass er am Ende seiner Karriereleiter angelangt ist. Bei einem Restaurantbesuch mit seiner Frau Carole erzählt er von seinem neuesten Ärger.

»Es sieht aus, als würden wir die *Pit Stop*-Läden als Abnehmer verlieren«, klagt Bob. »*Pit Stop* möchte diese neue Milch in verschiedenen Geschmacksrichtungen, die jetzt große Mode ist. Aber Don, Elizabeth und Julie weigern sich, in die entsprechenden Produktionskapazitäten zu investieren. Das würde knapp über 300 000 Dollar kosten und sich ganz bestimmt in weniger als drei Jahren auszahlen. Aber ich kann sie nicht einmal dazu bewegen, sich meine Zahlen anzusehen. Seit sechs Monaten versuche ich es. Jetzt stehen wir kurz davor, einen Kunden zu verlieren, mit dem wir einen Umsatz von 3 Millionen Dollar erzielen.«

Seine Frau Carole fragt: »Gibt es keine Möglichkeit, wie du das Geld beschaffen könntest? Vielleicht könntest du es aus einem anderen Budget abzwacken?«

»Meine Vollmacht reicht nur für 50 000 Dollar. Es war schon mühsam genug, diesen Freiraum zugestanden zu bekommen. Wenn man mit dem Nachnamen nicht Danville heißt, ist es schwer, die drei zu Investitionen zu bewegen. Im vergangenen Jahr konnte ich zwar das Verpackungsband modernisieren, indem ich die Rechnung auf mehrere Bestellungen verteilte. Aber 300 000 Dollar bekomme ich auf diese Weise bestimmt nicht zusammen. Die drei verstehen einfach nicht, wie wichtig es ist, in den Markt zu investieren. Vielleicht sollte ich mir einen neuen Job suchen.«

Der Kaiser hat keine Kleider an

Die zunehmende Ineffektivität des komplexen Unternehmens wird natürlich auch von den Mitarbeitern wahrgenommen, vor allem von jenen, die täglich in Kontakt mit Kunden, Lieferanten und sogar Konkurrenten stehen. Dennoch findet diese Feststellung nur mit größter Schwierigkeit ihren Weg in die Zentrale – wie es leider für die meisten Informationen zutrifft, die für die Angestellten an der Kundenfront offensichtlich sind. Genörgelt wird nur an der Kaffeemaschine. Nicht viele Menschen sind bereit, offen Kritik zu üben. Damit würden sie zwar der Firma einen Gefallen tun, die eigene Position aber möglicherweise gefährden.

Nachdem Bob Carole vom neuesten »Veto« der Geschwister erzählt hat, fragt sie mitfühlend: »Weißt du noch, wie sie dich von *P&A Grocery* abwarben und dir Beförderungen und Aktienpakete versprachen? Und was ist daraus geworden? Sie behandeln dich sehr herablassend … als seist du nur ein Befehlsempfänger. Was sagen denn deine Kollegen?«

Bob stöhnt: »Sie sitzen im selben Boot, aber sie möchten es nicht zum Kentern bringen. Gerry und Michelle hatten im vergangenen Jahr eine fantastische Idee für eine Werbekampagne für die Seltzer-Produkte, aber es kam nicht einmal bis zur Präsentation. Es gibt überhaupt keine Anreize, sich einmal zu engagieren. Stattdessen treffen wir uns alle paar Monate und schimpfen über die Danvilles. Ich bin der Einzige, der Don Jr. ab und zu widerspricht. Die anderen schlucken ihren Ärger hinunter und machen gute Miene zum bösen Spiel. Vielleicht sollte ich es von nun an auch so machen. Dann würde ich bestimmt mehr Erfahrungen sammeln können. Ich konnte ja nie Kenntnisse darüber sammeln, einen Geschäftsbereich eigenständig zu führen und die Gewinnverantwortung zu tragen.«

Die komplexe Organisation: Therapien

Was können komplexe Unternehmen tun, damit sich die Symptome nicht weiter verschlimmern? Zunächst einmal sollten sie sich in Erinnerung rufen, womit sie in ihren Anfangszeiten erfolgreich waren. Den Funken dieser Aufbruchsstimmung sollten sie in der nächsten Führungsgeneration erneut anfachen. Dazu müssen sie die Entscheidungsprozesse demokratisieren, Hindernisse im Informationsfluss beseitigen und die Karriereentwicklung innerhalb der Organisation institutionalisieren. Grundsätzlich kommt es also darauf an, dass die Zentrale ihre Aufgaben neu definiert und die Geschäftseinheiten mehr Eigenständigkeit erhalten.

Aufbruchsstimmung erzeugen

Viele komplexe Organisationen gehen auf den spontanen Einfall eines jungen Unternehmers zurück. Daraus entwickelten sich klassische Erfolgsgeschichten, beruhend auf Einfallsreichtum und Fleiß. Leider aber haben nicht alle Erfolgsgeschichten ein Happy End. Denn häufig hält die Unternehmensorganisation mit der Expansion nicht Schritt. Anstatt den Funken des Unternehmergeistes weiter anzufachen, indem die immer zahlreicheren Mitarbeiter in die Ideen- und Entscheidungsfindung einbezogen werden, tun die Topmanager das Gegenteil: Sie entziehen der Basis die Grundlage und ersticken ihr Engagement und ihre Initiative. Sie halten an der gewohnten Verteilung der Kompetenzen fest, auch wenn ihnen das konkrete Marktwissen offensichtlich schon lange fehlt, um fundierte Entscheidungen treffen zu können.

Die meisten Organisationen – insbesondere aber die komplexen – müssen irgendwann akzeptieren, dass nicht mehr jeder wichtige Beschluss auf der Vorstandsetage getroffen werden kann. Die Manager an der Unternehmensspitze sind dazu zu weit von den Märkten entfernt – umso mehr, als sie dazu häufig sehr spezielle und kurzfristig gewonnene Informationen benötigen. Das Topmanagement muss mehr Entscheidungskompetenzen in die Geschäftseinheiten verlagern, deren Manager den engsten Kundenkontakt haben. Nur dann kann die komplexe Organisation die Geschwindigkeit und Effektivität ihrer Entscheidungsfindung steigern und letztlich die Ergebnisse verbessern.

Als die Manager von *Cargill* im Jahr 1998 begannen, die Unternehmensorganisation einer grundlegenden Überprüfung zu unterziehen, sahen sie sich die Produkte, Dienstleistungen und Kunden genau an. Dann teilten sie die bisherigen 23 meist globalen Sparten in 95 an den Märkten orientierte Geschäftseinheiten ein.

Sie stellten den Ernst ihrer Bemühungen unter Beweis, indem sie das gesamte Unternehmen an diesem neuen Organisationsmodell ausrichteten. Die Zahl der Geschäftseinheiten wurde beinahe vervierfacht. Entsprechend wuchs auch die Zahl der Manager, die nun die Gewinnverantwortung für ihre Einheit trugen und mit dem CEO entsprechende Zielvereinbarungen schlossen. Was die Strategie und ihre Umsetzung anging, spielten die Manager der Geschäftseinheiten von nun an die wichtigste Rolle in der Firma. »Das neue Modell stellte eine radikale Abkehr von unserer traditionellen hierarchischen Struktur dar. Die Leiter der Geschäftseinheiten arbeiteten jetzt unter viel transparenteren, aber auch anspruchsvolleren Bedingungen. Sie mussten mehr Entscheidungen treffen und mehr Erwartungen erfüllen«, meint Jim Haymaker, der für die Strategieentwicklung zuständig war und das Transformationsprogramm »Strategic Intent« mitbetreute.

»Mit ›Strategic Intent‹ richteten wir völlig neue Erwartungen an die Geschäftseinheiten. Wir sagten ihren Managern: ›Wenn Sie glauben, dass die Grenzen Ihrer Geschäftseinheit neu abgesteckt werden sollten, können Sie sich gerne an uns wenden. Sie können auch Ihren Markt neu definieren oder sogar Ihren strategischen Spielraum ändern. Das ist alles in Ordnung. Aber gleichzeitig gibt es glasklare Vorgaben dafür, wie Sie sich zu verhalten haben und wie wir die Geschäfte betreiben.‹ Den Managern wurde damit eine große Last von den Schultern genommen, denn nun wussten sie genau, wie weit ihre Befugnisse reichten. Diese klaren Verhältnisse setzten sehr viel unternehmerische Energie frei.«

Im Jahr 1992 hatte David Murray bei der *Commonwealth Bank* nicht den Luxus, auf ein großes Angebot an vielversprechenden Nachwuchsmanagern aus den eigenen Reihen zurückgreifen zu können. »Wir waren einfach zu knapp besetzt. Deshalb versuchten wir, die in der Bank schon vorhandene unternehmerische Energie freizusetzen. Gleichzeitig besetzte ich einige wichtige Stellen mit Managern von außen und warf sie ins kalte Wasser. Beispielsweise stellte ich einige Manager ein, die nur begrenzte Erfahrungen im Bankgeschäft hatten, und schickte sie in den Kreditausschuss oder den Ausschuss, der für die Kontrolle der Bankrisiken zuständig ist. Auf diese Weise lernten sie schnell dazu.«

Die Ergebnisse waren beeindruckend – sogar so beeindruckend, dass der australische Staat seine Mehrheitsbeteiligung verkaufte und die Bank im Jahr 1996 in vollem Umfang privatisierte. Heute ist die *Commonwealth Bank* das viertgrößte börsennotierte Unternehmen Australiens. Sie verfügt über das landesweit größte Vertriebsnetz für Finanzdienstleistungen und betreut mehr Kunden als jedes andere Bankinstitut im Land.

Die Aufgaben der Zentrale neu definieren

Es ist für erprobte Manager – vor allem für diejenigen, die das Unternehmen mit aufgebaut haben – sehr schwer, sich aus der täglichen Entscheidungsfindung zu verabschieden. Gerade ihr Vergnügen daran, tatkräftig anzupacken, hat ja letztlich zu ihrem Erfolg geführt. Aber nun müssen sie loslassen – und sich neuen Aufgaben stellen, um die Firma durch den nächsten Wachstums- und Wertschöpfungszyklus zu führen.

Auch der beste und emsigste Manager kann nicht jede wichtige Entscheidung treffen. Um weiterhin auf Erfolgskurs zu bleiben, müssen komplexe Organisationen deshalb zwischen den Entscheidungsbefugnissen des Konzerns und denen der Geschäftseinheiten unterscheiden. In der Vergangenheit wurde diese Trennlinie sehr nahe an der Unternehmensspitze gezogen, doch nun funktioniert diese Top-down-Methode nicht mehr. Die Organisation ist zu komplex geworden, um per »Fernbedienung« gelenkt zu werden. Die Zentrale muss deshalb aufhören, Beschlüsse zu fassen, die auf der Ebene der Tagesgeschäfte angesiedelt sind. Die so gewonnene Zeit und Energie kann sie darauf verwenden, sich um unternehmensweite Belange zu kümmern und die Schnittstellen zwischen den Geschäftsfeldern – und nicht die Geschäftsfelder selbst – zu optimieren. Solche Belange sind etwa das Portfolio-Management, die Grundsätze der Unternehmensführung, die Strategie und das Risikomanagement. Diese neue Ausrichtung verlangt aber nach Nachwuchskräften, die frühzeitig lernen, dass Führung nicht bedeutet, alles selbst zu erledigen.

Jeder Manager bei *Cargill* wusste im Jahr 1998 ganz genau, wie der Markt für Landwirtschaftsprodukte funktionierte. Jim Haymaker meint dazu: »In diesem Unternehmen hatte Erfolg, wer die Kostenentwicklung stets im Auge hatte und darauf reagieren konnte. Man musste wissen, was es kostete, Getreide anzupflanzen, zu transportieren und zu verarbeiten, und dann einen Preis dafür festsetzen. Unsere Manager waren an jeder Stelle des Systems mit den kaufmännischen Aspekten der Lieferkette und mit der Preisentwicklung beschäftigt.« Mit anderen Worten: Sie steckten mitten im Tagesgeschäft.

Im »alten« *Cargill* machte ein Manager Karriere, indem er Tonnen von Getreide bewegte, verarbeitete oder Sicherungsgeschäfte dafür abschloss, bis er schließlich an die Spitze einer globalen Sparte aufstieg und all diese Tätigkeiten überwachte.

Mit den organisatorischen Veränderungen im Jahr 1999 änderte sich das. Plötzlich verschwanden die großen globalen Sparten. An ihre Stelle traten kleinere, kundenorientierte Geschäftseinheiten. Die ehemaligen Spartenleiter wurden »Plattformleiter« ohne direkte Kontrollbefugnisse über die Geschäftseinheiten. Stattdessen waren sie nun »Coaches« für deren frischgebackene Leiter.

»Die *Plattform* soll Strategien genehmigen, nicht aber entwerfen, sie soll Finanzierungsanfragen der Geschäftseinheiten für Investitionspläne bewilligen, sie soll der Einstellung wichtiger neuer Mitspieler zustimmen und die Leiter der Geschäftseinheiten in der Kundenbetreuung unterstützen. Es gab jedoch keine Matrixorganisation mehr«, sagt Chefstratege Jim Haymaker. Damit meint er, dass die Manager ihre Vorschläge nun nicht mehr auf mehreren Hierarchieebenen durchsetzen mussten. »Die Formulierung und Umsetzung der Strategie findet jetzt in der Geschäftseinheit statt. Die ›Plattformleiter‹ haben die Aufgabe, die übergreifenden Strategien zu entwickeln, die Leiter der Geschäftseinheiten zu eigenständigem Handeln zu ermutigen und zu motivieren und die Zusammenarbeit unter ihnen zu fördern.

Stellen Sie sich vor, welche Auswirkungen das auf eine Firma hatte, in der die Mitarbeiter von lebenslanger Beschäftigung ausgingen und meinten, nach einer bestimmten Anzahl von Berufsjahren automatisch einen Anspruch auf Beförderung zu haben«, fährt Haymaker fort. »Da erklimmen Sie die Spitze einer globalen Sparte und haben Tag für Tag daran gearbeitet, eines Tages für ein globales Unternehmen verantwortlich zu sein. Und dann bekommen Sie eine ganz andere Stelle zugewiesen und sollen aufgeben, was Sie sich bisher erarbeitet haben. Das war sehr hart.

Deshalb war es auch unsere größte Sorge, ob sich die ›Plattformleiter‹ an ihre neuen Aufgaben gewöhnen würden. Sie hatten am meisten zu verlieren. Ihre ganze Laufbahn hindurch hatten sie sich für die Firma eingesetzt. Nun stand auf ihrer Visitenkarte kein hochrangiger Titel mehr, sondern nur noch *Coach*. Nun wurden zwischen den vorherigen Untergebenen – den Leitern der Geschäftseinheiten – und dem CEO Verträge abgeschlossen. Und diese Verträge hatten eine symbolische Bedeutung, denn sie markierten eine Abkehr von der traditionellen hierarchischen Organisation.«

Jim Haymaker glaubt, dass der Erfolg des Transformationsprojekts auch der Firmenkultur von *Cargill* zuzuschreiben ist. »Die Spartenmanager sagten tatsächlich: ›Sehen Sie, ich habe mein ganzes Berufsleben hier verbracht, und die Situation ist jetzt sehr unangenehm. Aber wir sind nun einmal zusammen im Unternehmen aufgestiegen, und nun sitzen wir auch alle in einem Boot.‹ Ohne diese Einstellung hätten wir keinen Erfolg gehabt!«

Nur ihrer starken Loyalität und ihren gemeinsamen Erfahrungen ist es zu verdanken, dass sich die Topmanager auf dieses gewagte Experiment einließen, das *Cargill* einen Riesensprung nach vorn ermöglichte. Die meisten anderen Unternehmen hätten das nicht geschafft.«

Entscheidungsbefugnisse delegieren und Ergebnisse messen

Nachdem die komplexe Organisation die Aufgaben ihrer Zentrale neu definiert hat, muss sie die mit neuen Befugnissen ausgestatteten Geschäftseinheiten und die Leiter der Funktionsbereiche auf den mittleren Ebenen mit den notwendigen Methoden unterstützen. Die Gesamtlösung wird alle DNA-Bausteine des komplexen Unternehmens umfassen – von der Dezentralisation über die zweigleisige Informationsvermittlung und erweiterten Entscheidungsbefugnisse bis hin zu angemessenen Leistungsanreizen. Diese vier Elemente müssen so aufeinander abgestimmt werden, dass die Entscheidungsträger die nötigen Informationen und Anreize haben, um fundierte Beschlüsse fassen zu können.

Natürlich wird das Topmanagement die Kontrolle nicht gern aufgeben. Umgekehrt zögern vielleicht auch die neuen Verantwortungsträger, die Zügel in die Hand zu nehmen, weil sie kaum Erfahrungen mit der Führung eines Geschäfts vorweisen können. Die Lösung für dieses Dilemma lautet, die Entscheidungsbefugnisse zu delegieren und gleichzeitig eine klare »Sichtverbindung« zwischen der Konzernzentrale und den Geschäftseinheiten einzurichten. Außerdem ist es in komplexen Organisationen wichtig, die Grenzen der Entscheidungsbefugnisse genau abzustecken und geeignete Messziffern zur Erfolgskontrolle zu definieren. Die Zentrale braucht eine Bestätigung dafür, dass die nächste Generation ihren Aufgaben gewachsen ist!

Das »Strategic Intent«-Projekt von *Cargill* begann mit einem weißen Blatt Papier. Im Jahr 1998 berief Ernie Micek acht Mitglieder in das »Strategic Intent«-Team und beauftragte sie damit, das Unternehmen auf die Zukunft vorzubereiten. Sie sollten die Kernkompetenzen und die Stärken der Firma untersuchen und so ausrichten, dass sie langfristig den Kundenbedürfnissen dienten. Jim Haymaker erinnert sich: »Die ausgewählten Personen stammten aus dem oberen Management und stellten das Potenzial für die nächste Führungsgeneration dar. Sie waren weit genug von der Spitze entfernt, um frische Ideen zur Unternehmensführung zu entwickeln, aber auch noch nahe genug am Markt, um die Auswirkungen ihrer Ideen auf die

Kunden beurteilen zu können. Und weil sie noch nicht ganz oben auf der Leiter angekommen waren, konnten sie es sich leisten, einen neuen Kurs einzuschlagen, ohne sich dadurch bedroht zu fühlen. Sie verloren nichts, wenn sie den Status quo hinterfragten, und waren deshalb offen für Veränderungen.«

Das Team prüfte innerhalb weniger Monate Dutzende von Szenarien und Unternehmensmodellen und empfahl schließlich, die gesamte Firma an Kundenlösungen für Landwirtschaftsprodukte und Lebensmittel auszurichten. *Cargill* gab seine ineffiziente Matrixstruktur auf und entwickelte eine vernetzte Organisation, die sich an den Produktlinien orientierte.

Hinter einer »vernetzten« Struktur steht der Grundgedanke, dass die Rechenschaftspflicht für die Entscheidungsfindung im *gesamten* Unternehmen verteilt und nicht an seiner Spitze konzentriert wird. Auf den verschiedenen Ebenen einer vernetzten Organisation gibt es »Knoten«, an denen Entscheidungsbefugnisse konzentriert sind, während die Beschlüsse selbst in den zuständigen Einheiten umgesetzt werden. Das neue Modell sah nun Geschäftseinheiten vor, die an den Kundenbedürfnissen orientiert waren und deren Leiter mit dem CEO Leistungsvereinbarungen trafen.

Während den Plattformen eine Vermittlungsfunktion zukam, wurden die Zielvereinbarungen zwischen der Geschäftseinheit und dem CEO geschlossen. »Wir wollten mit dieser Umstrukturierung eine klare Sichtverbindung zu den Einheiten herstellen, die vorher in der alten vertikalen Hierarchie verschüttet waren«, erklärt Haymaker. »In der alten Struktur gab es Geschäftseinheiten, die bis zu zehn Untereinheiten hatten. An der Unternehmensspitze wusste man wenig davon, was dort vor sich ging. Welche strategische Rolle spielten sie? Welche Ressourcen erhielten sie? Belasteten sie die Gesamtrentabilität der Sparte? Nun aber hatten wir plötzlich ein völlig neues Maß an Transparenz und, noch wichtiger, an Rechenschaftspflichten. Wir gewannen Klarheit über die Strategie und ihre Umsetzung.

Die Verträge der einzelnen Geschäftseinheiten mit dem CEO haben sich als Katalysatoren erwiesen, um unseren Kundenfokus zu verstärken. In diesen Vereinbarungen werden die zentralen Messziffern zur Erfolgskontrolle einer jeden Einheit und die Ziele, die wir anstreben, festgelegt. Tatsächlich haben sich die Verträge in den vergangenen Jahren als Richtschnur der Leistungsüberprüfung bewährt. Sie sind immer präsent, auch wenn sie nicht gerade verhandelt werden. Wer die Vereinbarungen nicht erfüllt, schafft keinen Wert für das Unternehmen ... das weiß jeder.«

Cargill bat die Geschäftseinheiten um eine Fünfjahresprognose, die in den strategischen Plan einfließen sollte. Dies rief großen Protest bei einigen im Handel tätigen Einheiten hervor. Sie behaupteten empört, dass sie nicht einmal die nächsten zwei Monate, geschweige denn die nächsten fünf Jahre prognostizieren könnten.

»Ja, es ist unmöglich, auf den Märkten fünf Jahre im Voraus zu planen«, räumt Haymaker ein. »Andererseits geht es ohne Prognosen auch nicht. Schon ihre Erstellung ist eine wichtige Übung, die neue Ideen nur so sprudeln lässt und den Blick für die Zukunft schärft. Genau das wollten wir erreichen. Wir wollten das Urteilsvermögen der neuen Entscheidungsträger trainieren. Wir wollten, dass sie sich mit ihrem Geschäftsmodell beschäftigten und seine Grenzen ausloteten.«

Bewährte Behelfslösungen legitimieren

Wenn Organisationen nicht reibungslos funktionieren, können auftretende Störungen eine wertvolle Erkenntnisquelle sein. Anstatt Probleme und Themen immer wieder unter den Teppich zu kehren, sollten Sie daraus lernen. Behelfslösungen sind eine wichtige Informationsquelle dazu, wie man das Unternehmen besser führen, die Kunden effektiver bedienen und untereinander klarer kommunizieren kann. Das Geheimnis lautet, die funktionierenden Lösungen zu übernehmen und die gesamte Firma davon profitieren zu lassen.

Der traditionelle Umgang mit provisorischen Maßnahmen bestand darin, sie zu identifizieren und dann abzuschaffen. Aber das ist unserer Meinung nach der falsche Weg, denn so beseitigt man nicht die Ursache des Problems, sondern nur seine Symptome. Außerdem vermittelt man die Botschaft, dass alles »Inoffizielle« automatisch schlecht sei. Um die Organisation langfristig zu verbessern, müssen Sie die Hindernisse verstehen, die zur Entwicklung einer kreativen Behelfslösung führten. Dann gilt es, diese Hindernisse aus dem Weg zu räumen – nicht unbedingt die Behelfslösung selbst. Tatsächlich gibt es viele, die es verdienen, als nachahmenswerte Verfahren – Best Practices – ausgewiesen zu werden. In diesem Zusammenhang gilt auch das Sprichwort »Die Not ist die Mutter der Erfindung«. Provisorische Maßnahmen haben immer eine Ursache. Ihre Aufgabe ist es, diese Ursache herauszufinden und die Lösung zu Ihrem Vorteil zu nutzen.

»In der Vergangenheit waren die Mitarbeiter in den Filialen bestens über die Taktiken der Wettbewerber informiert«, meint der CEO der *Commonwealth Bank*, David Murray. »Aber es dauerte leider sehr lange, bis diese Informationen in der Hierarchie nach oben gelangten. Bis dann endlich eine Antwort zurückkam, hatte sich der Markt schon wieder verändert.« Einige wenige Angestellte zeigten sich erfinderisch und entwickelten die »nicht genehmigten produktiven Prozesse«, um ihre Arbeit zu erledigen oder weitere Verkäufe zu erreichen. Im Allgemeinen beruhten diese Prozesse auf inoffiziellen Netzwerken aus hilfsbereiten Kollegen und Freunden. Schließlich wurden sie auf der Ebene der Filialen offiziell anerkannt.

Diese Initiative der Filialen war so erfolgreich, dass sie unternehmensweit als Methode eingeführt wurde, um Informationen zu gewinnen und weitere Verkäufe zu generieren. Murray sagt: »Wir beschlossen einfach in einer Besprechung, dieses System auf breiter Ebene einzuführen – es dauerte keine zwei Minuten.« Jeder Angestellte der *Commonwealth Bank of Australia* kann nun das »One Team Referral System« verwenden, um Kunden direkt an den richtigen Ansprechpartner in der Bank zu verweisen oder wichtige Angelegenheiten an die zuständigen Mitarbeiter weiterzuleiten. Murray fügt hinzu: »Wir können jetzt die Marktinformationen der Angestellten direkt in das System eingeben und von dort an einen verantwortlichen Manager weiterleiten. Dieser entscheidet dann sofort, wie er auf neue Entwicklungen im Wettbewerb reagiert.«

Besonders häufig greifen Mitarbeiter zu Behelfslösungen, wenn die zentralen Funktionen einer komplexen Organisation versagen. Bei einem globalen Transportunternehmen gab es in der IT-Abteilung eine ganze Reihe von Behelfslösungen. Die IT-Abteilung musste ebenso Großrechner wie auch komplexe, intern entwickelte Anwendungen in verschiedenen Abteilungen unterstützen. Deshalb war sie fast nur damit beschäftigt, dafür zu sorgen, dass die verschiedenen Systeme funktionierten. Für die Planung neuer Systeme blieb da keine Zeit. Es dauerte bis zu zwei Jahre, um verbesserte Versionen vorhandener Anwendungen zu entwickeln, und die kleineren Anwendungen erhielten wenig oder gar keinen Support.

Als Ergebnis griffen die Kunden der IT-Abteilung – die verschiedenen operativen Einheiten – auf Behelfslösungen zurück, um wichtige IT-Projekte abschließen und Dienstleistungen erbringen zu können. So stellten sie zusätzliche Mitarbeiter unter Scheinbezeichnungen ein. Eines Tages führte das Transportunternehmen eine umfassende Beurteilung seiner IT-Abläufe durch. Es erkannte dabei nicht nur den Verbesserungsbedarf, sondern sah auch Chancen, um die jährliche Run-Rate um 30 Millionen Dollar auf 50 Millionen Dollar zu senken. Anstatt die Behelfslösungen offiziell einzuführen, schuf es einen effektiveren und transparenteren Markt für IT-Dienstleistungen innerhalb des Unternehmens. Nun konnte die IT-Abteilung die eintreffenden Aufträge und Anfragen mit Prioritäten versehen, während die operativen Einheiten ihre Nachfrage besser steuerten. Da die IT-Abteilung sich nun am Gesetz von Angebot und Nachfrage orientierte, konnten sich die einzelnen Einheiten um eine bevorzugte Behandlung bei wichtigen und dringenden Projekten »bewerben«.

Das Organisationsmodell professionalisieren

Das komplexe Unternehmen hat die Zeit der Ad-hoc-Prozesse und der informellen Kontrollen lange hinter sich gelassen. Nun benötigt es ein Organisationsmodell, das bewährte Verfahren fest verankert und Mängel beseitigt. Bei Letzterem handelt es sich etwa um das Inseldenken der einzelnen Abteilungen, die Revision schon getroffener Entscheidungen, aufgeblähte Leistungsbeurteilungsverfahren und eine Vergütungspolitik, die nicht auf den Leistungen beruht. Daraus ergeben sich dann die Merkmale eines professionellen Organisationsmodells: unternehmensübergreifendes Denken, Delegieren von Entscheidungsbefugnissen, realistische Leistungsbeurteilungen und eine leistungsgerechte Bezahlung.

Zu einem solchen Modell gehören auch wirksame Mechanismen zur Kontrolle der Wachstumsrisiken sowie professionelle Standards im gesamten Unternehmen. Die Mitarbeiter müssen wissen, was von ihnen erwartet wird, und sie müssen über die erforderlichen Werkzeuge, Informationen und Befugnisse verfügen. Das Organisationsmodell zu professionalisieren bedeutet jedoch nicht, es in Stein zu meißeln. Es bedeutet, eine disziplinierte, analytische und prozessorientierte Vorgehensweise zu wählen, die der Größenordnung der nun gereiften Firma besser entspricht.

Bei der Beschreibung der tiefgreifenden organisatorischen Transformation von *Cargill* sagt Jim Haymaker: »Unsere Ziele waren sehr hochgesteckt, und wir wussten, dass wir uns an unserer Strategie und unseren Grundsätzen orientieren mussten ... ebenso wie an den neuen Verhaltensweisen. Wie wir bald erkannten, lag der Schlüssel für die Erneuerung nicht so sehr darin, am Organigramm herumzubasteln, sondern neue Verhaltensweisen auf allen Ebenen einzuführen.

Wir legten sechs wichtige Verhaltensweisen fest. Besonders wichtig erschien uns die Verfahrensweise ›Diskutieren, Entscheiden, Unterstützen‹, weil sie eine deutliche Abkehr von den bisherigen Gewohnheiten bei *Cargill* darstellte. Bislang war es nämlich ›Diskutieren, Diskutieren, Diskutieren‹ gewesen. Die Manager meinten, einmal getroffene Entscheidungen einfach wieder in Frage stellen zu dürfen, wenn sie damit nicht zufrieden waren. Und das geschah sehr häufig bei uns.

Aber in der neuen Organisation hatte diese Art des Widerspruchs keinen Platz. Jetzt trommeln wir die besten Mitarbeiter – die fähigsten und nicht die dienstältesten – zusammen, um einen Beschluss zu fassen. Wir beleuchten ein Problem, einigen uns auf eine Lösung und erwarten dann, dass sie von allen unterstützt und umgesetzt wird. Wenn sich unsere Lösung nicht

Abbildung 5.1: Die sechs Verhaltensweisen bei Cargill

bewährt, überprüfen wir sie noch einmal und korrigieren möglicherweise den Kurs. Aber wir dürfen uns nicht einbilden, dass die Umsetzung unserer Strategie gelingt, wenn einmal getroffene Entscheidungen nicht unterstützt werden.«

Die Geschäftseinheiten von *Cargill* müssen sich nun an klare Parameter hinsichtlich der Qualitätsstandards, Leistungsanforderungen und Konzernvorgaben halten. Innerhalb dieser Eckpunkte entwickeln die Leiter der Geschäftseinheiten eine Strategie für ihre Marktposition, Differenzierung und Leistung. »Natürlich gibt es immer Menschen, die nachverhandeln wollen, aber im Laufe der Zeit werden es immer weniger. Die Transparenz zwischen den Geschäftseinheiten und dem Konzern ist viel größer als zuvor. Es gibt keinen Ort mehr, an dem man sich verstecken könnte, und es gibt noch weniger Spielraum für Ausflüchte«, meint Haymaker.

»Entscheidend sind glasklare Parameter. Wir haben versucht, alles so klar wie möglich zu formulieren. Durch die unmissverständliche Beschreibung der Mindestanforderungen, Entscheidungsbefugnisse und Verhaltensstandards wissen die Führungskräfte genau, woran sie sind.

All dies spielt sich in einem Spannungsfeld ab: Einerseits werden neue Strukturen vorgegeben, neue Verhaltensweisen verlangt und eine Vielzahl neuer Anforderungen gestellt... andererseits zeigt man den Managern auch, wo sie neue Freiheiten haben, wo sie kreativ sein können und wo sie die Vorgaben an ihre Bedürfnisse anpassen können. In gewisser Hinsicht sind die Zügel lockerer geworden, in anderer wiederum fester.

Nur bei den Konzernvorgaben waren die Zügel niemals locker. Letztlich konnten wir sie auf eine Liste von nur elf Forderungen reduzieren. Sie stellen den Mindeststandard für die Systeme und Verhaltensweisen dar, die in jedem Geschäftsmodell von *Cargill* vorhanden sein müssen.«

Die Konzernvorgaben bieten einer Geschäftseinheit auch erste Anhaltspunkte für die Schätzung ihrer Betriebskosten. Sie vermitteln ein Gespür dafür, wie viel sie für die Mindestanforderungen seitens des Konzerns einplanen muss. Erst dann kann sie ihre Preise mit denen der kostengünstigsten Konkurrenten vergleichen.

Außerdem vermitteln sie neuen Managern und neu erworbenen Betrieben eine klare Vorstellung dessen, was von ihnen erwartet wird. Die Konzernvorgaben legen Mindesterwartungen von *Cargill* fest, wenn es etwa um Verhaltensweisen oder Systeme oder darum geht, wann beispielsweise die Unternehmensanwälte oder Versicherungen eingeschaltet werden müssen.

»Die Manager können jederzeit um eine Ausnahme bitten«, sagt Haymaker. »Aber Ausnahmen bleiben bei uns selten.«

Die erste Maßnahme David Murrays als CEO der *Commonwealth Bank of Australia* bestand darin, die traditionelle Freitagsbesprechung der Manager umzugestalten. »Dieses wöchentliche Ritual dauerte zwischen fünf Minuten und drei Stunden, und niemand wusste es vorher. Es gab keine Tagesordnung«, erinnert sich Murray. »Es ähnelte dem, was die britischen Banken einmal ihr ›Morgengebet‹ nannten: Die Manager trafen sich nur, um ein bisschen zu plaudern.« In einem deregulierten Markt waren solche kommunikativen »Kaffeepausen« allerdings kein besonders produktives oder professionelles Führungsinstrument. »Innerhalb einer Woche stellten wir alle Verkaufsberichte, Preisanalysen und Berichte über die Zinsentwicklung zusammen. Daraus entstand dann das Dokument, anhand dessen wir jeden Freitag wichtige Entscheidungen treffen wollten.«

In jüngster Vergangenheit definierte Murray mit seinem Team zentrale Leistungskennzahlen für den »Total Shareholder Return«, die Rendite aus Aktionärssicht, und führte ein strenges Service- und Verkaufsmanagementsystem im gesamten Unternehmen ein. Einmal in der Woche treffen sich die Teams der verschiedenen Ebenen persönlich oder sie halten eine Telefonkonferenz ab, um ein bestimmtes Thema zu besprechen und Best Practices auszutauschen. Murray erinnert sich: »Wir wählen beispielsweise einen Bereich wie das Firmenkundengeschäft aus, den wir besonders fördern wollen. Die oberen Manager fassen dann mit Telefonanrufen oder Besuchen bei den Angestellten mit Kundenkontakt nach. 30 oder mehr Telefonanrufe pro Woche bei den für das Firmenkundengeschäft zuständigen Mitarbeitern haben einen ganz bemerkenswerten Effekt.«

Nachwuchsmanager fördern

Wenn das alte Organisationsmodell nicht mehr passt, müssen nicht nur die Entscheidungsbefugnisse neu verteilt werden, sondern es muss auch eine neue Führungsgeneration herangezogen werden. Zu den wichtigsten Aufgaben eines komplexen Unternehmens gehört es, auch Führungskräfte in das Management aufzunehmen, die nicht zur Gründerfamilie oder zum engsten Führungskreis gehören. Komplexe Organisationen werden typischerweise von oben gelenkt und haben nur ein schwaches mittleres Management. Deshalb gibt es dort wenig Gelegenheit, Führungsqualifikationen zu erwerben, und es wird kaum systematische Fortbildung dazu angeboten.

Im Zuge der »Professionalisierung« des Managements komplexer Unternehmen müssen deshalb offizielle Schulungs- und Entwicklungsprogramme eingeführt werden. Nur so können die aufstrebenden Nachwuchskräfte identifiziert, gefördert und belohnt werden. Dabei geht es nicht nur darum, dass sie die Karriereleiter nach oben klettern. Vielmehr müssen sie auch auf ein und derselben Ebene in verschiedenen Bereichen eingesetzt werden, um ihren Erfahrungsschatz und ihr Repertoire an Fähigkeiten zu erweitern. Beim Entwurf solcher Karriereentwicklungsprogramme sollten die Verantwortlichen in der Personalabteilung auch an die kulturellen Veränderungen denken, welche die Mitarbeiter beim Übergang auf ein neues Organisationsmodell bewältigen müssen, das mehr Rechenschaftspflichten einfordert.

Als David Murray eine Bank in Staatsbesitz in eine voll privatisierte Geschäftsbank verwandelte, gab er auch ein tief verwurzeltes Motivationssystem auf, das auf der Dauer der Betriebszugehörigkeit beruhte. An seine Stelle trat ein neues, leistungsorientiertes Modell. Diese Änderung war alles andere als einfach. »Menschen, die aus einer so regulierten und reglementierten Umgebung wie einer staatlichen Bank kommen, haben eine Beamtenmentalität und halten es für selbstverständlich, bis zur Pensionierung regelmäßig befördert zu werden. Viele der mittlerweile zahlreichen Mitarbeiter, die wir von außen einstellten, waren sehr autoritätsgläubig, weil man von ihnen immer nur verlangt hatte, die Anweisungen ihrer Vorgesetzten auszuführen. Natürlich ist keines dieser Modelle wirklich leistungsorientiert. Wir führen in der Bank nun ein echtes leistungsorientiertes System ein, in dem die Angestellten entsprechend ihren Fähigkeiten und ihrem Beitrag zum Unternehmenserfolg befördert und bezahlt werden, nicht nach der Dauer der Betriebszugehörigkeit oder möglichen machtpolitischen Erwägungen.«

Um die kommenden Führungsgenerationen auszubilden, führte die *Commonwealth Bank* in den neunziger Jahren das so genannte »Manager One Removed«-Modell ein, in dem der Vorgesetzte des Vorgesetzten eines Mitarbeiters die Verantwortung für dessen Coaching und Weiterentwicklung übernimmt. Murray beschreibt das so: »Nehmen wir an, dass Sie Paul unterstellt sind und Paul mir unterstellt ist. Dann bin ich für Ihre Weiterentwicklung zuständig, nicht Paul. Paul ist für die Leistung Ihres Teams zuständig.«

Durch eine solche Beziehung, bei der eine Führungsebene »übersprungen« wird, durchbricht das Unternehmen die Muster einer Kultur, in der die Dauer der Betriebszugehörigkeit eine wichtige Rolle spielt, und kann aufstrebende Führungstalente identifizieren. Es fördert vielversprechende Mitarbeiter und ermöglicht ihnen ein schnelleres Fortkommen, als es bisher der Fall gewesen wäre.

Im »Manager One Removed«-Modell gehört jeder Manager einer »Effective Leadership Unit« an, die aus seinen direkten Untergebenen und seinen Vorgesetzten besteht. Diese *Units* treten drei bis vier Mal im Jahr zusammen, um geschäftliche Themen zu besprechen, Lösungen zu erarbeiten, Veränderungsinitiativen vorzuschlagen, Fallstudien zu prüfen oder Wettbewerbsszenarios durchzuspielen. Die Sitzungen sind ein exzellentes Entwicklungsforum für alle Beteiligten. »Sie stellen eine fantastische Chance dar, von den anderen zu lernen«, beobachtet Murray. »Alle drei Führungsebenen lernen einander ganz direkt kennen.« Die Manager können die Fähigkeiten ihrer Teammitglieder besser beurteilen und sie beim Fortkommen besser fördern. Sie können auch effektivere Nachfolgepläne entwickeln, weil sie eine genauere Vorstellung davon haben, welche Karriereschritte für die einzelnen Mitarbeiter in Frage kommen. Das können Einsätze in anderen Geschäftsfunktionen oder auch Beförderungen sein. Unangenehme Überraschungen sind in diesem Modell weitgehend ausgeschlossen, weil sich die Angestellten in einer kollegialen Umgebung auch mit den Vorgesetzten ihrer Vorgesetzten austauschen.

Um vielversprechende Talente zu motivieren und ihr Engagement für das dezentralisierte Organisationsmodell zu festigen, entwickelte *Cargills* Topmanagementteam fünf verschiedene Vergütungsmodelle. »Möglicherweise hat das Konzernführungsteam im ersten Jahr von ›Strategic Intent‹ mehr Zeit auf die richtige Auswahl der Leistungsanreize verwendet als auf jedes andere Thema«, meint Jim Haymaker. »Junge Geschäftseinheiten, die gerade erst auf die Beine kommen, könnten beispielsweise ein projektbezogenes Modell anwenden, nach dem die Vergütung erst in einigen Jahren, wenn der Durchbruch erwartet wird, interessant wird. Die im Handel tätigen Geschäftseinheiten hatten natürlich ein völlig anderes System.«

Dahinter stand der Gedanke, dass verschiedene Vergütungsmodelle verschiedene Verhaltensweisen fördern. Das jeweils richtige Modell hing von einer Reihe von Faktoren ab, angefangen von den marktspezifischen Wettbewerbsbedingungen bis hin zu dem Zeitrahmen, in dem erste Ergebnisse vorliegen sollten. Wenn also absehbar war, dass ein Geschäftsbereich erst nach einigen Jahren Gewinne abwerfen würde, bot sich ein Modell an, bei dem die Vergütung im Laufe der Jahre anstieg.

Außerdem gab es unternehmerische Anreize. »Wir verwenden den Begriff ›Autonomie‹ nicht gern«, meint Haymaker, »denn Autonomie legt nahe, dass man das tut, was man will. Letztlich hatten wir es eher mit einem gelenkten Konglomerat oder – wie wir es lieber nennen – einem Unternehmensbund zu tun. Zusammengehalten wurde dieser Bund durch das gemeinsame strategische Ziel und die Erkenntnis, dass nur Zusammenarbeit zum Erfolg führt. Dennoch war nicht zu verkennen, dass sehr viel unternehmerische Energie freigesetzt wurde. Die Leiter der Geschäftseinheiten besaßen nun mehr Möglichkeiten, auf veränderte Marktbedingungen zu reagieren, und mehr Freiheit, ihre Geschäfte zu führen.

In Bezug auf die Karriereentwicklung gab es viel mehr Möglichkeiten als früher. Es galt als erstrebenswert, eine Geschäftseinheit zu leiten. Nicht alle Einheiten sind gleich – manche sind riesig, andere winzig. Aber es war für die Leiter großartig, zu dieser Gruppe zu gehören.«

Heute gibt es bei *Cargill* eine Reihe von Programmen und Weiterbildungsmodulen, die der Ausbildung der nächsten Führungsgeneration dienen. Im »Leadership Forum« treffen sich die Topmanager des Konzerns alle zwei Jahre. Die »Cargill Leadership Academy« sorgt dafür, dass wichtige Ideen im Unternehmen verankert werden, indem die Topmanager die Nachwuchskräfte unterrichten. Die Firma hat zehn Broschüren darüber verfasst, wie man eine Geschäftseinheit auf ein kundenorientiertes Modell umstellen kann. Ihre Leiter verfügen über einen Fahrplan, wie sie das auf der Ebene ihrer Geschäftseinheit bewerkstelligen können. Und sie erhalten Schulungen, um wichtige Führungskompetenzen zu erwerben, angefangen von der Vermittlung von Entscheidungen über die ständige Produktdifferenzierung bis hin zur Bedeutung von Forschung und Entwicklung.

In einem umfassenden Talentförderungsprozess werden die besten 200 Manager ermittelt, dann die nächsten 500 und so weiter. »Egal wie groß Ihr Unternehmen wird – Sie sollten immer seine Manager kennen. Sie sollten wissen, wer am besten für welche Position geeignet ist. Denn letztlich sind es die Manager, die das Unternehmenswachstum vorantreiben werden«, schließt Haymaker.

Cargill: Nachtrag

Jim Haymaker führt die Fähigkeit von *Cargill*, sich zu erneuern, paradoxerweise auf die alte Unternehmenskultur zurück. »Ich weiß nicht, ob wir in der Planungsphase der Veränderung wirklich begriffen haben, wie wichtig die Rolle unserer Kultur sein würde, um genug Unterstützung für die neue strategische Richtung zu gewinnen. Aber wie sich herausstellte, spielte die Kultur sogar eine sehr wichtige Rolle.«

Seit sechs Jahren floriert *Cargill* – und das Veränderungsprogramm erstreckt sich noch auf weitere sechs Jahre. Kaum hatten die Veränderungen gegriffen, stieg der Ertrag deutlich an. Zwischen dem Beginn von »Strategic Intent« im Herbst 1999 und Anfang 2005 konnte der Shareholder-Value des Unternehmens kontinuierlich mit einer jährlichen Rate von 18 Prozent gesteigert werden, ohne Dividenden. »Unsere Leistung zog an, sogar enorm schnell, und sie überstieg unsere Prognosen. Wir wurden nicht nur für die Vorteile belohnt, die sich aus den neuen Rechenschaftspflichten und den guten Leistungen ergaben, sondern auch für die gute Zusammenarbeit«, meint Haymaker.

Die Stärke von »Strategic Intent« liegt in seiner Kühnheit. Das Programm stellte die zentralen Einstellungen eines ehrwürdigen Familienunternehmens in Frage. Die geplanten Veränderungen waren so weitreichend, dass ein Zeitraum von mindestens einem Jahrzehnt dafür einkalkuliert werden musste. Nur wenige Firmen können sich eine so langfristige Perspektive leisten, und noch weniger halten sie durch.

Cargill – immer noch unter der Leitung von CEO Warren Staley, dessen Amtsantritt mit dem Start des »Strategic Intent«-Programms zusammenfiel – ist heute mit seinen 105 000 Mitarbeitern und Niederlassungen in 59 Ländern stärker denn je. Nach fast eineinhalb Jahrhunderten hat es nicht nur überlebt, sondern es floriert – in einer Zeit, in der so viele andere einst erfolgreiche Unternehmen schon längst wieder verschwunden sind.

»Das Schöne an ›Strategic Intent‹ ist, dass es so ehrgeizig ist. Deshalb wird es uns noch lange motivieren und uns noch mindestens ein Jahrzehnt lang vor neue Herausforderungen stellen. Es hat von Anfang an viele Menschen begeistert. Es ging nicht nur um den Shareholder-Value. Natürlich ist auch er wichtig, aber eigentlich ging es darum, ein neues Unternehmen zu schaffen. Es ging darum, das Potenzial der Fähigkeiten, der Märkte und der Mitarbeiter so zu nutzen, dass Barrieren überwunden werden konnten …

manche davon waren strukturell, andere systembezogen, viele kulturell«, meint Haymaker.

»Sechs Jahre der Reise liegen hinter uns. Wir sind heute zwar klüger als am Anfang, doch ich kann mir nicht einmal annähernd vorstellen, wie viel klüger wir noch werden müssen, um auch in den nächsten sechs Jahren erfolgreich zu sein. Das macht uns demütig.«

Cargill stand zu Beginn der Transformation vor einer Aufgabe, die vielen komplexen Organisationen vertraut ist. Wie bewahrt man Größenvorteile und führt gleichzeitig ein stärker unternehmerisch geprägtes Modell mit den entsprechenden neuen Einstellungen und Verhaltensweisen ein? Viele betrachten diese beiden Ziele als konträr. Aber die Firma hat sich der Herausforderung gestellt. Sie hat eine Oase des Unternehmertums in einem einst riesigen hierarchischen Familienbetrieb geschaffen, ohne ihren Status als privates Unternehmen oder die zentralen Werte ihrer Kultur zu opfern.

Wie geht es mit Bob weiter? Wie kann er sein Problem lösen? Er möchte seinen Arbeitgeber *Danville Beverages* davon überzeugen, 300 000 US-Dollar in eine neue Produktlinie für seine Region zu investieren. Aber es gelingt ihm nicht, die Aufmerksamkeit der Entscheidungsträger zu gewinnen. Es ist sehr verlockend für jemanden in Bobs Lage, in Anbetracht einer solchen Apathie einfach aufzugeben und keine weitere Initiative an den Tag zu legen. Viele Manager in komplexen Organisationen tun genau das. Sie sagen: Wenn selbst die Firmeninhaber nicht die nötigsten Maßnahmen ergreifen, um die Ergebnisse zu verbessern, warum sollte ich es dann tun? Tatsächlich gehen viele komplexe Unternehmen irgendwann unter, weil niemand mehr gute Ideen liefert und unternehmerische Energie investiert.

Für Bob wäre es natürlich einfacher, wenn *Danville Beverages* eine gesunde Firma wäre und seine gute Idee sofort aufgreifen würde. Aber dieses Glück hat er nun einmal nicht. Stattdessen muss er sich fragen, was er mit den 50 000 US-Dollar bewirken kann, über die er verfügen darf. Natürlich kann er das Unternehmen nicht allein und über Nacht umkrempeln. Aber er kann zumindest in seiner eigenen Region neue Verhaltensweisen einführen und dann weitere Veränderungen anstoßen, indem er selbst mit gutem Beispiel vorangeht. Außerdem kann er seine Führungskompetenzen weiterentwickeln, anstatt darauf zu warten, dass sein Arbeitgeber ihn »schult«.

Anstatt ein komplettes Produktionsband für 300 000 US-Dollar zu bauen, könnte Bob etwa probeweise einen Vertrag mit einem lokalen Abfüller abschließen, der das neue Produkt unter der Marke von *Danville* für den Vertrieb in Bobs Region herstellt. Wenn sich das Produkt auf dem Markt behauptet und Bob einen greifbaren Erfolg vorweisen kann, gelingt es ihm vielleicht besser, die Danvilles zu überzeugen. Vielleicht zieht Bobs Erfolg im Osten auch die Aufmerksamkeit der anderen Regionalleiter auf sich, und sie können dann gemeinsam nach Wegen suchen, um das Experiment auszudehnen. Wenn alle Regionalleiter die Danvilles auf das bahnbrechende neue Produkt ansprechen, stehen sie schon unter deutlich höherem Druck.

In jedem Fall kann ein kleiner Erfolg viel bewirken, selbst in komplexen Organisationen. Wenn die Danvilles erst einmal gesehen haben, welche Früchte eine kleine unternehmerische Initiative hervorbringen kann, werden sie vielleicht aufgeschlossener. An diesem Punkt könnte man ansetzen, um über die in diesem Kapitel vorgestellten Therapien zu sprechen. Wer im kleinen Maßstab versucht, die Richtigkeit einer Idee zu beweisen, bestätigt das alte Sprichwort: »Es ist besser, eine Kerze anzuzünden, als über die Dunkelheit zu fluchen.«

Komplexe Organisationen stehen zwar vor denselben Umsetzungsproblemen wie andere Unternehmen mit »ungesunden« Profilen, haben aber häufig eine besonders familiäre Kultur. Wenn sie diese zu ihrem Vorteil nutzen, kann das die anstehenden Veränderungsprozesse unterstützen. Manche Neuerungen sind zwar schwer zu akzeptieren, aber viele andere werden bereitwillig übernommen, weil sie den Mitarbeitern die Perspektive einer lohnenden Karriere eröffnen. Komplexe Organisationen tragen die Saat des Erfolgs schon in sich – sie muss nur noch aufgehen.

Anmerkungen zu diesem Kapitel

1   Wayne G. Broehl, Jr.: Cargill: Trading the World's Grain, Hanover, N. H.: University Press of New England, 1992.
2   Gespräch mit Jim Haymaker, Vorstandsdirektor für Strategie und Geschäftsentwicklung, Cargill Inc., Minneapolis, Minn., 17. September 2004.
3   Nur 7 Prozent der Mitarbeiter einer komplexen Organisation geben an, dass »Informationen ungehindert über Abteilungs- und Fachbereichsgrenzen hinweg fließen«.

4 Nur ein Drittel der Angestellten eines komplexen Unternehmens glaubt, dass »wichtige Informationen über das Wettbewerbsumfeld die Firmenzentrale schnell erreichen«.

5 Ganze drei Viertel der Mitarbeiter in einer komplexen Organisation verneinen die Aussage, dass ihr Unternehmen »erfolgreich auf Veränderungen im Wettbewerbsumfeld reagiert«.

6 Telefongespräch mit David Murray, Aufsichtsratsvorsitzender und CEO, Commonwealth Bank of Australia, 29. September 2004.

7 79 Prozent der Mitarbeiter, die ihr Unternehmen als komplex beschreiben, halten es für die wichtigste Aufgabe der Stabsabteilungen, »die Geschäftsbereiche zu überprüfen«, während dieser Anteil in gesunden Organisationen nur bei 23 Prozent liegt. Und 91 Prozent geben an, dass Entscheidungen »oft noch einmal in Frage gestellt oder revidiert werden« (gegenüber 37 Prozent in gesunden Organisationen).

8 Christopher A. Bartlett: Microsoft: Competing on Talent (A), Boston: Harvard Business School Publishing, 25. Juli 2001, S. 5.

9 Donald N. Sull: »Why Good Companies Go Bad«, Harvard Business Review, 1. Juli 1999, S. 42.

10 Alison Smith: »Laura Ashley's Floral Patterns Produce Budding Profits«, Financial Times, 28. Mai 2001, S. 20. David Hoare, ehemaliger CEO, legte schließlich fünf der sieben walisischen Fabriken still.

11 Laura Ashley und Marianne Brun-Rovet: »Laura Ashley Tries to Get Back to Black«, Financial Times, 15. März 2003, S. 14.

12 Helene Cooper: »Fashion: The Struggle to Mend Laura Ashley«, Wall Street Journal, 6. November 1997, S. B1.

Kapitel 6

Die überverwaltete Organisation: »Wir kommen von der Zentrale und möchten Ihnen helfen«

Das überverwaltete Unternehmen besitzt zu viele Führungsebenen und ist ein Paradebeispiel für das Phänomen der Selbstblockade. Wenn es tatsächlich einmal handelt, geht es sehr langsam und vorsichtig vor. Attraktive Chancen verfolgt es meist später und weniger energisch als seine Konkurrenten. Die Manager sehen den Wald vor lauter Bäumen nicht und verbringen ihre Zeit damit, die Arbeit ihrer Mitarbeiter zu kontrollieren, anstatt sich nach neuen Chancen oder Gefahren umzusehen. Eigenständig arbeitende und ergebnisorientierte Menschen erleben in diesem häufig bürokratischen und machtpolitischen Unternehmen viele Enttäuschungen.

Wenn Sie in einer der Niederlassungen einer überverwalteten Organisation arbeiten, werden Ihre Entscheidungen häufig von einem Mitarbeiter aus der Zentrale wieder rückgängig gemacht, der weit weniger als Sie über die Kundenbedürfnisse weiß. Vielleicht haben sich Ihre Kunden auch nach einem neuen Programm erkundigt, das beworben wurde, von dem Sie aber nie etwas gehört haben. Wenn Sie im Stab tätig sind, verbringen Sie übermäßig viel Zeit damit, Fragen vorwegzunehmen, die niemals gestellt werden, und Analysen durchzuführen, die direkt in den Reißwolf wandern. In einem überverwalteten Unternehmen wird viel Mühe verschwendet und viele Informationen werden nie genutzt. Rituelle Beförderungen gewährleisten, dass die Mittelmäßigkeit weiter regiert und Leistung nicht gewürdigt wird.

Michael Munnell konnte seine Begeisterung kaum verhehlen. Zum ersten Mal in seiner zehnjährigen Karriere bei *Tunka Steel* hatte er die Verantwortung für ein sehr wichtiges Sonderprojekt bekommen. Er hoffte, dass dies seine Beförderung zum Vorstandsdirektor beschleunigen würde. In den vergangenen vier Monaten hatte er eine Arbeitsgruppe geleitet, die eine China-Strategie für *Tunka* entwickelte. Nun war er bereit, dem CEO die offizielle Empfehlung des Teams vorzulegen: eine strategische Allianz mit

Chung-Hua Steel. Tatsächlich hatten Michael und sein Team die Bedingungen ihrer Zusammenarbeit schon mit der chinesischen Firma verhandelt. Michael hatte dabei drei Konkurrenten aus dem Feld geschlagen, die ebenfalls gern mit *Chung-Hua Steel* kooperiert hätten. Die Zeit drängte jedoch, und er hoffte auf grünes Licht, um den Abschluss in den nächsten Tagen unter Dach und Fach zu bringen.

Als sein Vorgesetzter Hal Cooper ihm die Projektleitung übertragen hatte, betonte er, wie wichtig der schnell wachsende chinesische Markt für *Tunka* sei. Der CEO, Mel Papadakis, werde alle Hindernisse aus dem Weg räumen und Michaels Team alle nötigen Befugnisse einräumen. Als Michael später Hal die Ergebnisse des Teams und seine klare Empfehlung präsentierte, reagierte Hal sehr positiv: »Sie haben hervorragende Arbeit geleistet, Michael.«

Dann jedoch äußerte er die gefürchteten Worte: »Ich möchte das mit Bob beim wöchentlichen Stabsmeeting besprechen. Wenn er die Idee gut findet, können wir sie auf die Tagesordnung für den Strategischen Planungsausschuss des Konzerns setzen.« Bob Reiser war Hals Chef und Group Senior Vice President. Unter Michaels Kollegen hatte er den Spitznamen »Black Hole Bob«. Hervorragende Ideen gingen in Bob Reisers Büro wie in einem schwarzen Loch verloren. Das war nicht die schnelle Prüfung, die Hal versprochen hatte … und es war bestimmt nicht die schnelle Entscheidung, die Michael *Chung-Hua* in Aussicht gestellt hatte.

Als Michael sein Team auf die nächsten Schritte vorbereitete, seufzte Fergus, der schon seit 20 Jahren bei *Tunka* war: »Das ist der Anfang vom Ende unseres Projekts. Die Zentrale erstickt jedes Lebenszeichen, das von uns kommt. Ich wette, dass monatelang gar nichts entschieden wird. Wenn unser Vorschlag überhaupt in den Strategischen Planungsausschuss kommt, werden seine Mitglieder fast alle unsere Angaben hinterfragen. Sie werden eine eigene unabhängige Analyse durchführen, alle Zahlen nachprüfen und zur selben Schlussfolgerung gelangen. Aber es wird keine Rolle mehr spielen. Das Geschäft hat dann schon längst ein anderer gemacht.«

Fergus hatte Recht. Das *Chung-Hua*-Geschäft lag eine Woche auf Bob Reisers Schreibtisch und blieb dann zwei Monate im Strategischen Planungsausschuss des Konzerns hängen. Gelegentlich hatten die Ausschussmitglieder Rückfragen, aber sie rangen sich zu keiner Empfehlung durch. Sie prüften sämtliche Analysen noch einmal, zweifelten einige wichtige Annahmen an und überarbeiteten viele Prognosen, ohne Michael und sein

Team einzubeziehen. Letztlich wandelten sie einige der Schlussfolgerungen ab, aber die grundsätzlichen Empfehlungen blieben unverändert.

Bis dahin hatte *Chung-Hua* jedoch schon Gespräche mit *Tunkas* Hauptkonkurrenten, *Draggar Steel*, begonnen. Dennoch gab es eine Chance, die Allianz noch zu retten. Michael arbeitete bis tief in die Nacht hinein und führte unzählige Telefongespräche mit seinen Verhandlungspartnern in China, während er wider jede Vernunft hoffte, doch noch grünes Licht zu erhalten … aber tief im Inneren fühlte er sich betrogen. Das so wichtige Projekt, für das man ihm angeblich die Verantwortung übertragen hatte, wurde nun auf einer höheren Ebene entschieden.

Michael wurde immer frustrierter, als er feststellte, wie viele Ebenen zwischen ihm und der endgültigen Genehmigung für die strategische Allianz mit *Chung-Hua Steel* lagen. Seine Hoffnung, dass das Topmanagement von *Tunka* eine klare Entscheidung treffen würde, hatte sich nicht erfüllt. Als der Strategische Planungsausschuss seinen Vorschlag endlich geprüft hatte, leitete er ihn zu einer weiteren Prüfung an die Finanzabteilung weiter, um sicherzustellen, dass die Investitionskriterien des Unternehmens erfüllt wurden. Bis die Finanzabteilung ihre Analyse abgeschlossen hatte, verging eine weitere Woche, und schließlich schaltete sich Mel Papadakis, der CEO des Unternehmens, ein. Michael fand es mittlerweile sehr merkwürdig, dass er diese Initiative als besonders wichtig und dringlich bezeichnet hatte. Papadakis gab bekannt, dass er das Geschäft mit dem geschäftsführenden Vorstand besprechen wolle, um den »offiziellen« Segen zu erhalten, bevor er es dem Aufsichtsrat zur Genehmigung vorlegte. Michael raufte sich die Haare. Wie oft musste dieses Geschäft noch abgesegnet werden?

Michael hatte den chinesischen Markt analysiert, mit den Aufsichtsbehörden, Handelsbeauftragten und Stahlmanagern gesprochen und jedes nur mögliche Szenarium durchgespielt. Er war zu dem Schluss gekommen, dass der Nutzen dieser Allianz klar auf der Hand lag. China würde in kürzester Zeit ein wichtiger Markt für *Tunka* werden. Die Firma brauchte einen Partner, der verstand, wie der Markt in China funktionierte. Einen solchen Partner hatte sie in *Chung-Hua* gefunden … aber nicht nur sie. Auch ihre Konkurrenten hatten bei *Chung-Hua* angeklopft, doch dank Michaels überzeugenden Argumenten hatte *Tunka* das Rennen gemacht. Aber vier Monate später konnte selbst er mit seinem Charisma und seinem Einsatz nicht mehr viel ausrichten.

Michael spürte wieder den Kloß in seinem Hals. Er hatte mehrmals an seinen Vorgesetzten Hal appelliert, aber vergebens. Es schien, als hätte niemand den Elan oder den Mut, diesen quälenden Entscheidungsprozess zu beschleunigen. Hal beschwichtigte Michael immer wieder: »Machen Sie sich keine Sorgen. Es ist nur eine simple Prüfung im Stab.« In der Zwischenzeit waren sowohl Hal wie auch sein Vorgesetzter Bob turnusmäßig befördert worden, während Michael in seiner alten Position geblieben war. Seine Hoffnung, dass die Arbeit an dieser Allianz ihm eine vorzeitige Beförderung zum Vorstandsdirektor einbringen würde, erfüllte sich nicht. Er würde gemeinsam mit seinen Kollegen planmäßig im kommenden Jahr befördert werden; besondere Verdienste spielten da keine Rolle.

Als Michael eines Abends noch eine weitere Zusammenfassung seiner Ergebnisse und eine Empfehlung für den geschäftsführenden Vorstand erstellte, klingelte das Telefon. Mit einem flauen Gefühl meldete er sich und erhielt bestätigt, was er schon seit Wochen ahnte: *Chung-Hua* gab ein Joint-Venture mit *Draggar Steel* bekannt. Michael beendete nicht einmal mehr seinen begonnenen Satz, schaltete den Computer aus und ging nach Hause.

In überverwalteten Unternehmen werden die Nachteile des »Command-and-Control«-Modells – der Führung durch Befehl und Kontrolle – offensichtlich. Eine hierarchische Weisungskultur, in der Entscheidungen von oben nach unten durchgesetzt werden, bringt keine optimalen Ergebnisse hervor. Sie ist ein unseliges Vermächtnis einer Zeit, in der noch andere Bedingungen herrschten. Sie erstickt das Potenzial talentierter Nachwuchskräfte, deren Bemühungen nie gewürdigt werden.

Ähnlich wie in der komplexen Organisation gehen auch in der überverwalteten Organisation die Entscheidungen von oben aus. Allerdings hat Letztere ein breiteres mittleres Management. Die Mitarbeiter eines überverwalteten Unternehmens müssen sich durch zu viele Führungsebenen kämpfen, wenn sie etwas erreichen wollen. Besprechungen finden in Auditorien statt, weil kein Konferenzraum groß genug ist, um alle Teilnehmer zu fassen. Die Angestellten erstellen unentwegt Berichte »für den Fall der Fälle«, die dann nie benötigt werden. Sie sind genervt, wenn sie die hundertste Aktennotiz eines Managers lesen, der nichts von den Markttrends versteht. Die Entscheidungsfindung ist zentralisiert, aber die Informationen sind im ganzen Unternehmen verteilt. Folglich werden Strategien nur mit großer Zeitverzögerung oder mit großen Wirkungsverlusten umgesetzt ... oder mit beidem.

Die Mitarbeiter überverwalteter Organisationen schätzen ihre Rentabilität am schlechtesten von allen Organisationstypen ein, wie unsere Untersuchungen ergeben haben. Insgesamt fällt die Beurteilung der Leistung durch die Belegschaft überverwalteter Unternehmen negativer als in jedem anderen Profil aus.[1] Im Allgemeinen zeichnen die Mitarbeiter überwalteter Organisationen das schwärzeste Bild von der Fähigkeit ihres Unternehmens, gute Ergebnisse zu erzielen.[2] Wenn man die oberste Führungsebene erst einmal verlassen hat, ist der durchschnittliche Angestellte einer überverwalteten Firma weder besonders zufrieden noch besonders optimistisch. Häufig wartet er nur auf eine günstige Chance zum Absprung.

Die überwaltete Organisation: Symptome

Die Symptome eines überverwalteten Unternehmens sind leicht zu erkennen. Da es sich zu viele Führungsebenen leistet, sind die Linienmitarbeiter von den Topmanagern isoliert, die dennoch unverdrossen versuchen, per »Befehl und Kontrolle« zu führen. Bis ihre Anweisungen aber alle Führungsebenen durchlaufen haben, ist das Spiel längst verloren.

Die alte hierarchische Weisungskultur bewährt sich nicht

Jeder Mitarbeiter einer überverwalteten Organisation würde den Satz sofort unterschreiben, dass wichtige strategische und operative Entscheidungen nicht schnell genug umgesetzt werden. Dazu ist die Bürokratie viel zu ausgeprägt. Die Manager der verschiedenen Ebenen verzetteln sich so im Papierkrieg und den internen machtpolitischen Spielen, dass sie regelmäßig wichtige Marktchancen verpassen.[3] Beschlüsse werden hoffnungslos verzögert, weil die Linienmitarbeiter auf eine Entscheidung aus der Zentrale warten. Gleichzeitig erhält die Hauptverwaltung nicht die Informationen, die sie von der Basis benötigt, um fundierte Beschlüsse fassen zu können.[4] Die Topmanager üben zwar die Autorität aus, aber es fehlt ihnen am nötigen Marktverständnis, um Entscheidungen über so wichtige Themen wie neue Regulierungsbestimmungen, geopolitische Entwicklungen und bahnbrechende Technologien zu treffen. Kurz: Überverwaltete Unternehmen werden durch einen Entscheidungsapparat gelähmt, der schon Anzeichen der Todesstarre zeigt.

Ein schnell wachsendes Konsumgüterunternehmen war mit einem visionären Gründer und einem bahnbrechenden Produkt gesegnet, verlor aber dennoch an Fahrt. Die Firma war jung und voller kreativer Talente und Energien, doch am Markt agierte sie fast arthritisch. Sie profitierte nur mit Mühe von der Tatsache, dass sie eine eigene Produktkategorie geschaffen hatte. Immer häufiger kam das Unternehmen seinen Verpflichtungen gegenüber den Einzelhandelskunden nicht mehr nach. Der Gründer hatte zwar löblicherweise ein professionelles Management eingestellt, das die Geschäfte führen sollte, während er eine kreativere Rolle ausfüllte. Aber nun schien er nicht in der Lage zu sein, die Zügel wirklich aus der Hand zu geben. Er behielt sich gemeinsam mit seiner handverlesenen Mannschaft immer noch das letzte Wort vor, wenn es um Produktentwicklung, Markenposition, Marketing, Preisgestaltung und sogar die Einstellung von Führungskräften ging. Ein Manager sagte einmal: »Angeblich haben wir uns von der alten Weisungskultur verabschiedet, aber der Gründer und einige aus seinem damaligen Team wollen nicht loslassen.«

Somit besaß das Unternehmen ein Organigramm, das nur dem Anschein nach eine dezentrale Organisation darstellte. In Wirklichkeit gab es keine eindeutigen Zuständigkeiten, dafür umso mehr missverständliche Signale und verpasste Chancen. Die Entscheidungsbefugnisse waren offiziell dem Linienmanagement zugeordnet, wurden aber faktisch immer noch vom Gründer und seinem engsten Kreis wahrgenommen. Immer wieder machten sie Beschlüsse der Linienmanager über Marktstrategien rückgängig. In diesem Tauziehen übernahm dann niemand die Verantwortung, wenn wieder einmal Lieferungen verspätet versandt wurden und das Lager schlecht verwaltet wurde. Es entwickelte sich eine »Sündenbock-Kultur«.

Etwa zu dieser Zeit lud die Firma zu einer externen Veranstaltung ein, bei welcher die obersten 100 Mitarbeiter den *Org DNA Profiler*[SM]-Test absolvierten. Es überraschte niemanden, dass das Unternehmen dem Profil einer überverwalteten Organisation entsprach. Das größte Problem war die Strategieumsetzung. Weniger als ein Viertel der befragten Manager hatte das Gefühl, dass wichtige strategische und operative Beschlüsse schnell umgesetzt wurden. Erstaunliche 86 Prozent gaben an, dass einmal getroffene Entscheidungen erneut in Frage gestellt oder revidiert wurden, und über 90 Prozent der Befragten sagten, dass Informationen nicht ungehindert über Abteilungs- und Fachbereichsgrenzen hinwegflössen. Mit diesen Verhaltensweisen verscherzte sich das Unternehmen seinen Ruf und seine Marktposition. Ein Manager sagte: »Wir schadeten uns selbst weit mehr, als unsere Konkurrenten es vermochten.«

Wir kommen von der Zentrale und möchten Ihnen helfen ...

In der überverwalteten Organisation findet ein extremes Mikromanagement statt. Es ist ganz normal, anderen ständig über die Schulter zu sehen.[5] Die aufgeblähten mittleren Führungsebenen, die ihre Daseinsberechtigung unter Beweis stellen wollen, »lassen arbeiten«. Dabei legen sie einen unstillbaren Detailhunger an den Tag und fordern enorme Informationsmengen, die auf jeder Ebene angepasst und abgestimmt werden müssen. Es wird übermäßig viel Zeit dafür aufgewandt, Entscheidungen über Ausgaben, Personal und operative Angelegenheiten zu beantragen, zu verfolgen und zu genehmigen.

Die oberen Manager sind aller Wahrscheinlichkeit nach vom Informationsfluss abgeschnitten, doch das hindert sie keineswegs daran, die Beschlüsse ihrer Untergebenen wieder rückgängig zu machen.[6] Die Unfähigkeit der Zentrale, Entscheidungsbefugnisse an diejenigen Mitarbeiter zu delegieren, die mit den relevanten Informationen am besten vertraut sind, führt zu einer »Verkalkung« der Organisation. Natürlich ist es unter solchen Bedingungen sehr schwierig, gute Angestellte anzuziehen und zu binden – die aufgeblähte Bürokratie frustriert jeden, der einen Funken Initiative und Antriebskraft mitbringt.

Zu viele Ebenen, zu wenig Raum zum Nachdenken

Das Organigramm der überverwalteten Organisation ähnelt einer Eieruhr. Vor allem in der Mitte sind die Kontrollspannen sehr eng. Dies führt häufig zu einer weiteren Bürokratisierung, zu miserablen Entscheidungsprozessen und zu einem allgemeinen Mangel an Innovation. Mitarbeiter, die in einer solchen schwachen Organisationsstruktur für Kundenkontakte zuständig sind, fühlen sich wie gelähmt. Für jede Entscheidung müssen sie langwierige Genehmigungsverfahren einhalten. Ihre Aufstiegschancen sind wenig verlockend, und sie können ihre Kreativität nicht entfalten. An der Spitze bietet sich ein ebenso unattraktives Bild – und außerdem ist es dort schon sehr voll.

Das überverwaltete Unternehmen geht auf eine paternalistische Kultur zurück. Treue Mitarbeiter werden mit einer automatischen Beförderung alle drei Jahre belohnt. Außerdem versteht es sich von selbst, dass man nur in höhere Ebenen versetzt wird, nie in andere Abteilungen. Letzteres wäre in der überverwalteten Organisation ein Widerspruch in sich.

Die automatischen Beförderungen setzen das Unternehmen unter Druck, weitere – weitgehend künstliche – Führungsebenen zu schaffen. In einer überverwalteten Organisation kann es vorkommen, dass sich die Mitarbeiter mit ihrem Namen *und* ihrer Ebene vorstellen: »Ich bin John Doe, Gehaltsstufe sieben.« In einer so hierarchisch geprägten Kultur gedeiht jedoch die Mittelmäßigkeit, denn unerfahrene, unqualifizierte Manager werden routinemäßig befördert, ohne entsprechende Kompetenzen erworben zu haben. Da sie aber ohnehin nur wenig Verantwortung und kaum Rechenschaftspflichten haben, bleiben diese Mängel weitgehend unbemerkt. Das Resultat sind Einheitskarrieren über Jahrzehnte hinweg. Ineffektive Leistungsbeurteilungen und eine konzeptlose Mitarbeiterentwicklung tragen ebenfalls nicht dazu bei, den Talentmangel zu beseitigen.[7]

Entscheidungsfindung mit Engpässen

Der Informationsfluss in der überverwalteten Organisation muss so viele Engpässe auf dem Weg nach oben und nach unten überwinden, dass die Linienmanager und die Topmanager selten auf demselben Kenntnisstand sind, was die wichtigen Geschäftsindikatoren angeht. Dem Topmanagement fehlen wichtige Marktinformationen, und die Linienmanager wissen nicht, wie ihre Abteilungen zur gesamten Unternehmensleistung beitragen.[8] Wenn dann noch unklare Verantwortungsbereiche und Rechenschaftspflichten hinzukommen, werden allzu oft verantwortungslose oder nicht nachvollziehbare Entscheidungen getroffen. Irgendwann bleibt dies auch der Außenwelt nicht mehr verborgen.[9]

Die Entscheidungsbefugnisse sind oft extrem verästelt, weil immer neue Führungsebenen geschaffen werden, um die Mitarbeiter bei ihrer täglichen Arbeit zu »betreuen«. Leider fehlt es dabei völlig an Freiräumen und Anreizen, um an wichtigen Zielen zu arbeiten. Inmitten all der überflüssigen Ebenen und Instanzen ist es ein Leichtes, »den Kelch weiterzugeben«, weil sich letztlich niemand für eine Entscheidung verantwortlich fühlt.

Problematisch ist nicht der Mangel an Informationen, sondern ihr Überfluss. Überverwaltete Unternehmen betreiben gerne Nabelschau. Alles wird beurteilt, bewertet und wieder über den Haufen geworfen. Ein Manager in einem Automobilunternehmen, mit dem wir zusammenarbeiteten, traf einmal mit den Worten ins Schwarze: »Ich werde mit so vielen Diagrammen und Daten gefüttert, dass ich darin untergehe. Ich kann das alles gar nicht mehr sortieren.« Wirklich nützliche Informationen musste er wie die Nadel im Heuhaufen suchen.

Chiquita Brands International: Neue Selbstständigkeit

Jahrzehntelang wies *Chiquita Brands International* viele eindeutige Symptome einer überverwalteten Organisation auf. Es gab eine tief verwurzelte Weisungskultur, zu viele Führungsebenen, isolierte Informationskanäle und ein autokratisches Entscheidungssystem. Laut Cyrus Freidheim, der von 2002 bis 2004 Aufsichtsratsvorsitzender und CEO des Konzerns war, wurde *Chiquita* mindestens 30 Jahre lang wie eine Diktatur geführt.[10]

Freidheim wurde an die Spitze von *Chiquita* berufen, als der Konzern gerade ein Gläubigerschutzverfahren abgeschlossen hatte und vor der Umsetzung eines Sanierungsprogramms stand. Der frischgebackene CEO sollte den globalen Nahrungsmittelkonzern mit einem Jahresumsatz von 2,5 Milliarden US-Dollar aus der Krise führen. »In seiner hundertjährigen Geschichte hat *Chiquita* Höhen und Tiefen erlebt, die viele Unternehmen nicht überstanden hätten«, meint Freidheim. Der Konzern – auch »die Krake« genannt, weil sein Einfluss weit in die zentralamerikanischen Länder hineinreichte, wo er eigene Bananenplantagen betrieb – hatte einen schlechten Ruf, weil ihm Desinteresse am Umweltschutz sowie ein schlechtes Verhältnis zu den Arbeitnehmern vorgeworfen wurden. Auch finanziell machte *Chiquita* (vormals *United Fruit*) eine Krise durch: Vor der Einleitung des Insolvenzverfahrens waren zehn Jahre in Folge Verluste ausgewiesen worden.

Der jüngste Leistungseinbruch setzte Anfang der neunziger Jahre ein, als zu der schon vorhandenen internen Ineffizienz Probleme mit der EU hinzukamen, die *Chiquitas* Wachstumsziele zunichte machten. Der Konzern hatte über eine Milliarde Dollar in neue Schiffe und Bananenplantagen investiert, weil er davon ausging, dass die EU den europäischen Markt öffnen werde. Als im Jahr 1993 mit der Verabschiedung der Bananenmarktordnung klar wurde, dass sich diese Annahme nicht im erwarteten Maß erfüllen würde, »trug *Chiquita* dies mit Fassung«, wie Freidheim es ausdrückte.

Acht Jahre später war die Firma zahlungsunfähig und beantragte Gläubigerschutz im Insolvenzverfahren. Freidheim trat in ein krisengeschütteltes und ernüchtertes Unternehmen ein. Er stellte fest, dass es »wie unter Schock stand. Die Angst war sehr groß. Niemand wusste, wie es weitergehen sollte.«

Freidheim beschreibt die Situation folgendermaßen: »*Chiquita* hatte sehr zentralisierte Prozesse. Der CEO traf alle Entscheidungen – ob wichtige oder unwichtige. Wenn er sich für eine Geschäftsaktivität interessierte, aus welchem Grund auch immer, kontrollierte er sie direkt. Als ich anfing, hatte ich über 15 direkte Untergebene. Viele von ihnen leiteten Geschäftsbereiche, die nichts mit dem Kerngeschäft zu tun hatten.«

Bei *Chiquita* gab es eine stark hierarchische Weisungskultur. Die Topmanager waren es nicht gewohnt, andere Kollegen oder gar Untergebene um Rat zu fragen. Diese Philosophie verselbstständigte sich und breitete sich im ganzen Unternehmen aus. Die Abteilungsleiter betrieben die Geschäfte lieber distanziert, als einen kooperativeren Führungsstil zu pflegen. Das führte dazu, dass die mittleren Manager nicht genug Erfahrungen sammeln konnten, um selbst Führungsaufgaben zu übernehmen.

Die Führungskräfte wandten sich mit ihren operativen Fragen an Freidheim. »Auch wenn sie schon eine Strategie und einen operativen Plan entwickelt hatten, vergewisserten sie sich immer wieder bei mir, wie sie vorgehen sollten«, erinnert er sich. Auf seinem Schreibtisch landeten Angelegenheiten wie die Einstellung von Mitarbeitern, individuelle Vergütungsfragen oder Werbekonzepte. Freidheim erzählt: »Ich dachte damals: ›Wenn ich derjenige bin, der die Werbekonzepte absegnen muss, steht das Unternehmen tatsächlich vor großen Problemen.‹ Aber so funktionierte *Chiquita* damals. Der CEO stempelte alles ab.«

Die Folge war, dass die wirklich wichtigen Fragen zu wenig Aufmerksamkeit erhielten. Die regionalen Niederlassungen trafen irgendwann ihre eigenen Entscheidungen oder verharrten untätig, bis sie Anweisungen erhielten. Informationen, auch solche über bewährte Prozesse und Verfahren, wurden nur langsam weitergegeben, und die Anreizsysteme förderten oft falsche Verhaltensweisen. Tatsächlich hing die Vergütung von der Dauer der Betriebszugehörigkeit und nicht von der Leistung ab. Selbst als das Unternehmen schon Insolvenz angemeldet hatte, erhielten mehrere hundert

Manager nicht unwesentliche Prämien, die sich auf 30 bis 50 Prozent ihrer Jahresgehälter beliefen.

Freidheims erste Anweisung lautete, Teams aus mittleren Managern zu bilden, die aus allen Unternehmensteilen kamen. Sie sollten jedes Geschäftsfeld und jede Möglichkeit zur Kostensenkung prüfen. Die Leiter dieser Teams gehörten der zweiten und dritten Führungsebene an. »Eine solche Aufgabe hatten sie noch nie bekommen«, erinnert er sich. »Noch nie hatte ihnen jemand wirkliche Verantwortung dafür übertragen, die Schwächen des Unternehmens herauszufinden und Änderungsvorschläge zu unterbreiten. Zwischen den einzelnen Geschäftsbereichen herrschte kaum ein Austausch, sie waren isoliert.«

Cyrus Freidheim war zwar kein Experte für die Produktion und den Vertrieb von Obst und Gemüse, aber er hatte in seinen 36 Jahren als Unternehmensberater ausreichend Erfahrung damit gesammelt, strauchelnde Firmen wieder auf den richtigen Kurs zu bringen. Außerdem genoss er die volle Unterstützung des Aufsichtsrats und den Respekt der Mitarbeiter. »Mein Wissen über das Bananengeschäft war wirklich begrenzt – ich wusste nur, wie eine Banane schmeckt«, erinnert sich Freidheim amüsiert. »Eins aber wusste ich genau: Wir mussten das Unternehmen wieder auf ein solides Fundament stellen, eine neue Wachstumsstrategie entwickeln und ein starkes Führungsteam für die Zukunft aufstellen.«

An diesen drei Aufgaben arbeitete *Chiquita* in den nächsten beiden Jahren, während es das Gläubigerschutzverfahren abschloss und begann, sich von einer überverwalteten Firma in eine gesündere Organisation mit solideren Resultaten zu verwandeln.

Struktur: Überflüssige Ebenen abschaffen

Nachdem das Insolvenzverfahren im Jahr 2002 abgeschlossen wurde, nahm *Chiquita* wesentliche Änderungen der Organisationsstruktur vor. So konnte die Zahl der Führungsebenen in mehreren Bereichen halbiert werden, weil das Unternehmen Randgeschäfte aufgab, sich von Vermögensgegenständen trennte, die nicht zum Kerngeschäft gehörten, und seine Produktionsbetriebe – also die Bananenplantagen – konsolidierte.

Freidheim drückt es so aus: »Unser Ziel lautete, das System insgesamt zu vereinfachen, um weniger und direktere Schnittstellen zu haben. Endlich verdarben nicht mehr so viele Köche den Brei wie zuvor. Vorher hatten wir ganze Ebenen mit Mitarbeitern, die nur dazu da waren, die Arbeit der anderen zu koordinieren. Von ihnen trennten wir uns.«

Entscheidungsrechte: Die Engpässe beseitigen

In der Zwischenzeit versuchte *Chiquita* gezielt, Nachwuchskräfte innerhalb des Unternehmens heranzuziehen. »Wir hatten einen Mann, der schon auf den kolumbianischen Plantagen großartige Arbeit geleistet und dann auf Costa Rica mehrere Geschäftsbereiche geleitet hatte. Er konnte die Arbeiter unglaublich gut motivieren«, sagt Freidheim, »und deshalb ernannten wir ihn zum Leiter aller *Chiquita*-Plantagen.«

Außerdem fasste das Unternehmen die gesamte »Kühlkette« (den Weg der verderblichen Waren von der Verpackung bis zum Supermarkt) in einem zentral geführten Prozess zusammen. Heute ist ein einziger Geschäftsbereich dafür verantwortlich, dass eine Banane von dem Zeitpunkt, an dem sie in eine Schachtel gelegt wird, bis zur Auslieferung an die Kunden ordnungsgemäß behandelt wird und frisch bleibt. Auf diesen Weg entfallen etwa 25 Prozent der Produktionskosten. Da in der Vergangenheit etwa 15 Prozent der Bananen nicht mehr verkaufsfähig waren, wenn sie in den Geschäften ankamen, hatte das Management der Kühlkette eine sehr hohe Priorität.

Dank dieser Bemühungen konnte schließlich eine deutliche Steigerung der Produktivität auf den Bananenplantagen und eine Verbesserung der Qualität bei der Auslieferung erreicht werden. *Chiquita* trennte sich von mehreren unrentablen Plantagen und nicht zum Kerngeschäft gehörenden Geschäften und verdoppelte das Betriebsergebnis im Jahr 2003.

Informationen: Vorbildliche Verfahren im Bananengeschäft

Cyrus Freidheim war zu Beginn seiner Zeit bei *Chiquita* erstaunt darüber, wie selten neue Erkenntnisse und Informationen weitergegeben wurden. Er erinnert sich an eine Besichtigungstour der Bananenplantagen: »Auf manchen Plantagen trugen die Arbeiter die Stämme mit den Bananen nach unten, auf anderen mit den Bananen nach oben. Ich fragte nach dem Grund dafür. Es gab natürlich eine Methode, die den anderen überlegen war, und trotzdem gingen die Arbeiter auf jeder Plantage unterschiedlich vor.«

Das Unternehmen war sehr erfindungsreich darin, die Barrieren des Informationsflusses einzureißen. Ein Beispiel war die so genannte Bananenolympiade, bei der sich die Arbeiter der verschiedenen Plantagen messen konnten. »Es ging darum, wer eine Staude am schnellsten pflücken oder die Bananen am schnellsten verpacken konnte«, erinnert sich Freiheim. »Das Ziel lautete natürlich, den Wettbewerb zu gewinnen, aber noch wichtiger war der Austausch von Wissen, der dabei erfolgte. Ich war so beeindruckt, dass ich einmal sämtliche Mitglieder des Aufsichtsrats mitbrachte, damit sie sich das selbst ansehen konnten.«

Die Bananenolympiade mag banal wirken, aber kombiniert mit den anderen Maßnahmen verbesserte sie die Beziehungen zu den Arbeitern deutlich. »Unser Verhältnis zu den Arbeitnehmern war sehr problematisch gewesen. Immer wenn wir etwas ändern wollten, selbst wenn es im Interesse der Arbeiter war, streikten sie. Jetzt entwickelten die Manager eine neue Definition des Erfolgs. Es kam darauf an, den Wettbewerb um Qualität und Produktivität zu gewinnen.

Bei meinen späteren Besuchen auf den Plantagen war ich immer ganz gespannt auf die neuen Ideen, die wieder verwirklicht worden waren ... etwa das zweireihige System der Bepflanzung oder eine neue Bewässerungsmethode oder auch ein neues Verpackungssystem. Es gab ständige Neuerungen.«

Motivationsfaktoren: Ergebnisse belohnen

Eine erfolgsabhängige Vergütung bedeutet auch, dass bei schlechten Ergebnissen *nichts* bezahlt wird. Genau das beherzigte *Chiquita* nach dem Abschluss des Gläubigerschutzverfahrens. »Wir definierten eine Leistungsvorgabe für das erste Jahr«, erinnert sich Cyrus Freidheim. »Als neuer Chef hätte ich keine unpopulärere Maßnahme ergreifen können, denn wir erreichten die Vorgabe nicht. Also wurden auch keine Prämien gezahlt. Die meisten Manager konnten sich nicht daran erinnern, dass es einmal keine Prämien gegeben hatte.«

In einem zweiten Schritt fror das Unternehmen die Gehälter der Topmanager zwei Jahre lang ein, während gleichzeitig die Prämien bei Erreichen bestimmter Leistungsziele erhöht wurden. »Im ersten Jahr gab es nur lange

Gesichter, weil niemand eine Prämie bekam. Der Personalchef prophezeite: ›Dann werden alle kündigen.‹ Aber dem war nicht so. Tatsächlich kann ich mich nicht erinnern, dass in den zwei Jahren meiner Amtszeit einer der obersten 50 Manager von sich aus gekündigt hätte.«

Chiquita: Nachtrag

Seit 2002 hat die Firma ihren Schuldenberg mit Riesenschritten abgebaut, die Produktivität und Qualität gesteigert, die Maßnahmen zum Umweltschutz verbessert und die Beziehungen zu den Arbeitern auf eine vertrauensvollere Basis gestellt. Es bleibt zwar noch viel zu tun, aber das Unternehmen, jetzt unter der Führung des *Procter & Gamble*-Veteranen Fernando Aguirre, geht in die richtige Richtung.

Freidheim und sein Team führten *Chiquita* wieder in die Gewinnzone, indem sie den mittleren Managern mehr Autorität und die Verantwortung dafür übertrugen, Geschäftschancen zu nutzen und die Kosten zu senken. Die mittleren Manager erwiesen sich der Aufgabe gewachsen, nicht nur in ihrem eigenen Verantwortungsbereich, sondern im gesamten Unternehmen. Sie diagnostizierten Probleme, erarbeiten Lösungsalternativen und präsentierten dem Topmanagement ihre Empfehlungen. Noch frappierender war, dass die meisten dieser Empfehlungen dann in den Abteilungen umgesetzt wurden. Diese Einbeziehung der Mitarbeiter stellte eine klare Abkehr von den bisherigen Methoden dar.

Es war nicht schwer gewesen, die Chancen zu radikalen Produktivitätsverbesserungen zu erkennen. Freidheim meint: »Nur knapp drei Viertel der geernteten Bananen gelangten in die Supermärkte und schließlich in die Einkaufswägen der Kunden. Das war eine enorme Verschwendung.«

Die Manager fanden Wege, um die Plantagenarbeiter zu motivieren, nachahmenswerte Verfahren weiterzugeben und die Qualität der »Kühlkette« zu verbessern. Die Plantagen und die Verladehäfen wurden organisatorisch entkoppelt, um die Effizienz des gesamten Lieferkettenmanagements zu steigern. Vorher waren die Plantagenleiter für ihren jeweiligen Verladehafen verantwortlich gewesen, obwohl sie von den damit zusammenhängenden Aufgaben nicht viel verstanden. Ferner wurden Mitarbeiter mit Marketingkenntnissen eingestellt, die Strategien entwickelten, um das Potenzial der global bekannten Marke besser auszuschöpfen.

Cyrus Freidheim trifft ins Schwarze, wenn er den weiteren Weg des Unternehmens so beschreibt: »Kann man das DNA-Profil einer Firma wie *Chiquita* ändern? Können wir uns von einem Produktions- und Distributionsunternehmen in ein Marketingunternehmen verwandeln? Immerhin bedeutet das eine enorme Veränderung. Ich glaube, dass *Chiquita* dazu in der Lage ist.«

Die überverwaltete Organisation: Therapien

Bei der Neuorganisation eines überverwalteten Unternehmens geht es nicht nur um Kostensenkungen, sondern um neue Wege der Umsatzerzielung. Dazu müssen die Entscheidungsprozesse gestrafft, die Kundenbedürfnisse stärker berücksichtigt und die Innovationskraft gesteigert werden. Es reicht aber nicht aus, nur die Kästchen des Organigramms zu verschieben. Vielmehr muss die organisatorische Umstrukturierung auf echten und dauerhaften Verhaltensänderungen beruhen. Wir sind zwar grundsätzlich der Meinung, dass man vor den Strukturen die Entscheidungsbefugnisse, den Informationsfluss und die Motivationsfaktoren verändern sollte, doch die überverwaltete Organisation stellt eine Ausnahme von dieser Regel dar. Hier stellt die Struktur ein so großes Erfolgshindernis dar, dass sie zuerst verändert werden muss.

Flachere Hierarchien

Wenn ein überverwaltetes Unternehmen den Weg zur Gesundung abzukürzen versucht, greift es oft zu massiven Entlassungen, um sich so von ganzen Ebenen des mittleren Managements zu trennen. Aber ein solches undifferenziertes Vorgehen löst die Schwierigkeiten selten. Wenn die Verästelungen in einem Organigramm überhand nehmen, ist dies eher ein Symptom als die Wurzel des Problems. Folglich bringt man eine Firma nicht auf den Weg der Gesundung, wenn man einfach das Organigramm verändert und die Linien darin neu zieht. Ein solches Vorgehen würde nur dazu führen, dass die Symptome an anderer Stelle wieder auftreten.

Wir sprechen uns damit nicht grundsätzlich gegen den Personalabbau aus. Aber Unternehmen brauchen dabei ein gutes Augenmaß. Sie sollten nicht der Versuchung erliegen, sich allzu einfache Ziele zu setzen (etwa »nicht mehr als ›x‹ Führungsebenen/direkte Untergebene«). Die richtige Anzahl von Mitarbeitern und Ebenen hängt von den Aufgaben, von den beteiligten zentralen Geschäftsprozessen und den Interaktionen ab, die erforderlich sind, um Entscheidungen voranzutreiben. Man muss einen Schritt zurücktreten und nicht nur die Linien und Kästchen im Organigramm, sondern auch die Rollen, Verantwortungsbereiche, Kontrollmechanismen und Rechenschaftspflichten im Auge behalten. Letztlich geht es darum, dass die Organisation die »richtige Größe« findet, um nicht wieder in alte Gewohnheiten zurückzufallen und um eine Verbindung zwischen der Spitze und der Basis des Unternehmens herzustellen. In der Regel sind dazu durchaus Einschnitte bei den mittleren Ebenen erforderlich.

Lassen Sie uns an dieser Stelle zu Michael, dem tüchtigen Manager von *Tunka Steel* zurückkehren, dessen Engagement nicht gewürdigt wurde. Nachdem sein Projekt ein jähes Ende fand, weil die Topmanager sich so viel Zeit mit der Entscheidung über die China-Strategie ließen, übernahm er wieder seine regulären Pflichten als Vertriebsleiter des Bereichs Flachstahl. Hier wurden Flachstahlerzeugnisse hergestellt und an die Autoindustrie und die Hersteller von Elektrogroßgeräten vertrieben.

Enttäuscht von den langsamen Entscheidungen und der ineffizienten Bürokratie an der Unternehmensspitze nahm Michael seinen eigenen Bereich unter die Lupe. Er stellte fest, dass viele Symptome einer überverwalteten Organisation auch in seinem eigenen Verantwortungsbereich vorhanden waren. Aber hier konnte er wenigstens dauerhafte Veränderungen anstoßen. Er konnte den Vertrieb der Flachstahlerzeugnisse vorbildlich organisieren und so ein Beispiel für den Rest des Unternehmens setzen.

Über das Wochenende sah er sich das Organigramm seines Bereichs an und stellte ein klares Problem bei den Leitungsspannen fest. Allein in der Vertriebsabteilung gab es 85 Verkäufer, die 15 Supervisoren unterstellt waren. Diese wiederum berichteten an fünf Vertriebsmanager, die einem nationalen Vertriebsleiter unterstanden, der wiederum Michael als Vorgesetzten hatte. Somit gab es vier mittlere Führungsebenen, die nur kleine Kontrollspannen hatten. Und hierbei waren die Stabsfunktionen – einschließlich Marktanalyse, Finanzberichterstattung, IT und Personalwesen – noch nicht einmal berücksichtigt.

Er erinnerte sich an eine Benchmarking-Studie, die eine interne Stabsgruppe im vergangenen Jahr über die Organisationsstrukturen anderer

Stahlunternehmen durchgeführt hatte. Damals hatte Michael die Stabsmitarbeiter vor den Kopf gestoßen, als sie ihn um ein Interview im Rahmen ihrer Studie baten. Er hatte ihnen vorgeworfen, die Abläufe in seinem Bereich überhaupt nicht zu verstehen, und die Studie bald darauf vergessen. Michael begann sich zu fragen, ob die Mitarbeiter der ihm unterstellten Ebenen für ihn ebenfalls einen Spitznamen hatten, so wie er selbst seinen Vorgesetzten »Black Hole Bob« nannte.

Nun sah sich Michael die Ergebnisse des Benchmarking-Teams noch einmal an. Er erkannte, dass es nicht nur möglich, sondern auch vorteilhaft war, die Zahl der Führungsebenen in seinem Bereich zu senken. Wenn er schlankere Strukturen hatte, indem er zwei mittlere Ebenen abschaffte, konnte er auch den Informationsfluss und die Entscheidungsfindung straffen und die bürokratischen Hindernisse abbauen, die seine China-Strategie zu Fall gebracht hatten. Er nahm sich vor, im Laufe des nächsten Monats ein ganz neues Organisationsmodell zu entwickeln, das zu der geplanten neuen, schlankeren Struktur passen würde.

Er entwarf ein Diagramm mit acht direkten Untergebenen, von denen jeder für eine »Region« verantwortlich war. Er schaffte die bisherigen Gebiete und Bezirke ab und wies jedem Regionalleiter sieben bis zehn Mitarbeiter zu. Dann legte er das Organigramm in seine Aktentasche zurück, denn er wusste, dass er diese strukturellen Änderungen erst umsetzen konnte, wenn auch andere Änderungen stattgefunden hatten. Er war überzeugt davon, dass die schlanke Struktur schon viel bewirken würde, aber sie musste gemeinsam mit anderen zentralen organisatorischen Neuerungen eingeführt werden.

Entscheidungsbefugnisse delegieren

Es gibt nur einen Weg, um zu verhindern, dass einmal getroffene Entscheidungen wieder in Frage gestellt werden, wie es in überverwalteten Firmen so häufig der Fall ist: Die Entscheidungsbefugnisse müssen offiziell delegiert werden. Es ist weder sinnvoll noch kosteneffektiv, wenn die Topmanager eines komplexen Großunternehmens jede Entscheidung selbst treffen. Die taktischen Entscheidungsbefugnisse müssen eng am Markt bleiben, während sich die Spitze auf die unternehmensweiten Belange konzentrieren sollte: Menschen, Strategie, Unternehmensführung, Kontrollsysteme, Kapital- und Ressourcenzuweisung und Risikomanagement. Das Ergebnis ist eine Organisation mit einer schlanken Zentrale, die sich nicht in das Tagesgeschäft einmischt, sondern ganz auf ihre Aufgabe konzentriert, die Geschäftseinheiten zu unterstützen.

Die Geschäftseinheiten ihrerseits müssen die Entscheidungsbefugnisse natürlich auch annehmen. Um sie dazu in die Lage zu versetzen, müssen die Topmanager klare Entscheidungsrichtlinien formulieren, diese Richtlinien in konkrete Befugnisse übersetzen und geeignete Kommunikationsmethoden einführen (etwa Rahmenwerke, Beispiele oder FAQs), um den Übergang reibungslos zu gestalten. Es sollte auch festgelegt werden, wer vor einer Entscheidung befragt werden sollte, bei wem die letzte Entscheidungsautorität liegt, wer über einmal getroffene Beschlüsse informiert werden muss und wer für die Ergebnisse rechenschaftspflichtig ist. Schließlich muss auch ein Mechanismus eingerichtet werden, um diese Entscheidungsrechte durchzusetzen.

Als Michael am Montag wieder in sein Büro bei *Tunka Steel* kam, holte er das neue Organigramm heraus und dachte darüber nach, wie es auf die Aufgaben in seinem Bereich zugeschnitten werden konnte. Dazu nahm er sich zunächst einmal seinen Eingangskorb vor.

Der Korb quoll über, so viele Formulare, Berichte und Genehmigungen enthielt er. Auf einem Formular bat ein Verkäufer in Tennessee ihn darum, mehr Urlaubstage als eigentlich zulässig ins neue Jahr übernehmen zu dürfen. Es war schon von vier Vorgesetzten abgezeichnet worden, und jetzt wurde auch noch Michaels Unterschrift verlangt. Er dachte: » Warum werde ich mit so etwas überhaupt behelligt? «

Als Nächstes fiel ihm eine nach Wochen gegliederte Kurzanalyse der Soll- und Ist-Verkäufe an sechs Unternehmen in die Hände. Er erinnerte sich daran, dass dieser Bericht vor fünf Jahren in Auftrag gegeben wurde, weil eine konkrete Frage im Zusammenhang mit den Stahllieferungen geklärt werden musste. Mittlerweile hatte der Bericht längst keine Relevanz mehr. Dennoch wurde er Monat für Monat an das gesamte Vertriebsmanagementteam geschickt, und niemand machte sich die Mühe, nach dem Grund dafür zu fragen. In einem anderen Bericht wurden die Nachlässe von den Listenpreisen aufgeführt, gegliedert nach Kunden, Verkäufern, Bezirksleitern und Regionalleitern. Michael begann zu ermessen, wie viele unnötige Arbeiten sich Juniormanager einfallen ließen, um in einem günstigen Licht dazustehen ... auf Aufforderung von Topmanagern mit einem übersteigerten Kontrollbedürfnis. Das Ergebnis waren verstopfte Informationskanäle und eine verlangsamte Entscheidungsfindung.

Michael öffnete seinen elektronischen Kalender und sah, dass er mit Statusmitteilungen sowie Besprechungen gefüllt war, in denen es um operative Fragen des Tagesgeschäfts ging. So fand eine wöchentliche Besprechung statt, in der er jeden größeren Nachlass seiner Regionalmanager abzeichnen musste. Weiterhin gab es mindestens fünf separate Stabsbesprechungen mit verschiedenen Abteilungen seines Bereichs. Zu den meisten dieser Meetings wurden so viele Teilnehmer eingeladen, dass sie im großen Konferenzraum stattfinden mussten.

Bis Freitag hatte Michael zahlreiche Verbesserungsmöglichkeiten gefunden. Schrittweise begann er, einige Veränderungen einzuführen. Dabei fing er in kleinem Maßstab an und baute dann auf den Erfolgen auf. Zunächst nahm er sich des Urlaubsgenehmigungsverfahrens an, damit die Schreibtisch-Odyssee der Anträge ein Ende hatte. Von nun an reichte es, wenn der direkte Vorgesetzte eines Arbeitnehmers einen Urlaubsantrag abzeichnete. Mögliche Unregelmäßigkeiten würden in einem jährlichen Bericht über die Übertragung von Urlaubstagen in das neue Jahr aufgedeckt. Er nahm sich auch vor, seinen Managern die Verantwortung für den Gewinnbeitrag ihres Teams zu übertragen. Dann war es nur folgerichtig, dass sie auch die Befugnis erhielten, innerhalb eines abgesteckten Rahmens über Nachlässe zu entscheiden. Die endlosen Berichte und Unterschriften verschlangen wertvolle Zeit und verlangsamten den Verkaufsprozess. In der neuen Regionalstruktur sollte schließlich auch die Flut der Besprechungen eingedämmt werden. Die Manager sollten sich auf ihre Führungsaufgaben konzentrieren und die Vertriebsteams dort unterstützen, wo sie Hilfe benötigten.

Die Vertrauenslücke mit Informationen schließen

Wenn die Arbeit von Untergebenen doppelt und dreifach überprüft wird, deutet dies auf einen Mangel an Vertrauen hin. Die Vorgesetzten verlassen sich nicht darauf, dass ihre Mitarbeiter die richtigen Entscheidungen treffen können, dieselben Ziele verfolgen und dieselben Informationen wie das Topmanagement besitzen.

Der Informationsfluss im überverwalteten Unternehmen steckt voller Blockaden. Sowohl an der Basis wie an der Spitze hungern die Beschäftigten nach korrekten und relevanten Informationen. Deshalb zählt es zu den wichtigsten Therapiemaßnahmen, den Informationsfluss zu sichern. Dazu müssen stabile Kommunikationsmechanismen eingerichtet werden. Weiterhin müssen die Rechenschaftspflichten und die Gewinnverantwortung stärker in den Mittelpunkt gerückt und geeignete Leistungsanreize dafür geschaffen werden.

In dem schon erwähnten Konsumgüterunternehmen war das »Sündenbock-Spiel« ein beliebter Zeitvertreib. Wenn ein Kunde unzufrieden war, wurde die Verantwortung dafür grundsätzlich abgewälzt. Die Mitarbeiter in Marketing und Vertrieb zeigten mit dem Finger auf ihre Kollegen in der Auftragsabwicklung, die wiederum die Produktentwicklung verantwortlich machten, und diese gaben der IT-Abteilung die Schuld.

Als sich die Parteien wieder einmal darauf einigten, derartige Probleme in jedem einzelnen Fall mit einer Aktennotiz zu dokumentieren, gebot ein Topmanager dem Treiben endlich Einhalt: »Es reicht! Wir sollten aufhören, Aktennotizen zu schreiben, und anfangen, gemeinsam als Team an der Problemlösung zu arbeiten.« Dies war der Wendepunkt. Der Topmanager wandte sich an den Produktverantwortlichen und fragte: »Welche Daten brauchen Sie?« Dieser antwortete: »Ich muss wissen, welche Produkte versandfertig sind, welche nicht versandfertig sind und welche täglich an die Großkunden ausgeliefert werden.« Der Manager wandte sich dann an den CIO und fragte: »Wäre es sehr schwierig, diese Daten täglich zu liefern?« Der CIO meinte: »Geben Sie mir 48 Stunden, und ich liefere Ihnen die Daten regelmäßig.« Auf diese Weise überwand das Unternehmen ein wichtiges Hindernis, das einer pünktlichen und genauen Auftragsabwicklung im Weg stand. Diese Maßnahme sowie die Einführung neuer Entscheidungsrechte und Leistungsanreize halfen der Firma schließlich, das »Sündenbock-Spiel« zu beenden.

Für den Führungsnachwuchs sorgen

Wer einem mittleren Manager ungewohnte Entscheidungsbefugnisse überträgt, muss ihn vorher schulen und bei der Entwicklung seines längerfristigen Führungspotenzials unterstützen. Ansonsten besteht die Gefahr, dass plötzlich nicht mehr ein Übermaß an Kontrolle, sondern ein Mangel daran besteht. Führungsqualitäten lassen sich jedoch nicht über Nacht entwickeln. Eine grundsätzliche Voraussetzung für die Führungskräfteentwicklung sind Entscheidungsbefugnisse, die zumindest bis zu einem gewissen Grad dezentralisiert wurden. Denn wenn die mittleren Manager keine Chance haben, ihre neuen Fähigkeiten anzuwenden und auszuprobieren, bleibt es bei Lippenbekenntnissen und leeren Worten. Rechnen Sie damit, dass es mehrere Jahre dauert, neue Führungsgenerationen heranzuziehen, und dass dabei einige Schritte beachtet werden sollten. Je früher Sie damit beginnen, desto besser.

Als Erstes müssen Sie die Mikromanager in den oberen Ebenen Ihres Unternehmens »umerziehen«. Die Topmanager müssen mit gutem Beispiel vorangehen und jeden Versuch unterlassen, die Arbeit ihrer Untergebenen zu erledigen. Zeigen Sie der nächsten Generation des mittleren Managements, wie sie mehr Entscheidungen an die Basis verlagern kann, die über die relevanten Informationen verfügt. Es wäre unrealistisch zu erwarten, dass ein Manager alles weiß. Vielmehr sollte die Antwort »Ich weiß es nicht, aber ich werde es herausfinden« als akzeptabel gelten.

Zweitens müssen Sie attraktivere Karrierewege gestalten und Personalentwicklungsstrategien aufbauen, um diejenigen Manager zu fördern und zu belohnen, für die es nicht genügend klassische Beförderungschancen gibt. Vor diesem Hintergrund muss das Konzept der lateralen Beförderungen in die überverwalteten Unternehmen eingeführt werden. Setzen Sie Mitarbeiter immer wieder in neuen verantwortlichen Positionen in verschiedenen Bereichen derselben Ebene ein. Auf diese Weise ziehen Sie eine neue Generation erfahrener Manager heran, die vor dem Hintergrund ihres Wissens und ihrer Beziehungen interne Barrieren mühelos abbauen können.

Der dritte und vielleicht wichtigste Schritt lautet: Belohnen Sie gute Ergebnisse. Machen Sie die Vergütung – die festen und die variablen Gehaltsbestandteile – von klar definierten und kontrollierten Leistungsgrößen abhängig, die Ansporn geben. Binden Sie Ihre besten Mitarbeiter durch eine angemessene Vergütung an das Unternehmen. Sprechen Sie ihnen als vorbildliche Vertreter des neuen Führungsmodells öffentliches Lob aus.

Am folgenden Montag besprach Michael das Veränderungskonzept noch einmal mit seinem Vorgesetzten Hal, um sich seiner Unterstützung zu vergewissern. In diesem Gespräch plädierte er für die Straffung der Vertriebsorganisation bei *Tunka Steel* durch die Abschaffung der Bezirksebenen und der nationalen Ebenen. Der Titel des *Bezirksmanagers* war im Wesentlichen eingeführt worden, um die besten Verkäufer auszuzeichnen und ihnen einige Führungsaufgaben zu übertragen. Aber in der Praxis hatten sich viele über die lästige Verwaltungsarbeit beschwert, die damit einherging. Deshalb ging Michael nicht davon aus, dass sie sich wehren würden, wenn sie wieder auf ihre bisherigen Titel zurückgestuft wurden. Beim nationalen Vertriebsdirektor sah das anders aus. Diese Ebene war eigens für Lorraine Hasselmeyer geschaffen worden, die 35 Jahre lang den Stab des CEO von *Tunka* geleitet und daraufhin um eine Linienposition gebeten hatte. Da Lorraine schon 67 Jahre alt war, wollte Michael ihr ein großzügiges Pensionspaket vorschlagen und so die Gelegenheit nutzen, eine weitgehend überflüssige Position abzuschaffen. Hal versprach ihm, die Angelegenheit mit dem CEO, Mel Papadakis, zu klären und in Erfahrung zu bringen, inwieweit Lorraine zur Annahme dieses Angebots bereit sei. Zum Glück dachte Lorraine schon seit längerem über einen Umzug nach Südfrankreich nach und betrachtete dies nun als glückliche Fügung.

Zwei Wochen später traf sich Michael mit seinem Managementteam in der Zentrale von *Tunka Steel* und erläuterte, wie er die Symptome der Überverwaltung bekämpfen wollte. Er benutzte Lorraines Entscheidung, in Pension zu gehen, als Aufhänger für seinen Vorschlag, eine schlankere, auf den Vertriebsregionen beruhende Organisationsstruktur einzuführen. Er erläuterte, wie wichtig es sei, die Verantwortung für das Tagesgeschäft nach unten zu verlagern, und beschrieb die erweiterten Entscheidungsbefugnisse der Regionalleiter und Verkäufer.

Da die neue Vertriebsorganisation weniger Führungsebenen hatte, waren anfänglich natürlich einige Manager über ihre Position im vorgeschlagenen Organigramm enttäuscht. Aber Michael stellte ihnen die neuen Motivationsfaktoren vor, welche die besten Talente halten sollten. Von nun an würden Bonuszahlungen nicht mehr an den Umsatz, sondern an den Gewinnbeitrag der Kunden gekoppelt sein. Verkäufer, die Wiederholungsgeschäfte mit wichtigen Kunden abschlossen, erhielten zusätzliche Anreize. Die Gehälter wurden klarer abgestuft, sodass Mitarbeiter mit außerordentlich guten Leistungen auch deutlich besser als jene mit durchschnittlichen Leistungen bezahlt wurden. Außerdem erläuterte Michael das Konzept der lateralen »Beförderungen« und seine Vorteile.

Er war durchaus auf Widerstand gefasst. Schließlich verloren etliche Manager ihren Platz in der Hierarchie. Aber eine Trennung von Managern, die keinen sinnvollen Beitrag leisteten, war nicht nur erwartet, sondern auch erwünscht.

Michael wusste natürlich, dass er sich auf ein großes Experiment einließ. Sein Geschäftsbereich schlug einen neuen Kurs ein, während *Tunka Steel* insgesamt weiterhin eine überverwaltete Organisation blieb. Aber gemeinsam mit seinen Managern hoffte er, eine Welle von Veränderungen anzustoßen, die dann vielleicht das ganze Unternehmen ergreifen würde. Bis dahin würden ihre Zuständigkeiten im Tagesgeschäft erweitert, und ihre Arbeit würde anspruchsvoller und schwieriger. Die Führungskräfte würden mehr Rechenschaftspflichten übernehmen müssen.

Michael wollte zwar bei Problemen stets zur Verfügung stehen und hatte sich auch vorgenommen, die Manager für ihre neuen Aufgaben zu schulen. Was jedoch die Entscheidungsfindung anging, beschränkte er sich auf einige wenige Leitlinien. Diese lauteten etwa, dass die Verantwortung nicht abgeschoben werden durfte oder Mitarbeiter Rechenschaft über bestimmte Aufgaben ablegen mussten. Er hörte bewusst auf, den Entscheidungsträgern zu sagen, was sie tun sollten. Stattdessen bildete er Dreiergruppen, die in zwei Wochen wieder zusammentreten und berichten würden, wie die neue Organisation funktionierte. Ein Team sollte die Entscheidungsprozesse beobachten, ein anderes war für die Berichterstattung und Meetings zuständig und wieder ein anderes widmete sich der Personalentwicklung. Michael wusste, dass er seine Mitarbeiter mit diesen weitreichenden Veränderungen auf eine Probe stellte, aber er war überzeugt, dass sie den Anforderungen gewachsen waren. Die Krankheit, an der *Tunka* litt, konnte nur von innen heraus geheilt werden.

Das überverwaltete Unternehmen hat eine Weisungskultur verinnerlicht, die in den Anfangsjahren noch gut funktioniert haben mag, mittlerweile aber zur Belastung geworden ist. Überverwaltete Organisationen stehen sich selbst im Weg. Sie können nicht auf Marktschwankungen reagieren und sie ergreifen Chancen nicht rechtzeitig. Sie überlassen den Erfolg, zu dem sie grundsätzlich in der Lage wären, kleineren, agileren Konkurrenten. In einem Wettbewerbsumfeld, in dem wendige Konkurrenten und wählerische Kunden das Tempo der Veränderungen immer mehr beschleunigen, ist dies ein fataler Fehler.

Die überverwaltete Organisation hat zugegebenermaßen den längsten und mühsamsten Weg der Gesundung vor sich, aber es ist kein Todesmarsch. Viele Unternehmen haben die Strapazen überstanden und sind gestärkt daraus hervorgegangen.

Anmerkungen zu diesem Kapitel

1 Von allen sieben Unternehmensprofilen ist die Wahrscheinlichkeit bei der überverwalteten Organisation am höchsten, dass die Mitarbeiter sie als »weniger rentabel als ihre Konkurrenten« bezeichnen (58 Prozent).

2 Beschäftigte, die den *Org DNA Profiler*[SM]-Fragebogen beantworten und ihr Unternehmen als überverwaltet bezeichnen, geben häufiger ungesunde Verhaltensweisen als andere an.

3 Nur 24 Prozent der Mitarbeiter überverwalteter Organisationen stimmen der Aussage zu, dass ihr Unternehmen »erfolgreich auf Veränderungen im Wettbewerbsumfeld reagiert«. Die Mitarbeiter gesunder Organisationen bestätigen dies dagegen mit durchschnittlich 90 Prozent.

4 Von den Angestellten überverwalteter Organisationen sind 68 Prozent nicht der Meinung, dass »wichtige Informationen über das Wettbewerbsumfeld die Firmenzentrale schnell erreichen«. Dies ist der schlechteste Wert von allen sieben Profilen.

5 76 Prozent der Mitarbeiter überverwalteter Unternehmen berichten, dass »die Hauptrolle der Angestellten in der Zentrale darin besteht, die Geschäftseinheiten zu kontrollieren«.

6 Erstaunliche 92 Prozent der Mitarbeiter überverwalteter Firmen stimmen der Aussage zu, dass »einmal getroffene Entscheidungen oft noch einmal in Frage gestellt oder revidiert werden«, während dies im Durchschnitt nur 37 Prozent der Beschäftigten gesunder Organisationen angeben.

7 Nur 32 Prozent der Angestellten überverwalteter Unternehmen glauben, dass »die Fähigkeit, Leistungsvereinbarungen einzuhalten, den Karriereaufstieg und die Vergütung beeinflusst«.

8 Nur 33 Prozent der Mitarbeiter überverwalteter Organisationen glauben, dass das »Linienmanagement Zugang zu den Zahlen hat, die es für das tägliche Geschäft benötigt«.

9 Etwa 70 Prozent der Beschäftigten überverwalteter Unternehmen sind nicht mit der Aussage einverstanden: »Wir senden selten widersprüchliche Botschaften an den Markt.«

10 Gespräch mit Cyrus Freidheim, ehemaliger Aufsichtsratsvorsitzender und CEO von Chiquita Brands International, Chicago, 16. August 2004.

Kapitel 7

Die Just-in-Time-Organisation: »Gerade noch einmal geschafft!«

Obwohl sich Unternehmen dieses Typs nicht immer gezielt auf Veränderungen vorbereiten, können sie notfalls sofort reagieren, ohne das langfristige Ziel aus den Augen zu verlieren. Just-in-Time-Organisationen sind interessante Arbeitgeber für besonders talentierte und motivierte Menschen. Es macht ihnen großen Spaß, dort mitzuarbeiten, und meist lernen sie dabei sehr viel. In diesen Firmen herrscht ein gewisser Abenteuergeist, der die Entfaltung der Kreativität anregt und oft sogar echte Durchbrüche bewirkt. Allerdings kann die Just-in-Time-Organisation diese Vorteile nur dann ausschöpfen, wenn sie über konsistente und disziplinierte Strukturen und Prozesse verfügt. Wenn dies nicht der Fall ist, sind ihre Erfolge nur Eintagsfliegen, aber keine Grundlage für dauerhafte Wettbewerbsvorteile.

Obwohl die Just-in-Time-Organisation gute Mitarbeiter zu halten vermag und passable Zahlen vorlegt, erzielt sie keine Spitzenleistungen. Sie verpasst Chancen immer wieder nur um Haaresbreite, feiert aber dennoch Erfolge, auch wenn sie nur Randbedeutung haben. Trotz aller Mankos bietet sie jedoch meist einen anregenden und anspruchsvollen Arbeitsplatz. Was ihr noch fehlt, ist ein gelungener Übergang zu einem stabileren und nachhaltigeren Führungsmodell.

Bill Hsu, Mitarbeiter der New Yorker Anwaltskanzlei *Taper, Parker & McDuff,* legte den Telefonhörer auf und versuchte, seinen Herzschlag zu beruhigen. Der Partner, für den er arbeitete, Jack McManus, hatte ihn gerade aus dem Büro des Telekommunikationsunternehmens *Wi-Tel* angerufen, das einen seiner wichtigsten Konkurrenten in einer feindlichen Übernahme schlucken wollte. *Wi-Tel* zog *Taper, Parker & McDuff* als Partner bei dieser Transaktion in Betracht, wollte sich aber vorher vergewissern, dass die Kanzlei die für ein solches Mandat notwendigen Erfahrungen und Kenntnisse besaß. Bill hatte nun die Aufgabe erhalten, eine Präsentation der Kanzlei vorzubereiten und den Fusionsprozess für *Wi-Tel* in einer Übersicht dazustellen.

Die Präsentation sollte am Montagmittag stattfinden. Da es schon Freitag war, musste Bill wohl das Skiwochenende mit seiner Freundin Elizabeth ausfallen lassen. Dennoch war er wie elektrisiert. Genau wegen solcher Aufträge war er in die Kanzlei eingetreten. Er arbeitete gerne mit Jack zusammen, dessen Energie und Ehrgeiz ihn schon im Einstellungsverfahren beeindruckt hatten. Und nun bot sich ihm die Gelegenheit, bei einer großen Fusion mitzuarbeiten. Sechs Monate lang hatte er Stellungnahmen von Aufsichtsbehörden und Anträge bei der FCC, der US-Zulassungsbehörde für Kommunikationsgeräte, durchgeackert. Nun endlich konnte er zeigen, was in ihm steckte.

Er rechnete sich aus, dass es wenigstens für ein Abendessen am Samstagabend mit Elizabeth reichen würde, und machte sich voller Elan an die Arbeit. Zunächst bat er den zuständigen Manager darum, ihm sofort die nötigen Mitarbeiter an die Seite zu stellen, die ihn in rechtlichen Fragen und bei den Sekretariatsarbeiten unterstützen sollten. Ihm wurde mitgeteilt, dass im Augenblick niemand zur Verfügung stehe. Sämtliche internen Ressourcen waren für die nächsten zwei Wochen verplant, und Aushilfen kamen nicht in Frage, weil dieser Aufwand niemandem in Rechnung gestellt werden konnte. Bill musste alleine zurechtkommen.

Dennoch war er zuversichtlich und enthusiastisch. *Taper, Parker & McDuff* hatte sich in der Branche einen Namen für die Betreuung von Fusionen gemacht. Bisher hatte es sich zwar meist um Unternehmen aus der Erdöl- und Gasbranche gehandelt, aber es gab sicherlich Vorlagen und Dokumente, auf die er sich stützen konnte, um die Präsentation zusammenzustellen. Die restliche Zeit wollte er dann darauf verwenden, so viel wie möglich über *Wi-Tel* herauszufinden und die Übersicht über den Fusionsprozess zu erstellen.

Aber schon eine kurze Recherche im Intranet der Kanzlei ergab, dass die Informationen in der Datenbank von *Taper, Parker & McDuff* hoffnungslos veraltet waren. Die Lebensläufe der Partner der Kanzlei waren schon jahrelang nicht mehr aktualisiert worden. Viele hatten die Firma schon verlassen, einer war mittlerweile verstorben. Die wenigen Dokumente, die Bill fand, erwiesen sich als irrelevant für seine Zwecke. Auf seine Nachfragen erhielt er nur zur Antwort: »Wer hat schon Zeit, die Datenbank zu ›füttern‹? Man müsste die Datensätze pflegen und Fallstudien schreiben, aber diese Arbeiten können ja nicht in Rechnung gestellt werden. Die Mitarbeiter sind viel zu beschäftigt damit, bezahlte Arbeit für die Mandanten zu leisten.«

Bill konnte es kaum fassen. Nun musste er sich auf die wenigen Kontakte verlassen, die er selbst in den vergangenen sechs Monaten aufgebaut hatte, um brauchbare Informationen zu erbetteln. Kurzerhand rief er Fiona an, eine Mitarbeiterin der Londoner Abteilung für die Erdöl- und Gasbranche, die er bei seinem Einstellungsverfahren kurz kennen gelernt hatte. Er erkundigte sich bei ihr nach Informationen, die sich generell für die Bearbeitung von Fusionsvorhaben verwenden ließen. Fiona stand zwar gerade selbst unter großem Termindruck, versprach aber, sich darum zu kümmern. Gemeinsam klagten sie noch darüber, wie viel leichter es wäre, wenn die Datenbank der Kanzlei auf dem neuesten Stand wäre, und verglichen, auf wie viele Urlaube sie deshalb schon hatten verzichten müssen. Bill wurde immer mutloser. Dann rief er Elizabeth an, um das Skiwochenende abzusagen. Kleinlaut bat er sie darum, den Hund auszuführen und ihm das Notwendigste für ein Wochenende im Büro vorbeizubringen, das er voraussichtlich bis zum Montag nicht mehr verlassen würde.

Als er den Hörer wieder auflegte, fiel ihm flüchtig die Verärgerung in ihrer Stimme auf. Er hatte ihre gemeinsamen Pläne für das Wochenende nicht zum ersten Mal so kurzfristig abgesagt. Er musste auch nicht zum ersten Mal unnötige Zeit darauf verschwenden, Informationen zusammenzusuchen, die eigentlich hätten vorhanden sein müssen. Er fand es grundsätzlich in Ordnung, Überstunden für die Kanzlei zu machen, aber wenn sie nur dazu dienten, das Rad neu zu erfinden, war das sehr ärgerlich.

Bis Montagvormittag hatte er 40 Stunden an einer Standardpräsentation gearbeitet, für die er höchstens einen normalen Arbeitstag von zehn Stunden benötigt hätte, wären die erforderlichen Informationen griffbereit gewesen. Bis zuletzt fand er keine verwertbaren Angaben zu der bisherigen Tätigkeit der Kanzlei für Erdöl- und Gasgesellschaften. Das Einzige, was er für seine Präsentation verwenden konnte, waren einige Seiten aus einer alten Vorlage, die ihm Fiona noch am Freitagabend geschickt hatte. Nachdem die spärlichen Informationen im Intranet erschöpft waren, kramte er in seinem Gedächtnis nach relevanten Aktennotizen, die ihm weiterhelfen konnten, und nach Bemerkungen, die er in Gesprächen über andere Fusionen aufgeschnappt hatte. Er schrieb sogar einige Absätze aus einer Arbeit ab, die er an der Yale Law School geschrieben hatte. Um 18 Uhr am Samstagabend schickte Bill einen Entwurf an Jack, immer noch in der Hoffnung, dass er sich mit Elizabeth zum Essen treffen und etwas Schlaf bekommen könne, bevor er am nächsten Morgen Jacks Änderungen einarbeitete. Gerade als er seinen Mantel anzog, klingelte das Telefon und Jacks Nummer aus Long Island erschien auf dem Display. Bill nahm den Anruf entgegen und hörte sofort die Aufregung in Jacks Stimme. Bill hatte in seiner Übersicht über den Fusionsprozess für *Wi-Tel* längst nicht so viele Referenzen genannt, wie Jack erwartet hatte. Er fing an, die Namen von Mandanten und Partnern herunterzurattern und forderte Bill auf, die jeweils verantwortlichen Partner anzurufen, damit sie ihm die nötigen Informationen gaben … und zwar jetzt. Jack wollte ihn dann am Sonntagvormittag um sieben Uhr früh im Büro treffen. Bill sank in seinen Stuhl zurück und nahm das interne Telefonbuch von *Taper, Parker & McDuff* in die Hand. Bei seinem Eintritt in die Kanzlei hatte er es beeindruckend gefunden, dass sogar die privaten Telefon- und Faxnummern der Partner dort eingetragen waren. Jetzt war er sich nicht mehr so sicher. Natürlich war die Aufnahme in den Kreis der Partner keine Einladung zu mehr Freizeit am Wochenende. Als er aber einen nach dem anderen zur Abendessenzeit störte, staunte er über ihre Gelassenheit. Sie schienen solche Anrufe gewohnt zu sein. Sie alle versprachen, ihm relevante Unterlagen zu schicken, sobald sie sich in das Netzwerk einloggen konnten. Er nutzte die Pause, um sich schnell in der abteilungseigenen Dusche zu erfrischen (deren Existenz ihn schon hätte warnen müssen). Bei seiner Rückkehr warteten schon acht E-Mails auf ihn.

Als Jack am nächsten Morgen eintraf, legte Bill ihm ein überarbeitetes Dokument vor. Jack las es quer und bat ihn, es an Leticia Morgan, eine Seniorpartnerin in der Londoner Abteilung für die Erdöl- und Gasbranche, zu schicken. Sie war die Vorgesetzte von Fionas Vorgesetztem. Dann bat er Bill in den Konferenzraum. Als Bill mit seinen Unterlagen und seinem Laptop dort ankam, hatte Jack schon Leticia am Telefon. In den nächsten zwei Stunden gingen die beiden das Dokument gemeinsam Zeile für Zeile durch und nahmen Änderungen vor, fügten Informationen hinzu und löschten andere. Um 14 Uhr nach britischer Zeit entschuldigte sich Leticia, weil sie noch am Hochzeitsempfang ihrer Nichte teilnehmen wollte, nachdem sie schon die Trauung verpasst hatte. Sie versprach, sich das überarbeitete Dokument abends auf dem Flughafen in Heathrow anzusehen. Sie wollte um 18 Uhr in ein Flugzeug nach New York steigen, um am nächsten Tag an der Besprechung mit dem Mandanten teilzunehmen.

Bill arbeitete die ganze Nacht, während Leticia ihm die Änderungen aus dem Flugzeug und später aus ihrem Hotelzimmer mitteilte. Morgens raste er in den Postraum, um das Dokument zu kopieren, und sprang dann in ein Taxi, um sich in der Lobby des Mandanten mit Leticia und Jack zu treffen.

Die Präsentation verlief reibungslos. Leticia lieferte eine beeindruckende Vorstellung – und das nach nur zwei Stunden Schlaf. Jack präsentierte sich als überzeugender Ansprechpartner und sicherte der Kanzlei das Mandat. Und Bill fühlte sich als Held. Er hatte hervorragende Arbeit geleistet und seinen Chef und eine der wichtigsten Partnerinnen der Kanzlei mit seiner Fähigkeit beeindruckt, auch unter großem Zeitdruck gute Arbeit zu leisten. Als sie das Büro von *Wi-Tel* mit dem Auftrag in der Tasche verließen, gab Jack Bill für den Rest des Tages frei.

Bill rief sofort Elizabeth an, um zu fragen, ob sie Zeit für ein frühes Abendessen habe. Sie ging nicht ans Telefon. Dann hörte er seinen Anrufbeantworter zu Hause ab. Elizabeth hatte schon vor zwei Tagen eine Nachricht hinterlassen, dass sie sich von ihm trennen wolle und den Hund mitnehme.

Taper, Parker & McDuff ist eine typische Just-in-Time-Organisation. Sie hält ihre Zusagen zwar ein, aber nur unter Mobilisierung aller Kräfte. Sie bietet ein spannendes Arbeitsumfeld für talentierte Mitarbeiter, die auch unter hohem Zeitdruck nicht die Nerven verlieren. Aber man fragt sich, ob dieser Druck wirklich notwendig ist. Wenn das im Laufe der Zeit erworbene Wissen systematisch gesammelt und der Allgemeinheit zur Verfügung gestellt würde, müssten die Angestellten nicht immer wieder das Rad neu erfinden oder als Retter in letzter Minute einfliegen. Entscheidungen könnten anhand der vorliegenden Informationen schnell und effizient getroffen und Zusagen gegenüber Mandanten termingerechter und konsistenter erfüllt werden. Darüber hinaus wäre auch das Unternehmen selbst robuster, weil es sich dann vorwiegend auf institutionalisierte Prozesse verlassen könnte und nicht mehr so stark auf den Einsatz einzelner Helden angewiesen wäre. In diesem Beispiel überzeugte die Kanzlei zwar einen wichtigen Mandanten, aber sie zeigte dabei auch Schwächen. Beim nächsten Mal gelingt es Bill vielleicht nicht mehr, die relevanten Informationen auszugraben und den Mandanten damit zu beeindrucken. Vielleicht beschließt er auch zu kündigen, weil er sein Privatleben nicht dauernd einem so anstrengenden Berufsleben unterordnen will, und nimmt die so hart erkämpften Lektionen mit. Die Just-in-Time-Organisation muss etwas gegen die Schwächen in ihrem Organisationsmodell unternehmen und die Arbeitsabläufe so reibungslos gestalten, dass sie selbst und ihre Mitarbeiter gesund bleiben.

Viele Just-in-Time-Unternehmen sind relativ jung und müssen ihre Organisation erst noch »professionalisieren«. Wieder andere sind etablierte und erfolgreiche Unternehmen, die erste Anzeichen dafür zeigen, dass sie ihren Elan verlieren. Dennoch gehen sie ihren Geschäften noch erfolgreich nach und bieten nach außen hin das Bild einer bestens funktionierenden Organisation.

Tatsächlich zeigen unsere Studien, dass die Mitarbeiter von Just-in-Time-Unternehmen der Aussage »Wichtige strategische und operative Entscheidungen werden schnell umgesetzt« mit überwältigender Mehrheit zustimmen. Außerdem sind diese Organisationen sehr beweglich und können schnell auf plötzliche Veränderungen der Marktbedingungen reagieren. Just-in-Time-Unternehmen besitzen einen fast jugendlichen Übermut und schier unerschöpfliche Energie. Es ist, als würden sie von einem ständigen Adrenalinstoß durchströmt. Keine Herausforderung ist ihnen zu groß, und oft genug schaffen sie auch das scheinbar Unmögliche.

Aber Just-in-Time-Organisationen scheinen häufig zu sprinten, wenn ein gemessener Schritt angebrachter wäre. Sie laufen ständig auf Hochtouren, auch wenn dies die Firma auf Dauer belastet. Dieser Betriebszustand führt letztlich zur Instabilität.[1] Das Management muss deshalb unternehmensübergreifende Prozesse einrichten und Berichts- und Rechenschaftspflichten einfordern. Andernfalls droht der Organisation eine chronische Überlastung mit fatalen Folgen.

Die Just-in-Time-Organisation: Merkmale

Es ist immer sehr spannend, in einem Just-in-Time-Unternehmen zu arbeiten. Seine Energiegeladenheit und kreativen Freiräume ziehen unkonventionelle Denker in Scharen an. Die Angestellten steuern neue Perspektiven bei, die zu einfallsreichen Lösungen führen. Aber sie müssen dabei so häufig an die Grenzen ihrer Belastbarkeit gehen, dass sie irgendwann unweigerlich ausgebrannt sind.

Kontrolliertes Chaos

Viele Just-in-Time-Organisationen haben eine besonders überzeugende Mission. Sie möchten neues Terrain erobern, Verbesserungsanstöße geben und einen Wandel bewirken. Folglich ziehen sie auch Mitarbeiter mit ähnlichen Zielen an. Diese suchen eine Gelegenheit, sinnvolle Arbeit zu leisten und etwas aufzubauen. Der damit einhergehende, manchmal schon missionarische Eifer hat aber auch eine Kehrseite: Häufig begünstigt er eine undisziplinierte Unternehmenskultur mit unklaren und unkoordinierten Entscheidungsbefugnissen, »aus dem Bauch heraus« getroffenen Marktentscheidungen und einem allgemeinen Mangel an Stringenz und Einheitlichkeit. In dem wahnwitzigen Wettlauf um die Einhaltung von Terminen und die Gewinnung neuer Kunden konzentrieren sich alle zu sehr auf das konkrete Ergebnis, aber zu wenig auf den dabei eingesetzten Prozess. Hilferufe in letzter Minute stören die Arbeitsabläufe und erzeugen ein ungesundes, wechselhaftes Arbeitstempo, während gleichzeitig um begrenzte Ressourcen gebuhlt wird.

Die Angestellten thematisieren ihr Organisationsmodell selten. Wenn tatsächlich einmal jemand versucht, Ordnung in das Chaos zu bringen (etwa durch regelmäßige Meetings, Einforderung von Rechenschaftspflichten, Einführung von Prozessen, Investitionen in Systeme), stößt dies auf Unverständnis und Widerstand. Es fällt den Mitarbeitern schwer, sich auf Projekte zu konzentrieren, die sie monatelang im Auge behalten müssen. Wozu auch, denken sie, denn erfahrungsgemäß werden sie doch nicht zu Ende geführt ... und was nützt das dann ihrer Karriere? Was zählt (und belohnt wird), sind die konkreten Ergebnisse. In der Kultur einer Just-in-Time-Organisation sind die jeweils nächsten Aufgaben immer die wichtigsten. Glücksbringer und bewährte Retter werden fast abergläubisch verehrt. Für eine Firma, die hauptsächlich »aus der Hüfte schießt«, trifft sie jedoch beeindruckend häufig ins Schwarze.

Als Tim Shriver im Jahr 1996 CEO von *Special Olympics* wurde, war die Organisation vollauf damit beschäftigt, zumindest das Erreichte zu bewahren. Die Mitarbeiter waren zwar immer noch von einem fast missionarischen Eifer erfüllt, aber die Bewegung verlor ihren Elan. *Special Olympics*, vor 30 Jahren von Shrivers Mutter Eunice Kennedy Shriver in Chicago mit tausend Sportlern ins Leben gerufen, war nun zu einer weltweiten Organisation mit einer Million Sportlern in fast 150 Ländern geworden. Viele Strukturen waren jedoch nicht mitgewachsen, es herrschte ein chronischer Mangel an Ressourcen, und die Angestellten und freiwilligen Helfer fühlten sich oft überlastet. Die Zentrale in Washington, D.C., wurde den Bedürfnissen der lokalen Projekte oft nicht gerecht, und es gab keinen funktionierenden Informationsaustausch mit den weltweiten Ablegern der

Bewegung. Im Laufe der Zeit hatte sich das Gefühl ausgebreitet, dass die Organisation an ihre Grenzen gestoßen war – nicht wegen eines mangelnden Interesses oder einer fehlenden Begeisterung für ihre Ziele, sondern aufgrund organisatorischer Schwächen.

»Wir hatten zwar allen Grund, stolz auf das Erreichte zu sein, aber wir wuchsen nicht weiter«, erklärt Shriver. »Wir waren so weit gekommen, wie uns die Kraft unserer Idee und das Charisma unserer Gründerin getragen hatten. Wir waren stabil und genossen Anerkennung, aber vielleicht waren wir auch schon ein wenig selbstzufrieden. Doch wenn wir weiterhin am Ball bleiben wollten, mussten wir wachsen.[2]

Unser Auftrag – die Mission der Bewegung – war nie in Gefahr. Tatsächlich erwies sich unsere Vision als großer Trumpf. Hätte man einen freiwilligen Helfer – erkennbar an seinem *Special Olympics*-T-Shirt – in einem Dorf in Namibia gefragt: ›Warum tun Sie das?‹, hätte er garantiert die Mission der Bewegung zitiert. Er hätte gesagt, dass er geistig Behinderten helfen wolle, ihre körperlichen Fähigkeiten und ihren Mut unter Beweis zu stellen und sich im Training und in Wettkämpfen zu bewähren.«

Diese hehre Vision, die Tausende von Freiwilligen rund um die Welt zum ehrenamtlichen Engagement anregte, reichte aber nicht zum Aufbau eines stabilen globalen Unternehmens aus, wie Shriver bald entdeckte. *Special Olympics* beruhte auf der Kraft der Mission und auf dem Charisma der Gründerin. Nun stand die Organisation an einem Wendepunkt, an dem neue Antriebskräfte benötigt wurden.

»Unsere Mission war nicht das Problem«, wiederholt Shriver. »Problematisch waren die fehlenden Geschäftsprozesse und die fehlenden organisatorischen Voraussetzungen für ein globales Unternehmen. Wir besaßen eine Mission, mit der wir weltweite Unterstützung gewinnen konnten. Aber wir besaßen nicht die organisatorischen Voraussetzungen in der Zentrale, um diese Unterstützung dauerhaft zu sichern und sie den regionalen Büros zuzuführen.

Was ich damals für ein relativ überschaubares Problem hielt, erwies sich als eine acht Jahre während Aufgabe. Letztlich lautete die Frage: Würde es der Zentrale gelingen, bei den Mitarbeitern weltweit Verantwortungsgefühl und Engagement zu wecken und sie an wichtige Führungsentscheidungen zu beteiligen?«, meint Shriver.

Die *Special-Olympics*-Büros vor Ort besaßen keine geeigneten Kommunikationskanäle, um sich mit ihren Bedürfnissen und Ideen an die Zentrale

zu wenden, und umgekehrt hatte die Zentrale keine Mechanismen eingerichtet, um den örtlichen Büros die Richtung und Ziele der Organisation
mitzuteilen. »Der Informationsfluss in beide Richtungen war sehr ungere-
gelt. Es kam immer darauf an, wer wen kannte und anrief, um etwas in Erfahrung zu bringen. Unter diesem Umständen war es sehr schwierig, für
neue Projekte die nötige Unterstützung vor Ort zu erhalten.«

Special Olympics musste also seine Kultur anpassen und eine gesündere
Organisation einführen, die an das Vorbild normaler Wirtschaftsunternehmen angelehnt war. Shriver meint: »Das war die Fahrkarte zu einer stärkeren, reiferen Organisation. Wir wollten alle Vorteile unserer Bewegung dauerhaft in der Basis verankern.«

Draufgänger und Manager

In einer Just-in-Time-Organisation gibt es zwei Gruppen von Menschen:
die abenteuerlustigen Draufgänger und die vorsichtigeren professionellen
Manager. Draufgänger betrachten die unstrukturierte Umgebung und die
knappen Ressourcen ihres Unternehmens mit einem gewissen Stolz. Sie
brauchen den Adrenalinstoß unvorhergesehener Herausforderungen. Sie
empfinden ihre Arbeit als sehr erfüllend, weil sie entweder sehr gut bezahlt
werden oder darin einen tieferen Sinn sehen. Es überrascht nicht, dass sie
die Kultur der Organisation prägen und ihr einen Anstrich von gespannter
Erwartung und Energie verleihen.

Die Manager dagegen sorgen dafür, dass die Geschäfte reibungslos laufen. Was ihnen an Leidenschaft fehlt, gleichen sie durch Disziplin und Füh-
rungskompetenz aus. Sie sind zuverlässig und bügeln manches aus, was auf
die Nonchalance der Draufgänger zurückgeht. Mögen die spektakulären
Erfolge einer Just-in-Time-Organisation meist das Verdienst ihrer Draufgänger sein – ihre Gesundheit hat sie ihren Managern zu verdanken. Jedes
Just-in-Time-Unternehmen muss sich deshalb darum bemühen, ein Gleichgewicht zwischen den Instinkten der Draufgänger und der längerfristigen,
disziplinierten Sichtweise der Manager zu finden. Natürlich ist dies eine
schwierige Aufgabe.

P. V. Kannan, Aufsichtsratsvorsitzender und CEO von *24/7 Customer*,
weiß, wie mühsam es ist, die Merkmale der Draufgänger und der Manager
in einer Just-in-Time-Organisation zu vereinbaren. »Mitarbeiter, die von

der ersten Stunde eines Unternehmens an dabei waren, sind von einem besonderen Geist beseelt. Sie fühlen sich in hohem Maß für den Erfolg verantwortlich. Dagegen sagen andere: ›Meine Aufgabe lautet, in meinem Aufgabenbereich gute Arbeit zu leisten, und das werde ich tun.‹«[3]

24/7 Customer, das im April 2000 gegründet wurde, gehört heute zu den weltweit führenden Anbietern von Kundenservicelösungen für Großunternehmen. Es betreibt Call-Center und Back-Office-Zentren in Indien. Dort werden unter anderem Versicherungsansprüche bearbeitet, Telemarketingmaßnahmen für Kreditkarten- und Ferngesprächsgesellschaften durchgeführt und technische Supportleistungen für Computerhersteller bereitgestellt. Die Kundenliste stellt einen Querschnitt der weltweit größten 500 Unternehmen dar. Seit Kannan das Unternehmen gemeinsam mit S. »Nags« Nagarajan vor fünf Jahren gründete, stieg die Zahl der Mitarbeiter von 20 auf 4 000 und der Jahresumsatz beläuft sich auf 50 Millionen US-Dollar.

Die Firma wurde immer wieder für die Qualität ihrer Dienstleistungen ausgezeichnet und gewann viele begeisterte Kunden. Aber das rasante Wachstum forderte seinen Preis, denn die Organisation konnte nicht Schritt halten. Mit der Einstellung von immer mehr Mitarbeitern wurde es auch immer schwieriger, sie einzuarbeiten und auf ihre Rolle im Unternehmen vorzubereiten.

»Mein Problem als CEO einer sehr schnell wachsenden Firma lautet: Wie gewährleiste ich, dass alle Angestellten am gleichen Strang ziehen? Wie sorge ich bei 100 oder 200 Neueinstellungen pro Monat dafür, dass jeder Einzelne weiß, was er tun muss, und es dann auch tut?«[4]

Die am Anfang noch sehr gut funktionierende Vorgehensweise, zögerliche Kunden durch Charmeoffensiven einzelner motivierter Mitarbeiter zu überzeugen, kann die hohen Ansprüche der Blue-Chip-Unternehmen nicht befriedigen. Diese suchen einen gesetzten, zuverlässigen Dienstleister… und Kannan weiß das. Die Spielregeln verändern sich und versprechen nur jenen einen Sieg, die ein klar definiertes und – und das ist am wichtigsten – mitwachsendes Geschäftsmodell haben.

»Wachstum schafft seine eigenen Schwierigkeiten«, so Kannan. »Das Hauptproblem lautet, die gesamte Belegschaft auf die Unternehmensziele einzustimmen. Wir müssen beispielsweise den Prozess der Einarbeitung neuer Mitarbeiter formalisieren. Sie sollten im Rahmen eines einheitlichen Prozesses lernen, worum es bei *24/7* geht, denn mit jeder neuen Einstellungswelle entfernen Nags und ich uns weiter von der Kundenfront. Die nächsten 100 Mitarbeiter, die wir einstellen, haben noch weniger Kontakt zu den Gründern und zum Managementteam als die vorherigen 100. Das ist der Preis für das Wachstum.

Jeden Tag lösen wir Fragen und Probleme, aber wir haben festgestellt, dass wir klarere Strukturen benötigen. Wir brauchen einen soliden Rahmen, um neu hinzugekaufte Unternehmen zu integrieren und an allen Standorten einheitlich auf Veränderungen zu reagieren. Unsere internen Prozesse müssen robuster und konsistenter werden. Und wir müssen etwas gegen die ›Cowboy‹-Mentalität tun.«

Gleichzeitig aber möchte er die Energie und die Leidenschaft nicht verlieren, mit der diese »Cowboys« den nötigen Elan in die Firma bringen. Ein Manager, der schon in den Anfangszeiten von *24/7* mit an Bord war, klagte vor kurzem: »Wir haben jetzt jede Menge hochqualifizierter Mitarbeiter, die für reibungslose Prozesse sorgen. Wir müssen weit seltener als früher Feuerwehr spielen, und das ist ein gutes Zeichen. Aber diese Mitarbeiter sind einfach nicht mit so viel Leidenschaft bei der Sache.«

Kannan fährt fort: »Mittlerweile gibt es hier weniger Angestellte, die sich allein aus Leidenschaft für den Unternehmenserfolg einsetzen. Dafür haben wir jetzt gute Manager. Dennoch fühlen sie sich nicht zwangsläufig so stark mit ihrer Arbeit verbunden.«

Kannan erzählt von einem weiteren langjährigen Mitarbeiter, der einen Analystenbericht las und ihn daraufhin in einer E-Mail auf einige falsche Angaben aufmerksam machte. »Erstens war ich überrascht, dass er überhaupt auf den Bericht gestoßen war. Diese Berichte werden normalerweise nicht verteilt, also musste er ihn in unserer Bibliothek gefunden haben. Zweitens hatte er ihn gelesen, und drittens fand er es zutiefst bedauerlich, dass wir eine Chance zur Selbstdarstellung vertan hatten. Während sich kaum ein Mitglied des Managementteams dazu geäußert hatte, fühlte er sich verpflichtet, seine Ansicht im Interesse des Unternehmens zu äußern.

Während *24/7* weiter wächst und sich einen Ruf als zuverlässiger Arbeitgeber erwirbt, ziehen wir hervorragende Talente an. Die Lebensläufe, die uns vorgelegt werden, sind sehr beeindruckend. Ohne Angestellte mit exzellenten Führungskompetenzen würden wir die nächste Wachstumsstufe nicht erreichen.«

Das Rad neu erfinden

Die Just-in-Time-Organisation mag über einen Wettbewerbsvorsprung verfügen, weil sich jeder einzelne Mitarbeiter dem Unternehmenserfolg verschrieben hat. Doch es gelingt ihr nur schwer, ihre Erfolge in den späteren Wachstumsphasen fortzusetzen. Sie versäumt es, bewährte Verfahren zu verankern und Wissen zu kodifizieren. Deshalb verschwenden Angestellte wie Bill aus der Anwaltskanzlei ihre Zeit damit, Informationen immer wieder neu aufzubereiten. Die Skalierbarkeit eines Geschäftsmodells – also seine Fähigkeit, die Geschäftsprozesse ohne Abstriche an der Qualität an die Wachstumsanforderungen anzupassen – ist ein wichtiges Thema. Es ist nicht nur für die internen Abläufe wichtig, sondern auch für größere Kunden, die Wert auf die Gewissheit legen, dass ihr Geschäftspartner sich an veränderte Anforderungen anpassen und ein gleichbleibend hohes Serviceniveau bieten kann. Es liegt auf der Hand, welche Kosten es nach sich zieht, das Rad immer wieder neu zu erfinden und Größenvorteile zu verschenken. Weniger offensichtlich, aber möglicherweise noch fataler sind die Folgen, wenn nervöse Kunden sich lieber an vertraute Namen halten, die zwar einen schlechteren Service bieten, dafür aber zuverlässige und konsistente Abläufe. So gesehen, bewegt sich die Just-in-Time-Organisation auf sehr unsicherem Boden. Aber es gibt auch eine gute Nachricht: Sie kann das Vertrauen der Kunden erobern, wenn sie feste Strukturen einrichtet, um bewährte Verfahren unternehmensweit zu verankern und die Abläufe an das Wachstum anzupassen.

Ursprünglich übertraf bei *24/7 Customer* die Zahl der Neukunden diejenige der abgewanderten Kunden. Die Firma bot ein hervorragendes Produkt an und besaß die technische Kompetenz, bessere Dienstleistungen zu niedrigeren Kosten zu liefern. Während in der Geschäftswelt das Interesse am Outsourcing von Geschäftsprozessen anstieg und auch Blue-Chip-Unternehmen bei *24/7* anklopften, wurden jedoch viele neue Kunden durch den hemdsärmligen Stil schnell wieder vergrault. Potenzielle Kunden zweifelten daran, ob *24/7* die bisherigen Leistungen tatsächlich zuverlässig und vorhersehbar wiederholen könne. Das Rad wurde einfach zu oft neu erfunden.

»Unsere ersten Kunden waren meist sehr risikobereit. Sie kamen zu uns und sagten: ›Unsere Geschäftsleitung ist an einer Zusammenarbeit interessiert. Wir möchten ein Pilotprojekt durchführen, aber schon in zwei Wochen damit anfangen.‹ Sie kamen also mit völlig unrealistischen Erwartungen, was Termine und Lernkurven anging. Unser Team erfüllte diese Erwartungen.« Aber Kannan erkannte schnell, dass diese Phase nur von begrenzter Dauer sein konnte. »Kunden aus Fortune-500-Unternehmen möchten nicht hören: ›Wir schaffen das schon, wir werden das schon irgendwie hinkriegen.‹ Oder: ›Normalerweise dauert so etwas zwei Wochen, aber für Sie machen wir es in drei Tagen.‹ Sie möchten einfach vorhersagbare Abläufe.

Vor etwa eineinhalb Jahren zeigte sich ein großer Computerhersteller an einer Zusammenarbeit mit uns interessiert. Die Manager sagten: ›Weisen Sie uns bitte nach, dass Sie in der Lage sind, innerhalb von 24 Monaten einige Tausend Mitarbeiter betreuen zu können.‹« Der Computerhersteller stellte also nicht die eigentlichen Kompetenzen von 24/7 in Frage (etwa die schnelle Beantwortung von Telefonanrufen oder die Qualifikation zum technischen Support), sondern die Fähigkeit, kurzfristig Tausende von neuen Call-Center-Mitarbeitern einzustellen und einzuarbeiten, ohne aus dem Konzept zu geraten. Er forderte ein Geschäftssystem, das auf festen Prozessen und nicht auf den heldenhaften Einsätzen einzelner Mitarbeiter beruhte. 24/7 konnte den Computerhersteller überzeugen und wird in diesem Projekt innerhalb von zwölf Monaten die Schwelle von tausend Mitarbeitern überschreiten.

Special Olympics entwickelte sich von einem Sommer-Tagescamp im Haus von Eunice Kennedy Shriver zu einer weltweiten Bewegung mit rund um das Jahr stattfindenden Aktivitäten, an denen eine Million Sportler in 150 Ländern teilnehmen. Im Laufe der Zeit wurde es offensichtlich, dass die Organisation »mitwachsen« musste: Sie benötigte klare Strukturen und einheitliche, »fertige« Schulungs- und Veranstaltungsprogramme. Aber es sollte lange dauern, bis bei *Special Olympics* das Rad nicht immer wieder neu erfunden wurde. Ein Beispiel dafür sind die Leistungsbeurteilungen der Landesorganisationen.

Die Methode zur Leistungsbeurteilung bei *Special Olympics* war so unstrukturiert, dass sie zuletzt kaum noch einen Nutzen brachte. Alle zwei Jahre besuchte ein *Special Olympics*-Team ein bestimmtes Land und notierte dort die Beobachtungen, die ihm wichtig erschienen. »Ein solches Team bestand beispielsweise aus einem Sportdirektor aus Litauen, einem PR-Leiter aus Mexiko, einem Manager aus Kenia und schließlich einem Vertreter der Zentrale«, erinnert sich Shriver. »Sie reisten für vier Tage nach Polen und sahen sich dort Wettkampfveranstaltungen an, nahmen an Sitzungen teil und sprachen mit den Leuten. Dabei hielten sie sich an grobe

Vorgaben, etwa: ›Wie schulen Sie die freiwilligen Helfer?‹ oder: ›Wie werden die Vorstandsmitglieder auf ihre Aufgaben vorbereitet?‹«

Die Teammitglieder schickten dann einen Bericht an die Zentrale, in dem sie beschrieben, ob die jeweilige Landesorganisation ihrer Meinung nach effektiv arbeitete, und was ihnen gefallen oder missfallen hatte. »Rückblickend gesehen, war das ein sehr primitiver Ansatz«, räumt Shriver ein. »Jeder Bericht war anders aufgebaut. Deshalb war es kaum möglich, etwa die Dossiers über Polen und über Spanien zu vergleichen. Dazu waren sie zu subjektiv und folglich nur von begrenztem Wert. Zweitens gab es keine Vorgaben für Messgrößen, anhand derer man hätte Vergleiche ziehen oder objektive Berichte erstellen können. Drittens fehlten Checklisten, um die wichtigen Funktionsbereiche zu überprüfen. Und viertens war es sehr schwierig, diese Dossiers der gesamten Organisation zur Verfügung zu stellen. Jährlich wurden etwa 30 oder 40 Berichte geschrieben, die sich einfach irgendwo stapelten.«

Kampf gegen das Burnout-Syndrom

In der Just-in-Time-Organisation herrscht immer Zeitdruck. Es geht immer »um Leben oder Tod«, und der unmittelbare Notfall ist natürlich wichtiger als die Sicherung des langfristigen Überlebens. 16-Stunden-Tage und E-Mails um zwei Uhr nachts sind nicht ungewöhnlich. Manche Autos verlassen den Firmenparkplatz gar nicht mehr. Auch wenn die Mitarbeiter von Just-in-Time-Unternehmen einen eigenartigen Stolz auf solch heroische Verhaltensweisen entwickeln, sind sie keine Roboter und müssen irgendwann den Preis dafür bezahlen. Der menschliche Körper ist nicht dafür ausgerüstet, einen Marathon im Sprint zurückzulegen. Früher oder später reagiert er mit dem Burnout-Syndrom.

In der Anfangszeit werden die Helden noch gebührend bewundert. Immerhin gelingt ihnen das Unmögliche – vielleicht nicht auf die eleganteste Weise, aber die Ergebnisse sprechen für sich. Doch wenn die Firma und damit die Zahl der Transaktionen wächst, ist dieser auf einzelne Angestellte zugeschnittene hemdsärmlige Pragmatismus nicht mehr angemessen. Es kommt zu Pannen. Die Prioritäten werden immer unklarer. Und bald sind nicht mehr nur die Mitarbeiter am Ende ihrer Kräfte, sondern auch die Kunden und Lieferanten, weil sie nervös werden und an der Fähigkeit ihres Geschäftspartners zweifeln, ein Qualitätsprodukt pünktlich zu liefern.

Special Olympics veranstaltet nicht nur die alle zwei Jahre stattfindenden internationalen Sommer- und Winterspiele, sondern organisiert das ganze Jahr hindurch weltweit Tausende von Trainingsprogrammen und Sportveranstaltungen in 26 olympischen Sportarten mit über 1,7 Millionen Teilnehmern. Die Koordination all dieser Aktivitäten und der damit zusammenhängenden Logistik obliegt Tausenden von Angestellten sowie etwa einer Million freiwilligen Helfern weltweit.

Die letzten *Special Olympics*-Sommerspiele in Dublin waren das größte Sportereignis der Welt im Jahr 2003. Über 6 500 Sportler aus 150 Ländern nahmen an 18 Wettkampf- und drei so genannten Demonstrationssportarten, die versuchsweise angeboten wurden, teil. Die Eröffnungsveranstaltung fand in einem Stadion vor über 70 000 Menschen statt und wurde von Millionen Fernsehzuschauern im heimischen Wohnzimmer verfolgt.

Als die *Special Olympics*-Bewegung im Laufe der Jahre mehr Anhänger fand und bekannter wurde, beanspruchten die internationalen Sommer- und Winterspiele die Aufmerksamkeit der Zentrale immer stärker – auf Kosten der weniger spektakulären, das ganze Jahr hindurch stattfindenden Programme. Monate vor den Spielen waren alle Augen auf diese eine Veranstaltung gerichtet, während die anderen Aktivitäten der Organisation vernachlässigt wurden. Folglich waren Mitarbeiter in wichtigen Positionen hoffnungslos überlastet, und in der Zentrale kümmerte sich niemand mehr um wichtige Gemeindeprogramme in Städten von Atlanta bis Ankara.

Die Bewegung führte zwar weiterhin hervorragende Veranstaltungen durch, dies gelang ihr jedoch nur dank der fast übermenschlichen Anstrengungen ihrer engagierten Mitarbeiter. Ende der neunziger Jahre waren die Angestellten wie die freiwilligen Helfer am Ende ihrer Kräfte angelangt, und die Organisation geriet in eine Krise.

Special Olympics: Die Verwaltung der Menschenliebe

Jede Organisation muss sich mehr oder minder intensiv mit ihrem DNA-Profil auseinander setzen. Das gilt auch für gemeinnützige Einrichtungen. Für sie sind Entscheidungsbefugnisse, Informationen, Motivationsfaktoren und die Struktur ebenso relevant wie für ein Wirtschaftsunternehmen, wenn sie ihren wohltätigen Zweck auf möglichst effektive Weise erreichen wollen. *Special Olympics* war im Wesentlichen eine gesunde Institution.

Just-in-Time-Organisationen zählen mit ihrem DNA-Profil gerade noch zu den »gesunden« Organisationstypen. Jeder der vier Bausteine der DNA birgt aber viel Raum für Verbesserungen.

Im Fall von *Special Olympics* war das Verbesserungspotenzial offensichtlich:

- Entscheidungsbefugnisse – Es war unklar, welche Mitarbeiter für welche Entscheidungen Rechenschaft ablegen mussten und welche Prozesse dabei einzuhalten waren. Die Angestellten wussten oft nicht, an welchen Kriterien ihre Tätigkeit gemessen wurde.
- Informationen – Die fehlende IT-Infrastruktur und der Mangel an offiziellen Kommunikationssystemen erschwerten die Verständigung innerhalb der Einrichtung. Dies belastete die Beziehungen zwischen den Landesorganisationen, den Regionalbüros (etwa für Europa) und der Zentrale in Washington, D. C. Für jedes Projekt wurden zwar Unmengen von Aktennotizen gefertigt, aber eine sinnvolle Vermittlung von wichtigen Informationen fand selten statt.
- Motivationsfaktoren – Als gemeinnützige Institution kämpfte *Special Olympics* darum, die Bemühungen einer relativ kleinen Belegschaft und zahlreicher freiwilliger Helfer mit knappen Mitteln zu koordinieren und sie zu motivieren. Es gab zwar einen Leistungsbeurteilungsprozess unter Kollegen, der einige Interaktionen zwischen verschiedenen Länderprojekten anstieß, aber ansonsten hatten die Mitarbeiter wenig Gelegenheit zusammenzuarbeiten. Den Regionen fehlten die erforderlichen Mittel, um ihre Angestellten in den wichtigsten Bereichen (etwa Sport, Mittelbeschaffung, Organisationsentwicklung oder Public Relations) zu schulen.
- Struktur – Die Zentrale in Washington, D. C., war von den Projekten vor Ort abgekoppelt. Umgekehrt fanden viele Mitarbeiter vor Ort, dass die Hauptverwaltung zu aufgebläht sei, sich zu sehr an den US-Bedürfnissen orientiere und zu viel Geld verschlinge.

Special Olympics war eine Just-in-Time-Organisation. Nach außen hin erfüllte sie die Anforderungen ihrer Interessengruppen, und sie besaß talentierte und engagierte Angestellte. Aber es kam häufig zu Paniksituationen, in denen Lösungen für bekannte Probleme aus dem Boden gestampft wurden. »Krisen gehörten irgendwann zur Tagesordnung und verdrängten das normale Tagesgeschäft. Auf der Strecke blieben unsere strategischen Bemühungen«, merkte ein Insider an.

Die Regionen erwarteten von der Zentrale von *Special Olympics* nicht nur neue Ideen, sondern auch praktische Unterstützung. »Wir konnten nicht immer helfen, wenn einzelne Länder vor Schwierigkeiten standen«, erinnert sich Shriver. »Wir waren dafür einfach nicht gerüstet. Wir erhielten Faxe, die in schwarzen Löchern verschwanden. Wir behaupteten, dass *Special Olympics* das Leben der Menschen verändere, und versäumten es gleichzeitig, uns selbst zu verändern.«

Shriver wusste, dass die Mission und die Werte der *Special Olympics*-Bewegung die Mitarbeiter zwar motivierten, diese aber immer wieder frustriert wurden, weil die mangelnde Infrastruktur und die fehlende Abstimmung sie in ihrem Elan bremsten. Das Problem kristallisierte sich immer klarer heraus: Einerseits musste *Special Olympics* effektiver und effizienter werden und sich insoweit einem Wirtschaftsunternehmen annähern. Andererseits durfte es diesem Ziel keinesfalls seine Mission, die im Zeichen der Menschenliebe stand, unterordnen.

Shriver erinnert sich: »Die damalige Währung im Geschäftsleben war das Wachstum. Das erschien mir sinnvoll. Gleichzeitig ärgerte mich die verbreitete Meinung, dass Wachstum für gemeinnützige Einrichtungen kein relevantes Ziel sei … dass wir uns auf unsere guten Taten beschränken sollten, es aber anrüchig sei, wenn wir unsere »Umsätze« wie andere clevere Geschäftsleute alle zwei Jahre verdoppeln wollten. Wir brauchten mehr unternehmerisches Denken in unserer Organisation.«

Shriver beschreibt den Unterschied zwischen einem Wirtschaftsunternehmen und einer gemeinnützigen Institution mit einem Zitat von Warren Buffet: »Mich interessiert der Künstler mehr als das Gemälde.« Shriver meint: »Allgemein herrscht die Ansicht vor, dass gemeinnützige Organisationen sich nur auf ihr Projekt, also auf das Gemälde, konzentrieren sollen: Wie viele Menschen bekommen wir in der Suppenküche satt? Wie viele Plätze gibt es im Frauenhaus? Wie viel näher sind wir einer neuen Krebstherapie gekommen?

Man geht davon aus, dass der Künstler des Werks zweitrangig sei … also die Einrichtung selbst und ihre Gesundheit. Eine gemeinnützige Organisation, so die gängige Meinung, verwendet nicht viel Zeit auf die Schulung ihrer Mitarbeiter oder auf Planungsaufgaben. Sie konzentriert ihre ganze Energie auf ihre philanthropischen Tätigkeiten. Das ist bewundernswert, aber kurzsichtig.«

Shriver spricht aus eigener Erfahrung als Lehrer und öffentlich Bediensteter. »Normalerweise überschaue ich einen Zeithorizont zwischen drei Stunden und einer Woche. Ich war wirklich sehr ungeduldig. Ich bin es immer noch«, gibt er zu. »Aber insgeheim wusste ich, dass wir dringend etwas ändern mussten. Wir mussten klären, welche Angestellten welche Aufgaben unter welchen Umständen und an welchem Ort wahrnehmen würden … und wir mussten natürlich unsere Planung verbessern.«

Special Olympics benötigte also neue Strukturen, um das latente Potenzial in der Institution freisetzen zu können. Shriver erläutert: »Wir gaben das Startsignal. Unsere Führungsarbeit war programmatisch gut und wurde akzeptiert. Es gab zwar nur begrenzte Möglichkeiten für Schulungsprogramme, aber wir bauten sie aus, soweit es unser Budget erlaubte. Ich ging einfach davon aus, dass wir ein ›kleines‹ Problem lösen müssten: Wie verteilen wir unsere Ressourcen am effizientesten und bereiten alle Mitarbeiter auf die neuen Anforderungen vor?«

Die Just-in-Time-Organisation: Vorbeugungsmaßnahmen

Die Just-in-Time-Organisation ist an sich gesund. Sie erledigt ihre Aufgaben und bietet ihren Mitarbeitern ein interessantes und anregendes Arbeitsumfeld. Allerdings läuft sie oft Gefahr, sich zu übernehmen und dann Krankheitssymptome zu entwickeln. Sie sollte sich eher auf vorbeugende Maßnahmen als auf drastische Abhilfen konzentrieren. Just-in-Time-Unternehmen brauchen ihre DNA nicht radikal zu verändern – kleine Verbesserungen reichen aus, um auf dem Weg zu einer kohärenten, sich selbst korrigierenden Organisation voranzukommen. Sie werden zwar immer in hohem Maß auf die Fähigkeiten und Einsatzbereitschaft ihrer »Helden« angewiesen sein, müssen aber auch klare Entscheidungsbefugnisse und Prozesse einrichten. Anstatt mit voller Fahrt querfeldein zu brausen, muss die Just-in-Time-Organisation befestigte Straßen mit Seitenstreifen und Leitplanken suchen. Dort wird sie einen erheblich geringeren Verschleiß verzeichnen und sicherer an ihr Ziel kommen.

Rechenschaftspflichten und strikte Prozessdisziplin

Die Entscheidungsfindung im Ad-hoc-Verfahren liefert keine konsistenten Ergebnisse. Um ihre erfolgreiche Arbeit fortsetzen zu können, muss die Just-in-Time-Organisation deshalb klarere Strukturen und eine striktere Disziplin einführen. Das Management muss eindeutig festlegen, welche Mitarbeiter für welche Aufgaben zuständig sind und wie sie diese erledigen. Folglich müssen die Entscheidungsbefugnisse geklärt werden, und die Entscheidungsträger müssen sich auf geeignete Systeme und relevante Informationen stützen können. Klar definierte Geschäftsprozesse sind ebenfalls eine Grundvoraussetzung, doch nützen sie nichts, wenn ihre Einhaltung nicht eingefordert wird. Das Just-in-Time-Unternehmen hat schon bewiesen, dass es etwas leisten kann – jetzt muss es beweisen, dass seine Erfolge keine Eintagsfliegen sind und es sich effizient organisieren kann. Widersprüchliche Marschbefehle und mehrfach geleistete Arbeiten sollten der Vergangenheit angehören. Die neuen Schlagworte lauten Zuverlässigkeit, Vorhersehbarkeit und Stabilität. Natürlich wird es immer Ausnahmen von den Unternehmensrichtlinien und -prozessen geben, aber es werden Ausnahmen von der Regel sein. Kurz: Die Just-in-Time-Organisation muss sich ein ausgewogenes und wohldosiertes Fitnessprogramm verordnen.

Glücklicherweise wusste das Management von *24/7 Customer* die Warnsignale zu deuten und bereitete sich darauf vor, die Entscheidungsprozesse und Motivationsfaktoren zu ändern. »Anstatt Probleme im Ad-hoc-Verfahren zu lösen, haben wir eine prozessorientierte Entscheidungsfindung eingeführt. Das bedeutet: Schwierigkeiten werden identifiziert und an die Leiter der Funktionsbereiche weitergegeben, die sich innerhalb einer bestimmten Frist um eine Lösung kümmern. Jede Woche schauen wir uns im Team an, welche Probleme noch ungelöst sind, und fragen: ›An welchen Dingen müssen wir gemeinsam arbeiten?‹«, erläutert P. V. Kannan, Gründer und CEO von *24/7 Customer*.

Das Unternehmen hat 150 regelmäßig ausgeführte Geschäftsprozesse ermittelt und definiert und für jeden einzelnen klare Rechenschaftspflichten abgesteckt. Jeden Montag wird eine Managementsitzung mit einer festen Tagesordnung abgehalten, um die Unternehmensentwicklung und insbesondere noch nicht gelöste Probleme im Auge zu behalten. Kannan erklärt: »Wenn jemand ein Kundenprojekt durchführt, legt er dem Team eine Übersicht vor, aus der wir mit einem Blick den Umsatz, die Rentabilität, die verschiedenen Kennziffern des abgeschlossenen Dienstleistungsvertrags und ungelöste Probleme ersehen. Eine typische Schwierigkeit könnte darin bestehen, genügend Mitarbeiter mit den geeigneten Qualifikationen einzustellen. Es wird ermittelt, wer dafür verantwortlich ist und wann eine Lösung vorliegen muss. Die Klärung solcher Angelegenheiten unterliegt nun einem eindeutig definierten Prozess und wird nicht wie früher einem zufällig am Tisch sitzenden Angestellten zugewiesen.

Wenn das Problem im Rahmen des Prozesses nicht gelöst oder nicht innerhalb der festgelegten Frist bearbeitet werden kann, dann sprechen wir darüber. Aber sobald ein Prozess in Gang gesetzt wurde und er funktioniert, verschwenden wir auch keine Zeit mehr mit Diskussionen.« Mit dieser Vorgehensweise wurden erstaunliche Ergebnisse erzielt. »Noch vor vier Monaten hatten wir in jeder Woche etwa 60 Probleme pro Kundenprojekt. Heute sind es nicht mehr als zwei oder drei«, stellt Kannan fest.

24/7 Customer hat auch darauf geachtet, die Abläufe um die Aufgaben und nicht um die Projekte herum zu strukturieren. Das bedeutet, dass sich das Unternehmen auf bestimmte Bereiche konzentrieren kann, in denen es über ein besonderes Fachwissen (etwa in der Bearbeitung von Versicherungsansprüchen oder in der Entgegennahme von Anrufen im Call-Center) und damit über einen Wettbewerbsvorteil verfügt. Auch der Informationsfluss wurde verbessert: Die verantwortlichen Mitarbeiter an der Kundenfront können nun auf diejenigen Messgrößen zugreifen, die für die Geschäftsentwicklung und die Ertragskraft der Firma entscheidend sind. Neue IT-Systeme straffen nicht nur die Arbeitsabläufe, sondern fördern auch die Zusammenarbeit sowie die Verbreitung bewährter Verfahren.

P. V. Kannan und Mitbegründer S. Nagarajan waren sehr konsequent, als sie die Entscheidungsbefugnisse an die nächste Führungsgeneration von *24/7 Customer* übertrugen. Wenn auch widerstrebend, sprechen sie sich dafür sogar selbst ein Lob aus: »Wir haben deutliche Verbesserungen darin erzielt, bei den Angestellten und Teams ein Verantwortungsgefühl für den Erfolg oder Misserfolg eines Kunden zu erzeugen«, meint Kannan. »Und wenn einmal etwas schief geht, versuchen Nags und ich sie zu beraten, anstatt das Problem für sie zu lösen. Wir haben jetzt knapp zehn Mitarbeiter, die alle unsere Kunden sehr gut betreuen … die meisten zumindest.« Schließlich gibt es keinen schlimmeren »Zeitfresser«, so Kannan, als in die tägliche Entscheidungsfindung einbezogen zu werden.

»Ich sage den Angestellten immer wieder: ›Es ist ein ganz schlechtes Zeichen, wenn Sie viel Zeit mit mir verbringen.‹ Das meine ich wirklich so. Wenn jemand sagt: ›Danke für Ihren Rat. Wir sollten öfter miteinander sprechen‹, dann entgegne ich: Das ist ein Missverständnis. Wenn Sie sechs Monate lang nichts von mir hören, dann ist das eine hervorragende Nachricht. Das bedeutet, dass ich nicht Feuerwehr spielen muss, weil alles glatt läuft.«

Als sie erkannten, dass das Charisma der Gründerin nicht mehr ausreiche, um eine weltweite Bewegung professionell zu leiten, führten Tim Shriver und sein Managementteam bei *Special Olympics* ein neues Organisationsmodell mit klaren Rechenschaftspflichten ein. Nachdem sie eine Reihe von Modellen anhand verschiedener Kriterien beurteilt hatten (Zusammenspiel von Mission und Strategie, Umsetzbarkeit, Flexibilität, Risiko, Zugang zu Ressourcen), entschieden sie sich schließlich für ein kombiniertes Modell mit dezentralen Abläufen und zentraler Rechenschafts- und Kontrollfunktion. Die gesamte Entscheidungsfindung im Tagesgeschäft wurde an sieben Regionen delegiert. Dadurch gewann die Zentrale mehr Raum, um sich auf strategische Belange zu konzentrieren: Identität und Mission, Messgrößen zur Erfolgskontrolle und Rechenschaftspflichten, Mittelbeschaffung, Aufbau von Qualifikationen und Wissenstransfer in der gesamten Organisation. Kurz: Die Hauptverwaltung beschloss, mehr zu führen und weniger auszuführen. Sie wollte den regionalen und lokalen Büros die nötigen Mittel zur Verfügung stellen, damit sie operative Entscheidungen innerhalb klar abgesteckter Befugnisse treffen konnten.

Im Mittelpunkt des neuen Modells steht das Ziel, gesundes Wachstum durch autonome und unternehmerisch denkende regionale Teams zu erreichen, die sich auf Schulungen und die Planung von Wettkämpfen und sonstigen Sportereignissen konzentrieren. Die Verlagerung der Entscheidungsbefugnisse in die Nähe der Trainer, Organisatoren und Sportler weltweit ermöglicht es, deren Bedürfnisse besser zu befriedigen und das Profil der Organisation zu schärfen.

Die regionalen Geschäftsführer bilden Teams, deren Aufgabe es ist, neue Sportler für die Bewegung zu gewinnen, ganzjährige Programme zu entwickeln und Geldmittel zu beschaffen. Während die Zentrale in Washington, D.C., vorgibt, welche Anforderungen in verschiedenen Stadien der regionalen und lokalen Entwicklung erfüllt werden sollten, können die regionalen Geschäftsführer letztlich selbst entscheiden, wie sie diese Ziele umsetzen. Ihre einzigen Schranken sind die Fähigkeiten und das Potenzial der Bewegung in ihrem jeweiligen Winkel der Welt.

Zentralisiert sind dagegen die Programmentwicklung sowie eine Abteilung für gemeinsam genutzte Verwaltungsdienstleistungen, weil so die Größenvorteile der Einrichtung ausgeschöpft werden können. Der Personalbestand in der Zentrale ist geschrumpft, während die Regionen gestärkt wurden. Nun in den Regionen angesiedelte Mitarbeiter in verschiedenen Funktionsbereichen stehen in einer Matrixbeziehung zu den zentralen Funktionen in der Hauptverwaltung.

Shriver beschreibt die neue Organisation voller Stolz: »Die Verlagerung der Fähigkeiten und Kenntnisse aus der Zentrale in die Regionen – mit der einhergehenden Konzentration der Hauptverwaltung auf Mission, Strategie und Wissensmanagement – war und ist eine wichtige Veränderung für uns. Die neu geschaffenen Regionalbüros konzentrieren sich auf die volle Unterstützung der Projekte vor Ort, geben das Wissen aus der Zentrale weiter und nehmen eine Führungsrolle in ihrer Region ein. Wir sind stolz auf unsere kompetenten einheimischen Führungskräfte. Sie genießen hohes Ansehen vor Ort und können uns bei der Optimierung der Führungsaufgaben helfen und sicherlich die eine oder andere Tür öffnen. Natürlich entwickeln wir uns ständig weiter, aber in diesem Bereich haben wir schon deutliche Verbesserungen erzielt.«

Schnell stellte das Team in der Hauptverwaltung fest, dass es noch weitere Möglichkeiten gab, wie die Organisation durch die Bündelung von Prozessen in der Zentrale noch effizienter werden konnte. Es richtete die *Special Olympics University* ein: Mitarbeiter, Trainer und Sportler weltweit können sich hier über das Internet austauschen und dazulernen. Weiterhin wurden Prozesse eingeführt, um Wissen gemeinsam zu nutzen, Leistungen zu messen und Führungskompetenzen zu entwickeln. Der neue strategische Planungsprozess verknüpft die regionalen Pläne mit der globalen Agenda der Bewegung.

Ein »Ja« reicht nicht aus

Da Just-in-Time-Organisationen in ihrer Geschichte so häufig das Unmögliche möglich gemacht haben, begehen sie leicht den Fehler, zu viel zu versprechen. Zu schnell kommt ihnen ein »Ja« über die Lippen, auch wenn es vernünftiger wäre zu sagen: »Ich muss das erst abklären und melde mich dann wieder bei Ihnen.« Das Organisationsmodell und die Planungsprozesse müssen mitwachsen, während sich das Just-in-Time-Unternehmen weiterentwickelt. Bei ihren Zusagen muss die Organisation überlegen, welche Leistungen sie konsistent und in gleichbleibender Qualität bieten kann, ohne ihre Belegschaft immer wieder aufs Neue zu Wundern anzutreiben. Es ist sehr riskant, sich auf den heldenhaften Einsatz einzelner Menschen zu verlassen. Um dieses Risiko zu senken, müssen neue Wege zu verlässlichen Prozessen beschritten werden. So hätte sich Bill aus der Kanzlei *Taper, Parker & McDuff* viele Arbeitsstunden sparen können, hätte er auf ein funktionierendes Wissensnetzwerk zugreifen können. Ein Unternehmen muss Prioritäten für jede Woche, jeden Monat und jedes Jahr setzen und die Geschäfte entsprechend führen. Die Mitarbeiter auf allen Ebenen müssen verstehen, was von ihnen erwartet wird; diese Erwartungen sollten auch schriftlich dokumentiert werden. Zur Projektüberwachung sollten Feedback-Schleifen eingerichtet und Meilensteine festgelegt werden. Die Manager müssen konsequent überprüfen, ob delegierte Aufgaben tatsächlich erledigt wurden. Die Leistungsanreize sollten mit den festgelegten Erwartungen und nicht mit der Anzahl der erfolgreich bekämpften Brände verknüpft werden. Die Organisation muss sich eine ganz neue Gangart angewöhnen – anstelle der bisherigen kräftezehrenden Sprints sollte sie Marathons laufen, um ihre Gesundheit langfristig zu gewährleisten.

Nach wie vor fällt es *24/7 Customer* manchmal schwer, keine voreiligen Versprechen mehr zu geben und darauf zu hoffen, dass sie schon irgendwie erfüllt werden können. Aber Kannan wirkt immer wieder auf sein Managementteam ein, nur planbare Ergebnisse zu versprechen, und allmählich führen seine Bemühungen zu ersten Erfolgen. Er berichtet: »Bei der Umsetzung eines Projekts für einen unserer größten Kunden fragte ich den zuständigen Manager, ob wir das Leistungs- und Serviceniveau tatsächlich halten könnten, denn innerhalb von nur vier Monaten sollte sich das Volumen verdreifachen. Der Manager antwortete: ›Ja, sofern sich bestimmte Annahmen als richtig erweisen.‹ Das reichte mir nicht aus. Wir können keine Bedingungen an unsere Versprechen knüpfen. Entweder sagen wir eine Leistung zu … oder eben nicht. Deshalb zwang ich ihn zu einer klaren Aussage, und zwar vor dem gesamten Managementteam. Ich sagte: Eine solche Aussage wird unter keinen Umständen akzeptiert. Sie versuchen, sich abzusichern. Entweder Sie nennen die Hindernisse, die es unmöglich machen, unsere Zusage einzuhalten, oder Sie sagen: ›Ich habe alles, was ich brauche, und kann die nötigen Entscheidungen treffen. Ich übernehmen die volle Verantwortung dafür.‹ Ich glaube, dass ich damit den Manager tatsächlich dazu bewegen konnte, die Verantwortung zu übernehmen. Außerdem vermittelte ich eine klare Botschaft an die anderen Anwesenden. Seit jenem Vorfall war ich nie mehr persönlich mit einer einzigen Entscheidung über dieses Projekt befasst. Ich weiß, dass es läuft, und das reicht.«

Das Wissen in der Organisation nutzen

Die Institutionalisierung von Fähigkeiten in einem Just-in-Time-Unternehmen muss sich auch auf die Informationsnutzung erstrecken. Auch bei den engagiertesten Mitarbeitern macht sich nach vielen Feuerwehreinsätzen, die sie letztlich nur den Organisationsmängeln zu verdanken haben, irgendwann Frustration breit. Eine durchgearbeitete Nacht kann beflügelnd sein, wenn man 23 Jahre alt ist, aber nicht mehr mit 35 oder 45 Jahren… und wenn der Einsatz eigentlich unnötig ist. Das Potenzial der Angestellten sollte nicht immer wieder aufs Neue für die Erstellung von Standarddokumenten und Einsätze am Wochenende vergeudet werden. Sobald jemand ein gutes Modell, eine brauchbare Vorlage oder ein vorbildliches Verfahren entwickelt hat, sollte er sein Wissen dem ganzen Unternehmen zur Verfügung stellen. Auch wenn dies zunächst einmal Zeit kostet – der Aufwand wird sich auszahlen, weil sich die Mitarbeiter später umso mehr der Betreuung ihrer Kunden widmen können.

»In der Zentrale von *Special Olympics* gab es zwei Aufgaben des Informationsmanagements, die eigentlich getrennt werden mussten. In der Praxis sah es aber anders aus«, sagt Tim Shriver. »Die eine Aufgabe lautete, Informationen zu sammeln. Wir mussten Experten für die Entwicklung der Inhalte heranziehen und Best Practices in einer Art Wissenszentrum zur Verfügung stellen. Wir wussten natürlich, dass die Verantwortung für diese Aufgabe – Informationen sammeln, bearbeiten, sortieren und verteilen – bei uns lag.

Die zweite Aufgabe war der Wissenstransfer in Form von systematischen Schulungen und Weiterbildungsmaßnahmen. Auch sie lag eindeutig in unserem Verantwortungsbereich. Das Spektrum reicht von Volleyball-Trainings über Schulungen zur Optimierung der Arbeit der Vorstände bis hin zu Public-Relations-Seminaren. Wir mussten unser Wissen also nicht nur verwalten, sondern unseren Mitarbeitern auch zeigen, wie sie es am sinnvollsten nutzen konnten. Wir versuchten auch, einige oder alle dieser Aufgaben mit denselben Leuten in denselben Abteilungen – hauptsächlich Sport, Public Relations und Mittelbeschaffung – zu erledigen.

Am Anfang beschwerten sich die Mitarbeiter vor Ort: ›Wir haben die Sportabteilung angerufen, weil wir Informationen über einen bestimmten Trainer benötigen, und der Typ war in Europa unterwegs. Er war nicht einmal da, um unseren Anruf entgegenzunehmen.‹ Und ich dachte dann: Ja, natürlich ist er in Europa. Er führt ein Schulungsprogramm durch. Was erwarten Sie denn?

Ich hätte nicht gedacht, wie kompliziert es sein kann, einen Mitarbeiter beispielsweise zum Experten für die Athlete Leadership Programs zu ernennen und ihn gleichzeitig damit zu beauftragen, Menschen von Singapur bis San Francisco zu schulen.«

Special Olympics bewältigte dieses Problem, indem es zwischen der Lehrplanentwicklung und den Schulungen selbst unterschied. Die Lehrplanentwicklung war Aufgabe der Zentrale, während die Zuständigkeit für die Schulungen an die Regionen delegiert wurde. Die Organisation entwickelte ihr funktionales Sachwissen in Washington, D.C., und die entsprechenden »Experten« schneiderten dann daraus Schulungsmodule (etwa für die Programmplanung, Mittelbeschaffung oder sportliche Ausbildung), die an die Bedürfnisse vor Ort angepasst werden konnten. So entwickelten einige Sportexperten in der Zentrale CD-ROMs, die dann in die einzelnen Landessprachen übersetzt und nach China, Afrika oder Russland geschickt wurden. Die dortigen Trainer nutzten sie dann dazu, den *Special Olympics*-Sportlern zu zeigen, wie man einen Fußball kickte, Bodenturnübungen machte oder einen Golfball schlug.

Special Olympics kümmerte sich aber nicht nur um das Informationsmanagement bei den Mitarbeitern, sondern auch um die Technik und richtete eine beeindruckende Infrastruktur ein. Die Systeme für ihre Geschäftsprozesse und das Wissensmanagement lassen andere gemeinnützige Organisationen vor Neid erblassen. »Wir verfügen jetzt über ein IT-System, das insbesondere für den gemeinnützigen Sektor sehr hoch entwickelt ist«, meint Shriver. »Wenn ich es meinen Freunden in der Wirtschaft vorführe, fallen ihnen die Augen aus dem Kopf. Es ist ein richtiges ›Aha‹-Erlebnis! Man lernt enorm viel dabei, wenn man versucht, eine nachhaltige Organisation aufzubauen.«

Das neue Internetangebot der Institution stößt auf große Resonanz und steht in immer mehr Sprachen zur Verfügung. Die Angestellten finden dort alles Wissenswerte, angefangen von Best Practices bis hin zu alten Ausgaben des *Spirit*-Magazins.

»Unsere Daten sind ebenso solide und aufschlussreich wie die Informationen, die Wirtschaftsunternehmen veröffentlichen. Ich könnte jetzt beispielsweise unsere Datenbank aufrufen, mir das Profil für Polen ansehen und Ihnen mehr über die Arbeit unserer Bewegung in diesem Land erzählen, als Sie jemals wissen möchten.«

Dieses Werkzeug macht nicht nur transparent, wie die Projekte weltweit funktionieren, sondern es fördert auch ihre Umsetzung. So trägt auch das Informationsmanagement zur Verwirklichung der Wachstumspläne von *Special Olympics* bei.

»Es entsteht fast von allein eine konsistente Struktur, weil die Verantwortlichen etwa erfahren: ›Sie befinden sich in Phase zwei bei der Optimierung der Führungsaufgaben. Für den Übergang in Phase drei müssen drei Voraussetzungen erfüllt werden.‹ Folglich werden diese drei Aufgaben vermutlich auf dem Plan für das nächste Jahr stehen«, meint Shriver.

Um das Ziel eines dauerhaften Wachstums zu erreichen, musste die Organisation erst einmal wissen, wie viele Sportler überhaupt schon an den Veranstaltungen und Programmen weltweit teilnahmen. Deshalb führte man eine weltweite Zählung durch und erhielt so wertvolle demografische Daten, gegliedert nach Regionen, Land, Sport, Alter und Geschlecht. Als sich herausstellte, dass die Bewegung im Jahr 2000 schon fast eine Million Sportler zählte, setzte sich der Vorstand das ehrgeizige Ziel, diese Zahl bis Ende 2005 zu verdoppeln. (In Ostasien lautet das Ziel beispielsweise, die Zahl von 83 000 Teilnehmern im Jahr 2000 auf über eine halbe Million im Jahr 2005 zu steigern.) Dabei nahm sich *Special Olympics* vor, als internationale Sportvereinigung einen Einstellungswandel bei der Bevölkerung weltweit herbeizuführen.

Um die Fortschritte auf diesem Weg kontrollieren zu können, entwickelte die Organisation ein detailliertes Leistungsbeurteilungssystem. Es beruhte auf zentralen Messgrößen und konzentrierte sich auf die drei Schlüsselkriterien Wachstum, Qualität und Innovation. Die Beurteilungen der Mitarbeiter und der Projekte werden nun anhand dieser Messgrößen vorgenommen, beide werden in jedem gemessenen Bereich auf einer Skala von 1 bis 4 von »entwicklungsfähig« bis »sehr ausgereift« eingestuft.

Shriver erklärt: »Die einzelnen Projekte können eine Selbstbeurteilung vornehmen und ihre Fortschritte mithilfe eines elektronischen Tools melden. Der Grundgedanke dabei lautet, dass das Projekt sich selbst überwacht, aber gleichzeitig allen zur Verfügung stehen sollte. Daraus ergibt sich ein Profil, aus dem ersichtlich ist, wo das Projekt in quantitativer Hinsicht (Anzahl der Wettkämpfe, der Sportler, der eingetragenen Familienmitglieder) und in den einzelnen Funktionsbereichen steht.« In letzter Zeit wurde das Leistungsmanagement weiter ausgebaut. Auf einer »Balanced Scorecard« lassen sich nun mit einem Blick die zentralen Erfolgsmessgrößen ablesen.

Das Kind nicht mit dem Bade ausschütten

Bei der Einführung professionellerer Prozesse und Strukturen dürfen Just-in-Time-Organisationen den Innovationsgeist und die Eigeninitiative nicht ersticken, die ja zu einem großen Teil ihre bisherigen Erfolge erst ermöglichten. Während sie ein zuverlässigeres und stabileres Geschäftsmodell aufbauen, müssen sie weiterhin Kreativität und Unternehmergeist fördern. Oft bedeutet das eine Gratwanderung. Es ist nicht einfach, Abenteuerlust mit Frühwarnsystemen zu vereinbaren, aber es gibt viele Beispiele für Unternehmen, die den Übergang erfolgreich bewältigt haben. Eine wichtige Rolle spielt dabei häufig eine geschickte Kombination der Motivationsfaktoren. Im Idealfall behält die Just-in-Time-Organisation ihr Marktgespür, ihre Beweglichkeit und Reaktionsfähigkeit und kombiniert sie mit der Disziplin und Zuverlässigkeit ihrer Geschäftsprozesse.

P. V. Kannan spricht von der Notwendigkeit, die unternehmerisch denkenden »Cowboys« der Firma zu ermutigen, weiterhin neue Geschäftsfelder zu erschließen, während in den reiferen Geschäftsbereichen mehr Disziplin eingeführt und bewährte Verfahren angewandt werden. »Wir benötigen die Cowboy-Mentalität immer noch, um in neue Bereiche vorzustoßen. Wenn wir einen ausländischen Markt erobern wollen, dann gehen wir mit voller Kraft hinein.« Für den Erfolg in den ausländischen Märkten ist das Unternehmen aber auf den Einfallsreichtum und die Initiative jener Mitarbeiter angewiesen, die ihre Fähigkeiten schon so überzeugend in Indien unter Beweis stellten. Kannan meint: »Manchmal behindert es die Flexibilität, wenn man Prozesse vorschnell definiert und zu früh Disziplin einfordert.«
Er erinnert sich an eine Situation, in der *24/7 Customer* für einen Top-

kunden ein neues Center in dem äußerst knappen Zeitrahmen von 45 Tagen eröffnen sollte. »Normalerweise benötigen wir für die Eröffnung eines neuen Centers an einem neuen Standort 75 Tage. In diesem Fall bildeten wir ein Team von ›Cowboys‹, denen wir es zutrauten, den knappen Termin einzuhalten. Die Teammitglieder erhielten grünes Licht, auch an den Prozessen vorbei an der Umsetzung zu arbeiten. Sie setzten einige sehr innovative Ideen um, und tatsächlich konnten wir das Center innerhalb von 45 Tagen übergeben.«

Mit den herkömmlichen Prozessen hätte das Unternehmen diese Herausforderung niemals bewältigen können. Interessant an diesem Projekt war jedoch, dass dabei gelernte Lektionen herangezogen wurden, um einige dieser Prozesse umzugestalten. Heute beträgt die Standardzeit für die Einrichtung eines neuen Centers 60 Tage und nicht mehr wie früher 75 Tage.

Die Helden der Anfangszeiten, die in langen Nächten Brände löschten oder Angebote für Ausschreibungen ausarbeiteten, öffneten *24/7 Customer* die Tür zu neuen Märkten … und sie werden dies auch an neuen Standorten tun. In der darauf folgenden Phase der Etablierung müssen sie sich jedoch stärker auf die Vertriebs- und Serviceaspekte konzentrieren und auf eine bessere Disziplin achten. Nur so können sie das Ziel erreichen, »jederzeit mindestens 10 Prozent besser als das beste Center unserer Kunden zu sein«.

Was genau bedeutet das? Ein Beschäftigter der untersten Hierarchieebene in einem Call-Center in Bangalore kann nur dann aufsteigen, wenn er dieses Verbesserungsziel von 10 Prozent erreicht. Kannan meint: »Wir wollen eine um 10 Prozent bessere Leistung erbringen als jedes andere Center, das unsere Kunden derzeit einsetzen – ob im eigenen Unternehmen oder durch Outsourcing. Anders ausgedrückt: Wir wollen für unsere Kunden der Anbieter Nummer eins sein, und zwar nach den für sie wichtigen Kriterien. Auf diese Weise differenzieren wir uns. Da ist es nur folgerichtig, dieses Ziel mit der Leistungsbeurteilung der Angestellten zu verknüpfen. Sie müssen sich auch an der Rentabilität messen lassen. Seit dem Jahr 2002 überprüfen wir, wie viele Mitarbeiter in jedem Kundenprojekt dieses Ziel von 10 Prozent erreichen.«

Ein konkretes Beispiel: Angenommen, die Bearbeitung eines Versicherungsanspruchs dauert durchschnittlich fünf Minuten, wobei die Fehlerquote bei 0,05 Prozent liegt. Das ist der beste erreichte Wert in den schon vorhandenen Centern der Kunden. Diese Leistung möchte *24/7 Customer* nun noch einmal um 10 Prozent verbessern. Mit anderen Worten: Die Mitarbeiter sollen einen Versicherungsanspruch in nur viereinhalb Minuten bearbeiten und dabei nicht mehr Fehler machen. Wer diese Anforderung erfüllt, wird schneller befördert und hat Anspruch auf Leistungsprämien.

Auf der obersten Sprosse der Karriereleiter ist ein Manager dann für etwa 200 Sachbearbeiter zuständig. »Noch einmal: Sämtliche Leistungsprämien und sonstigen Leistungsbeurteilungen sind mit dem Ziel verknüpft, das aus Kundensicht beste Center zu sein«, merkt Kannan an. »Deshalb werden heute nicht nur die Projekte in die Leistungsbeurteilung einbezogen, sondern auch die Qualität der Angestellten eines Managers. Wie viele Mitglieder seines Teams glänzen mit überdurchschnittlichen Leistungen? Wie hoch ist die Fluktuation? Denn bei einer zu hohen Fluktuation schrumpfen das Wissen und die Erfahrungen und folglich auch die Ergebnisse.«

Variable Vergütungsbestandteile spielen in der Gehaltspolitik von *24/7 Customer* weiterhin eine wichtige Rolle und sind heute noch enger mit der finanziellen Leistung verknüpft. Außerdem wird der Karriereentwicklung mehr Aufmerksamkeit gewidmet. Kannan räumt ein: »Wir erkannten vielleicht ein wenig zu spät, dass man Mitarbeiter, die für eine Beförderung in Frage kommen, auf ihre neuen Aufgaben systematisch vorbereiten sollte. Anfangs versetzten wir einfach diejenigen Angestellten, die hervorragende Leistungen brachten, auf die nächste Stufe, und dann noch einmal auf die nächste Stufe, und plötzlich versagten manche völlig. Deshalb haben wir ein Karriereentwicklungsprogramm eingeführt. Wir möchten, dass unsere Mitarbeiter ihre Fähigkeiten entfalten, aber wir möchten sie nicht überfordern.«

Die Ergebnisse dieser Prozessveränderungen sind deutlich sichtbar. Vor 18 Monaten war die Firma nur für 18 Prozent ihrer Kunden das weltweit beste Center. Mittlerweile ist dieser Anteil auf über 70 Prozent angestiegen. »Es dauert heute nicht mehr 180 Tage, sondern nur noch 120 Tage, um die Abläufe für jedes neue Projekt in einem Center zu stabilisieren und die Vorgaben der Dienstleistungsverträge zu übertreffen«, berichtet Kannan.

Natürlich ist es in einer Organisation mit einer so starken Mission wie *Special Olympics* entscheidend, das Charisma und den Elan des Gründers zu erhalten. Während Tim Shriver neue Strukturen schuf und die Prozessdisziplin stärkte, achtete er deshalb sehr darauf, die ursprüngliche Vision seiner Mutter nicht zu verwässern. Zu diesem Zweck wurden sogar spezielle Anforderungen vorgegeben. So müssen dem Vorstand der Institution zwei Nachfahren von Eunice Kennedy Shriver angehören, Veränderungen der Mission dürfen nur einstimmig beschlossen werden und die Einhaltung der Mission muss mindestens alle zwei Jahre überprüft werden. Das Spannungsfeld zwischen Vision und Prozessdisziplin stellt eine große Bewährungsprobe für das Führungsteam dar.

Der wichtigste Motivationsfaktor bei *Special Olympics* war immer die überzeugende Mission, und das wird auch so bleiben. Ein Mitarbeiter sagte einmal aus tiefster Überzeugung: »Sie ist durch und durch gut!« Der Stolz auf die Vision und das »Produkt« ist so stark, dass andere Motivationsfaktoren, die in gewöhnlichen Wirtschaftsunternehmen die Hauptrolle spielen (Vergütung, Aufstiegsmöglichkeiten, Nebenleistungen), in den Hintergrund treten. Aber auch eine starke Mission hat ihre Grenzen.

»Bei der Umstrukturierung haben wir hohe Erwartungen an die Manager gerichtet, die wir dabeihaben wollten. Sie sollten unterschiedliche Erwartungen unter einen Hut bringen, Zielvorgaben entwickeln und persönliche Ziele mit jenen der Organisation vereinbaren. Sie mussten gut kommunizieren können, etwas vom Wissensmanagement verstehen und Aufgaben und Zuständigkeiten klar definieren.

Aber dabei darf man nicht vergessen, dass wir größtenteils Mitarbeiter aus dem gemeinnützigen Sektor einstellen, und für diese waren derartige Anforderungen immer von sekundärer Bedeutung gewesen. Sie haben die Fähigkeiten, die wir verlangten, in ihrem bisherigen Berufsleben nicht erworben. Deshalb müssen viele von ihnen umlernen. Wir unterstützen sie dabei durch Schulungen, aber es braucht eben seine Zeit.

Wir haben es noch nicht ganz geschafft – mich eingeschlossen, um ehrlich zu sein. Wir haben unser Augenmerk noch nicht vom ›Gemälde‹ auf den ›Künstler‹ verlagert. Wir müssen noch daran arbeiten, nicht nur auf das Projekt zu schauen, sondern auch auf die Gesundheit unserer Organisation.«

Vor diesem Hintergrund entwickelte *Special Olympics* eine neue Personalentwicklungsstrategie und führte ein konsequentes Leistungsbeurteilungssystem ein. Die Rechenschaftspflichten und Kontrollen wurden auf allen Stufen der Einrichtung verstärkt. Die Zentrale bietet Basisschulungen für Mitarbeiter, die neue Initiativen gründen. Darin werden wichtige organisatorische Fragen behandelt (etwa zur Bildung eines Vorstands oder zur Planung von Veranstaltungen) und die erforderlichen Fähigkeiten umrissen. Außerdem werden Standardmodule für die Bereiche Mittelbeschaffung, Sport, Personalmanagement und allgemeine Qualifikationen entwickelt.

»Wir alle möchten im Grunde unseres Herzens die Frage schnell abhaken, wie man die Entscheidungsbefugnisse verteilt, und uns lieber damit beschäftigen, wie man in Kalkutta mehr Sportler für die Bewegung gewinnt«, sagt Shriver. »Niemand hat hier wirklich schlaflose Nächte, weil er über die Verteilung der Kompetenzen grübelt. Dazu sind wir nicht da. Natürlich versuchen wir herauszufinden, wie die Entscheidungsprozesse optimiert werden können, aber wirklich wichtig sind uns ganz andere Dinge.«

Genau aus diesem Grund können wir die Menschen auch zu ihrem überdurchschnittlichen Engagement motivieren. Leute, die für gemeinnützige Organisationen arbeiten, beziehen ihre Belohnung aus dem Dienst am Nächsten und der daraus resultierenden persönlichen Befriedigung. Unsere Aufgabe bei *Special Olympics* lautet, ihren Einsatz so effektiv wie möglich zu gestalten.«

Special Olympics: Nachtrag

Der Einsatz und das Engagement der Mitarbeiter in der Zentrale und im regionalen Management weltweit haben die Institution auf den Weg zur flexiblen Organisation gebracht. Die Entscheidungsbefugnisse, der Informationsfluss, die Motivationsfaktoren und die Struktur sind heute besser aufeinander abgestimmt. In ihrem Wechselspiel bringen diese Bausteine die Mission und die Ziele der Einrichtung voran.

»Es gibt sehr viele positive Veränderungen«, berichtet Shriver. »Innerhalb von acht Jahren sollen in drei Ländern außerhalb der Vereinigten Staaten *Special-Olympics*-Weltspiele stattfinden.[5] Das ist ein direktes Ergebnis unserer Neuorganisation. Außerdem haben wir die Bewegung wirklich globalisiert. Nur wenige Menschen in Litauen würden in *Special Olympics* einen US-Export sehen. Für sie ist es eine europäische Bewegung. Für die Ägypter ist es eine Einrichtung des Nahen Ostens. Das ist ein großer Schritt nach vorne. Die Durchführung der Weltspiele außerhalb der USA stärkt die Nachhaltigkeit der gesamten Bewegung und ermöglicht es uns, weitere Programme zur Förderung von Minderheiten zu entwickeln. Beispiele dafür sind die Initiativen *Schools Outreach Project* und *Healthy Athletes*, die heute von Massachusetts bis China kooperieren.«[6]

Special Olympics erhielt während der Neuorganisation große Unterstützung von den Regionen. In den vergangenen vier Jahren gewannen die dortigen Organisationen über 700 000 neue Mitglieder. Dies entspricht einem Wachstum von 40 Prozent in drei Jahren. Dabei wurde gewiss kein einziger Sportler nur deshalb gewonnen, weil die Vorgabe der Zentrale lautete: »Wir möchten die Schwelle von zwei Millionen Sportlern überschreiten.« Jeder einzelne Sportler trat vielmehr deshalb der Bewegung bei, weil ein freiwilliger Helfer oder Mitarbeiter vor Ort ihn ansprach und ihm das Programm vorstellte, ihn mit einem Trainer bekannt machte oder ihm einen Wettkampf zeigte ... und dann eine Mitgliedschaft vorschlug.

»Heute haben wir ein Team«, so Shriver. »Früher hatten wir keins. Heute verfolgen wir Ziele, zuvor hatten wir keine. Heute ziehen alle an einem Strang. Früher konnten wir davon nur träumen. Insgesamt haben wir uns weltweit viel stärker etabliert. In Russland haben wir zugelegt und in China auch. In Südafrika geht es langsamer voran, aber auch dort verzeichnen wir Erfolge. In der Türkei sind wir ebenfalls auf Wachstumskurs. All das ist nur möglich, weil wir Managementteams vor Ort haben, die sich unablässig um die Weiterentwicklung jeder Initiative kümmern. Die Zentrale verfügt nun über geeignete Methoden, um diese Programme zu beurteilen. Wir haben also vieles in Angriff genommen und vieles richtig gemacht, aber die Reise ist noch nicht zu Ende.«

Die Just-in-Time-Organisation handelt manchmal wie ein frühreifes Kind, das seine Altersgenossen mit seinem Können verblüfft, um sich dann wieder unreif und sogar unvernünftig zu verhalten. Häufig hat sie ein sehr schnelles Wachstum erlebt, ist dann aber ins Stolpern geraten. Ohne die geeignete Ausrüstung und genügend Disziplin wird sie an Fehlfunktionen leiden. Aber mit den richtigen Prozessen und Strukturen kann sie nachhaltig erfolgreich sein.

Anmerkungen zu diesem Kapitel

1   Verglichen mit flexiblen Organisationen schneiden Just-in-Time-Unternehmen in vielerlei Hinsicht schlechter ab, als man erwarten würde. Sie bieten wenig Chancen zu »horizontalen Karriereschritten« (54 Prozent gegenüber 72 Prozent) und Entscheidungen werden häufig »noch einmal in Frage gestellt oder revidiert« (55 Prozent gegenüber 26 Prozent). Relativ wenig Mitarbeiter bestätigen die Aus-

sage, dass sie »in der Regel die nötigen Informationen besitzen, um den Einfluss ihrer täglichen Entscheidungen auf das Geschäftsergebnis zu verstehen« (46 Prozent gegenüber 85 Prozent).

2 Gespräch mit Tim Shriver, ehemaliger Aufsichtsratsvorsitzender und CEO von Special Olympics, Washington, D. C., 24. August 2004.

3 Telefongespräch mit P. V. Kannan, Gründer und CEO von 24/7 Customer, 26. Oktober 2004.

4 Gespräch mit P.V. Kannan, Gründer und CEO von 24/7 Customer, Bangalore, Indien, 26. Juli 2004.

5 Die Weltspiele fanden 2003 in Dublin, Irland, und 2005 in Nagano, Japan, statt. Im Jahr 2007 werden sie in Shanghai, China, abgehalten.

6 Das Projekt »Healthy Athletes« soll die Gesundheit und Fitness der Sportler von Special Olympics fördern und ihr allgemeines Wohlbefinden steigern. Es umfasst die Bereiche »Fit Feet«, »FUNfitness«, »Health Promotion«, »Health Hearing«, »Opening Eyes« und »Special Smiles«.

Kapitel 8

Die hierarchische Organisation: »Marschieren in Formation«

Das hierarchische Unternehmen wird häufig von einem kleinen, in der Praxis verwurzelten Führungsteam geleitet und funktioniert wie eine gut geölte Maschine. Seine Mitarbeiter kennen ihre Aufgaben und erfüllen sie gewissenhaft. Allem Anschein nach wird die Strategie reibungslos und konsistent umgesetzt. Die stark hierarchisch geprägten Strukturen sind in ein sehr kontrolliertes Führungsmodell eingebettet. Hierarchische Organisationen können brillante Strategien entwickeln und umsetzen, weil sich ihre Angestellten auf klar definierte Prozesse und Verfahren stützen und jedes Szenarium im Handbuch auswendig können. Sie arbeiten sehr effizient und nutzen ihre Größe meisterhaft, wenn es um die Bewältigung eines großen Volumens gleichartiger Transaktionen geht.

Die Geschäftseinheiten hierarchischer Firmen genießen meist eine gewisse Autonomie, damit die Unternehmensspitze sich ihrer wichtigsten Aufgabe widmen kann, der Vorbereitung zukünftiger Wachstumsphasen. Hierarchische Organisationen ziehen geduldig talentierte Nachwuchskräfte heran, anstatt sie zu drillen. Sie versuchen damit, eine reibungslose Nachfolge in den Führungsreihen zu gewährleisten. Darüber hinaus richten sie Feedback-Schleifen ein, damit die obersten Befehlshaber ohne Zeitverzögerung über die Entwicklungen an der Front informiert werden. Hierarchische Unternehmen zeigen allerdings Schwächen, wenn plötzliche Marktveränderungen eintreten, denn unerwartete Veränderungen können sie nur schlecht verarbeiten.

Jeden Montagmorgen treten die acht Mitglieder des geschäftsführenden Vorstands von *7-Eleven* sowie ausgewählte Gäste zusammen, um über strategische Fragen zu diskutieren und die Entwicklungen der vergangenen und der kommenden Woche zu besprechen. Gerüstet mit dem am jeweils vorangegangenen Freitag herausgegebenen »Handbuch« wissen sie genau, welche der 2 500 Produkte im Sortiment von *7-Eleven* in den 5 800 Läden in den Vereinigten Staaten und Kanada gut oder schlecht verkauft wurden. Sie verfügen über umfassende Informationen zu neuen Produkten und Verkaufsförderaktionen. Sie sind bestens darauf vorbereitet, Unternehmensfragen zu lösen und den taktischen Kurs für die nächste Woche festzulegen.

Bis elf Uhr hat das Team die Prioritäten der Woche definiert und ist bereit, sie an die nächste Führungsebene, die Vorstandsdirektoren, weiterzugeben. Dazu wird eine zweistündige nationale Videokonferenz durchgeführt. In der ersten Hälfte gehen die Vorstandsdirektoren der Geschäftsbereiche die aktualisierte Prognose für den Monat und das Quartal durch und besprechen strategische Themen. Im Laufe dieses meist sehr lebhaften Austausches erzielen die Teilnehmer stets eine Einigung, getreu dem bei 7-*Eleven* geltenden Prinzip: »Einigkeit beim Auseinandergehen.« Zur Mittagszeit treffen sich Abteilungsleiter, Produktleiter, Warengruppenberater und Vertriebs- und Marketingleiter zu dem so genannten »Hindernis-Meeting«. Dabei geht es um Angelegenheiten der Ladengeschäfte, die nur auf Konzernebene gelöst werden können. Die Palette der Themen reicht von der Aufstockung der Softdrink-Bestände während einer Hitzewelle in San Diego bis hin zur Behebung von Systemfehlern in einer neu eingeführten Software. Die einzelnen Anliegen werden klar definiert und die Rechenschaftspflichten eindeutig zugewiesen. Die jeweiligen Verantwortlichen können davon ausgehen, dass ihr Name auf der Tagesordnung der kommenden Woche steht und sie dann einen Bericht über die Klärung des Problems oder zumindest über den Stand der Fortschritte vorlegen müssen.

Zunächst aber geht es um die Finanzen. Der Vorstandsvorsitzende und CEO Jim Keyes meint: »Normalerweise würde eine derartige Besprechung der Finanzzahlen nur in einem relativ kleinen Kreis stattfinden. Aber ich erkannte, dass das Management von den finanziellen Dingen völlig abgekoppelt war. Deshalb wollte ich einen Lernprozess in Gang setzen. Tatsächlich ist es eine Chance zur Führungsentwicklung für die Mitarbeiter auf Abteilungsleiterebene oder darunter. Sie lernen, einen Zusammenhang zwischen ihrer Arbeit und dem Aktienkurs der Firma herzustellen.«Mit einem ähnlichen »Handbuch« gewappnet wie jenem, das dem geschäftsführenden Vorstand am vorangegangenen Freitag ausgehändigt wurde, haben diese aufstrebenden Führungskräfte den Umsatz und Gewinn sowie den Grad ihrer Zielerreichung im Blick. Manager, die bisher nie über ihre eigene Geschäftseinheit hinausschauten, sehen jetzt die Gesamtleistung des Unternehmens und können ihre Taktik besser auf seine finanziellen Ziele abstimmen.

Aber hier endet die Kommunikation noch nicht. In Wahrheit fängt sie erst richtig an. Nach den 11-Uhr-Treffen nehmen viele Mitarbeiter noch an Personal- und Geschäftsbereichsbesprechungen teil.

Jeden Dienstag um 11.15 Uhr erhalten dann die fast 800 Filialbetreuer von *7-Eleven* – die jeweils für mehrere *7-Eleven*-Läden verantwortlich sind und dort die Einhaltung der Konzernstandards gewährleisten – ihre Anweisungen. Die einstündige Videokonferenz beginnt mit der wöchentlichen Botschaft des Hauptgeschäftsführers Gary Rose. Dann geht es sofort in medias res: Fallstudien, neue Merchandising-Artikel, beworbene Produkte, Erkenntnisse aus Testmärkten. Es wird über alles gesprochen, was die Filialbetreuer wissen müssen, um die Ladeninhaber über die Prioritäten in dieser Woche zu informieren. Am Ende meldet sich Jim Keyes mit einer Abschlussbotschaft zu Wort. Häufig erzählt er von einem persönlichen Besuch in einem *7-Eleven*-Geschäft, einer bevorstehenden Verkaufsförderaktion oder einer sonstigen Werbemaßnahme. Wenn die Filialbetreuer von Mittwoch bis Freitag unterwegs sind, wissen sie genau, welche Informationen sie den Geschäften übermitteln müssen, weil sie direkt von der Unternehmensspitze unterrichtet wurden. Dieser wöchentliche Drill ist zwar zeitraubend, ermöglichte es der Firma aber letztlich, sich von einer Schwächephase zu erholen und in den vergangenen acht Jahren anhaltend gute Ergebnisse zu erzielen. Im Januar 2005 blickte *7-Eleven* auf 33 Quartale ununterbrochenen Wachstums in denselben Geschäften zurück – ein Novum im Sektor der Gemischtwaren- und Lebensmittelläden.

In Anbetracht dieser Erfolgsmeldungen fällt es schwer zu glauben, dass die Firma vor nicht einmal 15 Jahren, damals unter dem Namen *Southland Corporation*, Gläubigerschutz beantragte. Damals war *7-Eleven* ein klassisches unkoordiniertes Unternehmen. Es verfolgte keine klare Richtung mehr, weil die Marke von Filialinhabern mit falsch verstandenem Unternehmergeist sowie konzeptlosen Managern in der Zentrale in verschiedene Richtungen gezerrt wurde. Die Firma fand sich plötzlich in so unterschiedlichen Geschäftsbereichen wie der Erdölbranche, der Autozulieferung und dem Immobiliensektor wieder. Währenddessen konnte die Einkaufsmacht im Kerngeschäft – den Lebensmittelläden – nicht ausgeschöpft werden, weil jeder Inhaber seine Waren selbst einkaufte. Die dezentrale Struktur, die in den Anfangsjahren des starken Wachstums so gut funktioniert hatte, zeigte ihre Schwächen, als Tankstellen und rund um die Uhr geöffnete Drugstores das Geschäftskonzept des Unternehmens nachahmten. Sie boten sogar viele

Verkaufsschlager von *7-Eleven* – Bier, Softdrinks, Zigaretten, sogar Brot und Milch – unter dem Einkaufspreis an, nur um Kunden anzulocken.

Jim Keyes hat sehr persönliche Erinnerungen an dieses Kapitel der Firmengeschichte. Er war der Architekt des Umstrukturierungsplans, mit dem er das nun in *7-Eleven* umbenannte Unternehmen vor der Insolvenz rettete. »Meine Karriere ist wirklich einmalig«, meint er trocken. »Zunächst war ich dafür verantwortlich, den Sanierungsplan zu entwickeln, später musste ich ihn als Finanzleiter finanzieren. Dann wurde ich Hauptgeschäftsführer und musste den Plan ausführen. Heute bin ich CEO und stehe vor der Aufgabe, den Plan zu verkaufen.«[1]

Er vergleicht das alte *Southland* mit einer Boa Constrictor, die ein Schwein verschluckt hatte. »Das Paradoxe war ja, dass wir einerseits dezentral organisiert waren, andererseits eine aufgeblähte Zentrale mit zu vielen Mitarbeitern hatten. Deshalb zog ich immer den Vergleich zu einer Boa Constrictor: Die Autorität war irgendwo in der Mitte auf der Ebene der Geschäftsbereiche konzentriert. Zwar war die Entscheidungsfindung zentralisiert, aber eben im mittleren Management. Dadurch konnten wir nie schnell genug auf die Marktanforderungen reagieren, und ebenso wenig konnten wir unsere Einkaufsmacht optimal ausspielen.

Also versuchte ich, das Unternehmen eher nach dem Vorbild einer Klapperschlange zu organisieren. Das eine Ende mit der Klapper ist ziemlich wichtig – aber auch das andere Ende mit den Giftzähnen. Nach diesem Modell strukturierten wir *7-Eleven* um. Wir übertrugen den Filialen mehr Autorität und Entscheidungsbefugnisse, denn mit den neuen Informationstechnologien haben wir nun auch die geeigneten Werkzeuge dafür.

Gleichzeitig wurde auch die Hauptverwaltung gestärkt, weil wir die Einkaufsmacht von *7-Eleven* ausnutzen wollten. Schließlich verkaufen wir manche Produkte sogar in größeren Mengen als *Wal-Mart*. Deshalb war es an der Zeit, diesen Bedarf in dieselben Vorteile umzumünzen, wie sie auch *Wal-Mart* bei seinen Lieferanten genießt. Damit sind wir im Moment noch beschäftigt.«

Eine entscheidende Rolle bei diesen Änderungen spielt die Kommunikation. Um einen schnelleren und effektiveren Austausch zu gewährleisten, wurden die elf Führungsebenen auf sieben reduziert, einschließlich des CEO und der Ladenbetreiber (siehe Abbildung 8.1). Kommunikation heißt das Schlüsselkonzept, das Tag für Tag und Woche für Woche umgesetzt wird. Jim Keyes erläutert: »Ich bezeichne unser Geschäftsmodell als ›Unternehmertum im Unternehmen‹. Unsere Ladenbetreiber sollen Unternehmer sein, aber nicht jeder spontanen Idee nachgeben … und beispielsweise Angelköder anbieten, nur weil sie in der Nähe eines Sees liegen. Wir hatten *7-Eleven*-Läden, in denen die Behälter mit den Würmern direkt neben den kalten Sandwiches lagen! Ein ›Unternehmer im Unternehmen‹ denkt eigenständig, geht Risiken ein und trifft Entscheidungen, die im besten Interesse des Kunden liegen. Aber er trifft diese Entscheidungen innerhalb der Parameter eines empfohlenen Produktsortiments. Er ist nicht einfach nur dazu da, um Würmer zu verkaufen.«

Abbildung 8.1: Die neue Organisationsstruktur von 7-Eleven

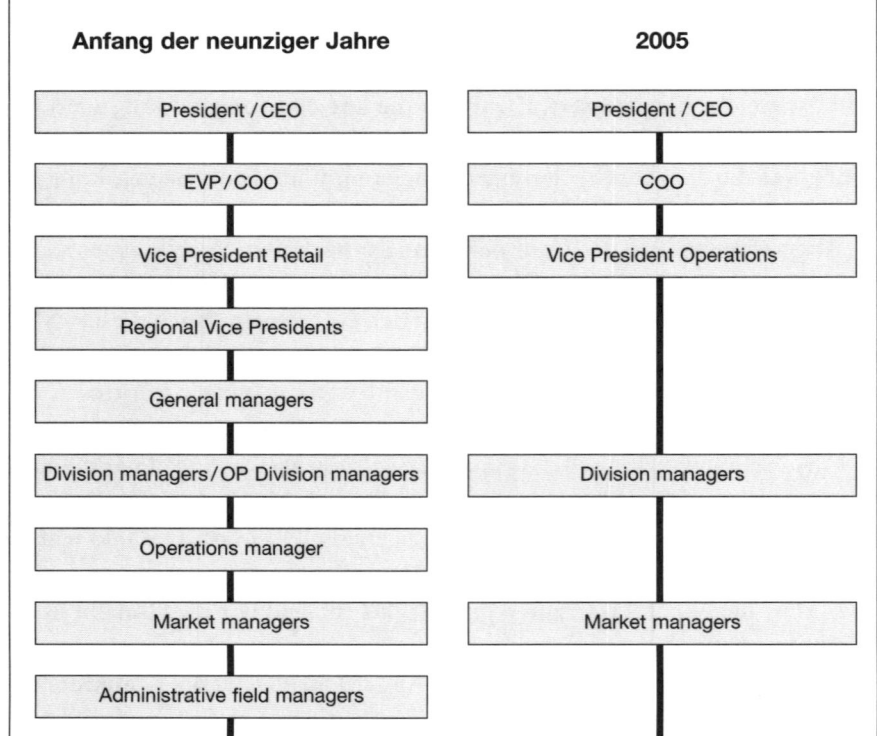

7-Eleven ist ein Beispiel für eine hierarchische Organisation, weil es eine abgewandelte Top-down-Struktur besitzt. Die Richtung wird von oben vorgegeben, aber das Wissen befindet sich an der Basis. Auf diese Weise kann das Qualitätsversprechen bei den Tausenden, oft Millionen Kunden täglich weltweit verlässlich erfüllt werden.

Die hierarchische Firma ist sehr diszipliniert und koordiniert. Sie hält sich unerschütterlich an ihre Strategie, die im Allgemeinen direkt und leicht verständlich ist. Sie arbeitet sehr effizient, weil die Mitarbeiter »in Formation« aufgestellt sind und in dieselbe Richtung marschieren. Die Geschäftsleitung gibt die Strategie vor, und die Manager stellen sich darauf ein. Die Entscheidungsbefugnisse und der Informationsfluss sind zentralisiert. Informationen werden dahin geleitet, wo sie benötigt werden – also nach oben; Anweisungen dagegen fließen nach unten.

Hierarchische Unternehmen ähneln gut trainierten Sportmannschaften. Es gibt ein Handbuch, in dem sämtliche Spielzüge beschrieben werden, und die Mannschaft übt diese Spielzüge so lange ein, bis sie sie im Schlaf beherrscht. So weiß sie in jeder Situation, wie sie reagieren muss. Jeder einzelne Spieler weiß genau, was von ihm erwartet wird. Dennoch haben die Spieler auf dem Feld auch gewisse Freiheiten. Auf die Ladenbetreiber übertragen bedeutet das, dass sie eigene Ideen verwirklichen können, solange sie den vorgegebenen Rahmen nicht sprengen.

Schwierig wird es aber dann, wenn sich das Spiel selbst ändert ... wenn sich der Markt einer hierarchischen Organisation plötzlich und in eine unerwartete Richtung entwickelt.[2] Dies ist etwa der Fall, wenn sich ein Konkurrent auf der anderen Straßenseite niederlässt, eine revolutionäre Technologie auf den Markt kommt oder ein bislang starker Markttrend sich einfach auflöst. Solche Szenarien sind im Handbuch nicht vorgesehen. In solchen Situationen muss das Management schnell neue Spielzüge entwickeln und die Mitarbeiter damit vertraut machen. Aber dazu ist es nur in der Lage, wenn es Veränderungen frühzeitig erkennt und die Folgen absehen kann. Diese Fähigkeit ist allerdings in hierarchischen Unternehmen, die Überraschungen verabscheuen, eher selten vorhanden.

Ebenso selten ergeben sich in der hierarchischen Organisation Zufallserfolge, wie sie für Just-in-Time-Unternehmen typisch sind. Einmal getroffene Entscheidungen werden nicht immer wieder, wie in überverwalteten Organisationen, hinterfragt und revidiert. Anweisungen werden akzeptiert, und ihre Ausführung wird von den Verantwortlichen überwacht.[3] Die hierarchische Firma präsentiert sich dem Markt als einheitliches Ganzes, weil jeder Mitarbeiter weiß, was zu tun ist.[4] Es herrscht eine Atmosphäre, in der nur das Ergebnis zählt. Den Angestellten ist klar, dass sie nur vorankommen, wenn sie ihre Leistungsvorgaben erfüllen.[5] Es ist nur folgerichtig, dass Schulung und Weiterbildung in diesen Organisationen eine wichtige Rolle spielen.

Hierarchische Unternehmen sind also effizient und effektiv, weisen aber auch Schwächen auf.

Die hierarchische Organisation: Merkmale

Hierarchische Unternehmen zeichnen sich durch typische Merkmale aus: Sie haben disziplinierte, konsistente und schlanke Abläufe und eine klar definierte Befehlskette.

Klare Befehlskette

Es ist offensichtlich, wer in einer hierarchischen Organisation das Sagen hat. Die Zentrale gibt die Richtung vor und sorgt mit dem nötigen Nachdruck dafür, dass die Basis die Vorgaben effektiv umsetzt. Sie stellt ihr aber auch die nötigen Werkzeuge dafür zur Verfügung. Entscheidungen werden in einem nachvollziehbaren und kontrollierten Prozess getroffen. Aufgaben und Zuständigkeiten sind eindeutig verteilt und die Richtungsvorgaben sind unmissverständlich. Es handelt sich um ein tadelloses, klar umrissenes operatives Modell, das auch das kleinste Detail berücksichtigt und die Kunden mit gleichbleibend hoher Qualität bedient. Den mittleren Managern werden zwar gewisse Freiheiten eingeräumt, um sich an lokale Gegebenheiten anzupassen, aber nur innerhalb festgelegter Grenzen. Es gibt nicht viel Raum für Interpretationen, alle richten sich nach denselben Vorgaben.

7-Eleven trifft wichtige Entscheidungen an der Unternehmensspitze. Die Ladenbetreiber akzeptieren diese Beschlüsse vorbehaltlos, weil sie auf der Grundlage der von ihnen vorgelegten Verkaufszahlen getroffen werden. Jim Keyes bezeichnet das Entscheidungsfindungsmodell als »kontrollierte Autonomie«. So fordert das Unternehmen die Ladenbetreiber dazu auf, die volle Verantwortung für ihre Bestellungen zu übernehmen ... solange sie den strategischen Vorgaben für die Zusammensetzung des Gesamtsortiments entsprechen. Die Ladenbetreiber können über 25 Prozent ihrer Bestände selbst entscheiden. Die restlichen 75 Prozent unterliegen strengen Vorgaben und stammen von Lieferanten, die von der Zentrale zugelassen wurden. Regalbelegungspläne werden zentral entworfen und kontrolliert. Die Hauptverwaltung erstellt auch ein Preisverzeichnis, an das sich die 5 800 Läden genau halten. Vierteljährlich wird mit Hilfe eines in acht Kategorien eingeteilten »Performance Framework« festgelegt, ob und welche Filialen geschlossen werden müssen, wobei in jedem Quartal etwa 200 Läden überprüft werden. Die Einstellung neuer Mitarbeiter in der Zentrale muss von nicht weniger als drei Mitgliedern des geschäftsführenden Vorstands genehmigt werden. Es handelt sich also um eine höchst strukturierte und disziplinierte Organisation. Bedenkt man jedoch, wie viele einzelne Bestandteile sie umfasst, wird deutlich, dass es dazu gar keine Alternative gibt.

Um sieben Uhr morgens liegt jedem Mitglied des geschäftsführenden Vorstands eine E-Mail vor, in der die Umsätze des Vortages und des bisherigen Monats aufgeführt werden, gegliedert nach Geschäftsbereichen und Kategorien. Noch vor der ersten Tasse Kaffe weiß also jeder, wen er mit welchem Anliegen anrufen muss.

Passend zu diesen sehr disziplinierten Entscheidungsprozessen besitzt *7-Eleven* eine schlanke Führungsstruktur. Das Unternehmen kommt heute mit nur zwei Dritteln der Führungsebenen aus, die es noch in der Zeit vor dem Insolvenzantrag hatte (siehe Abbildung 8.1). Diese schlanke Struktur fördert den Informationsfluss und die Effizienz der Strategieumsetzung.

CEO Jim Keyes vergleicht seinen Führungsstil mit dem eines Football-Trainers: »Ich versuche, eine Spielstrategie zu entwickeln, mit der auftretende Hindernisse beseitigt werden können. Dazu muss ich wissen, welche Spielzüge unsere Gegner in petto halten. Meine Aufgabe ist es, einen Spielplan zu entwerfen, aber ich kann nicht mitspielen. Ich kann den Plan nicht selbst umsetzen. Ein guter Coach zeigt seiner Mannschaft, wie seine Vorstellungen umgesetzt werden können.

Natürlich blieb unser Team von Kinderkrankheiten nicht verschont. Aber jetzt haben wir eine klare Strategie, und unsere Mitarbeiter sind gut geschult. Sie kennen das Spielerhandbuch in- und auswendig. Sie wissen, worum es geht, nämlich um den Sieg. Vorher wussten sie nicht einmal, warum die Punkte wichtig waren – sie spielten einfach drauflos.

Jetzt, wo die Autorität und Glaubwürdigkeit des Trainers unangefochten sind, können wir anfangen, die Entscheidungsfindung ein wenig zu lockern … und ein paar Anregungen zu geben, wenn die Spieler zur Mannschaftsbesprechung zurückkommen. Es ist in Ordnung, seinem Nebenmann zu sagen: ›Hey, beim letzten Mal bist du aus der Deckung gegangen‹, oder »Ich werde nicht gedeckt, gib den Ball an mich weiter‹. Solange das Feedback konstruktiv und fundiert ist, können wir es auch nutzen. Tatsächlich können wir uns schon gar nicht mehr vorstellen, wie wir ohne dieses Feedback planen sollten.«

Weniger ist mehr

Der grundsätzliche Vorteil des hierarchischen Modells besteht darin, dass es eine relativ kostengünstige Organisation erlaubt. In der Regel führen hierarchische Unternehmen täglich eine hohe Anzahl ähnlicher Transaktionen durch. Sie nutzen ihre Fixkosten optimal und schöpfen ihre Einkaufsmacht aus. Erfolgreiche hierarchische Organisationen setzen ihre Größe als Waffe ein. Mithilfe der Automation gewährleisten sie Konsistenz und senken die Kosten der Strategieumsetzung. Es überrascht nicht, dass die Personalkosten für die Angestellten an der Kundenfront oft relativ niedrig sind. Die mit höheren Renditen einhergehenden Risiken sind auf einer höheren Stufe angesiedelt. Viele dieser Unternehmen geben ihre Kostenvorteile an die Kunden weiter. Sie können zwar nicht von heute auf morgen ihre Strategie ändern, aber sie können ihre Mitarbeiter schnell mobilisieren. Sie passen ihre Organisation rasch und effizient an eine wachsende oder auch rückläufige Geschäftsentwicklung an.

Gabriella Santiago war gerade zur Leiterin des US-Geschäfts von *No-Frills Rental Car* befördert worden. Nun wollte sie mit einem genialen Schachzug zeigen, dass sie ihrer neuen Aufgabe gewachsen war. Jetzt, wo sie auf dem besten Weg war, eines Tages an die Unternehmensspitze zu gelangen, wollte sie ihr Profil in der Organisation schärfen – aber wie? Sie hatte angefangen, Managementzeitschriften auf der Suche nach einer zündenden Idee zu durchforsten, aber all die Artikel über erfolgreiche Firmenlenker wollten nicht zu ihrem Unternehmen passen. Die Manager in den Erfolgsgeschichten hatten entweder alles auf ein neues Produkt gesetzt, eine aussichtslos scheinende Sanierung erfolgreich abgeschlossen oder eine Gewerkschaft zerschlagen. *No-Frills* bot jedoch keine derartige Gelegenheit, zu »Ruhm und Ehre« zu gelangen.

Dafür bot es andere Vorteile: Das Unternehmen erzielte stetige, wenn auch unspektakuläre Ertragszuwächse von 3 Prozent jährlich und kontinuierliche Gewinnverbesserungen von knapp 6 Prozent jährlich. Diese zuverlässigen Zahlen hatten sich in den vergangenen fünf Jahren in einer Steigerung des Shareholder-Values um 40 Prozent niedergeschlagen. An der Wall Street war *No-Frills Rental Car* der Liebling der Branche. Gabriella wollte gern glauben, dass auch sie zu diesem guten Ruf beigetragen hatte.

In den vergangenen sieben Jahren war Gabrielle für das Geschäft im mittleren Westen verantwortlich gewesen. Sie hatte große Anstrengungen unternommen, um die Prozesse zu beschleunigen und die Kosten zu senken. Sie hatte dazu in Pilotprojekten in Indianapolis einige neue Rückgabe- und Reinigungsverfahren getestet und dabei eine Zeitersparnis von sieben Minuten erzielt. Innerhalb von drei Monaten hatte sie die neuen Verfahren in der gesamten Region eingeführt. Die daraus resultierenden Effizienzzuwächse ermöglichten es ihr, den Autobestand deutlich zu senken, was sich wiederum sehr positiv auf das Ergebnis der Region auswirkte.

Auf der Suche nach Wegen, um die mit der Vermietung, Rücknahme und Reinigung von Fahrzeugen verbundenen Routineaufgaben zu automatisieren, schlug sie ihrem Team so genannten Spaßwettbewerbe vor. Bei diesen Wettbewerben sollten die Mitarbeiter Ideen entwickeln, wie sie den Kunden eine ganz neue Erfahrung bieten könnten. Außerdem flexibilisierte sie die Personalplanung und kam auf diese Weise den unterschiedlichen Bedürfnissen ihrer Angestellten entgegen, während sie gleichzeitig die Arbeitskosten senkte. Mit ihrem bestimmten, aber fairen Führungsstil gewann sie das Vertrauen der Belegschaft. Die Fluktuation ging zurück, und das Engagement stieg. Hatten sie in der Vergangenheit nur das Notwendigste getan und immer auf die Uhr geschielt, waren sie nun zunehmend motiviert.

Während Gabriella über ihre Firma nachdachte, wurde ihr bewusst, dass genau hier des Rätsels Lösung lag: Sie musste an dieser nüchternen, aufgabenbenorientierten Philosophie ansetzen. Letztlich bestand das Mietwagengeschäft aus einer Reihe simpler Prozesse. Man vermietete Autos, nahm sie zurück, reinigte und betankte sie. Die Niederlassungen mussten genügend Fahrzeuge vorhalten und die Bestände verwalten. Jede dieser Aktivitäten wurde jährlich hunderttausendfach ausgeführt.

Als sie genauer untersuchte, welche Manager es bei *No-Frills* an die Spitze geschafft hatten, erkannte sie, dass sie sich ebenfalls auf diese Erfolgsformel verlassen hatten. Ihr Motto lautete, die grundlegenden Dinge richtig zu machen, die Kunden genau zu beobachten und jede Chance für Zeit- und Kostenersparnisse zu nutzen. Der ehemalige CEO, Dan Jakuboski, der im vergangenen Jahr von der Konkurrenz abgeworben worden war, hatte ihr seine so genannte »Dreierregel« eingetrichtert: »Das Ziel für das nächste Jahr sollte immer lauten, eine Kostensenkung um 3 Prozent sowie eine Produktivitätssteigerung (gemessen an den Mieteinnahmen pro Arbeitsstunde) um 3 Prozent zu erzielen.«

No-Frills – ohne Schnickschnack – war nicht nur der Name des Unternehmens, sondern auch Dans Geschäftsphilosophie. Als vor fünf Jahren der Mietvertrag für die Konzernzentrale verlängert werden sollte, nutzte er die Gelegenheit zum Umzug in ein günstigeres Gebäude – trotz eines Rekordgewinns in jenem Geschäftsjahr. Außerdem führte er das so genannte Hoteling-Konzept ein: Manager, die häufig auf Dienstreisen waren, hatten kein eigenes Büro mehr, sondern reservierten den benötigten Raum nach Bedarf.

Gabriella beschloss, sich in ihrer weiteren Laufbahn von Dan inspirieren zu lassen. Das Geheimrezept, um Kunden wie Aktionäre zufrieden zu stellen, lautete, mit wenig Aufwand viel zu erreichen.

Konsistenz als Leitmotiv

Im Zentrum des Mottos hierarchischer Organisationen, »Weniger ist mehr«, steht die Konsistenz: Sie bieten ihren Kunden ein Produkt und einen Service von gleichbleibender Qualität. Ihr Geschäftsmodell beruht auf einheitlichen Prozessen und Verfahren. Dies erleichtert es ihnen, ähnliche Transaktionen beliebig häufig auszuführen … ob zehn Mal oder hunderttausend Mal täglich. Diese Konsistenz wird durch Regeln, Werkzeuge und Automation gewährleistet. Sie ist jedoch nicht mit Standardisierung gleichzusetzen. Hierarchische Unternehmen wissen durchaus, wie wichtig es sein kann, nationale oder lokale Eigenheiten zu berücksichtigen.

7-Eleven hat viel erreicht, seit es mit seinem dezentralen Modell, in dem die Vorgaben der Unternehmensspitze nur zufällig umgesetzt wurden, fast in die Insolvenz geschlittert wäre. Heute verfügt die Firma über klare Schwerpunkte und fordert strenge Disziplin ein. Die Strategie wird konsistent und »nach Lehrbuch« umgesetzt. Dies ist sogar wörtlich zu verstehen, denn seit der Aufnahme von frischen Lebensmitteln in das Sortiment wird das Büchlein »Five Fundamentals of Convenience« landesweit verbreitet. Die fünf jeweils auf einer Seite beschriebenen Eckpfeiler der Gemischtwarenläden sind Qualität, Nutzen, Auswahl, Sauberkeit und Service. Diese fünf Ziele sind außerdem eng an das Leistungsbeurteilungssystem gekoppelt.

So genießt die Sauberkeit der Geschäfte mittlerweile hohe Priorität. Fenster, Böden, Toiletten, selbst der Parkplatz sollten stets blitzblank sein, und die Ladenräume müssen ordentlich und aufgeräumt wirken.[6] Mit diesem Thema beschäftigen sich nicht nur Konzernverlautbarungen und Filialbetreuer, sondern auch die Topmanager in den Sitzungen des geschäftsführenden Vorstands.

Aufgrund dieser neuen Strategie hat *7-Eleven* auch wieder einen Teil der Kontrolle über den Lagerbestand übernommen und ein Liefernetzwerk für frische Lebensmittel aufgebaut. Dank dieses Netzwerks können die etwa 350 verderblichen Artikelpositionen täglich, manchmal sogar zwei Mal täglich, angeliefert werden.[7] Dem Ladenbetreiber steht es dabei frei, etwa 15 bis 25 Prozent seines Sortiments auf den Geschmack und die Vorlieben seiner Kundschaft abzustimmen. Er kann diese Artikel aus dem gesamten Warenbestand des Unternehmens oder auch von lokalen Anbietern beziehen.

Weiterhin gibt es Produkte, die aus der Region oder sogar von den Märkten vor Ort bezogen werden. Den größten Teil des Sortiments bilden jedoch die Basisprodukte, die jedes *7-Eleven*-Geschäft führt und die zum Basisangebot eines jeden Gemischtwarenladens gehören: Cola, Zigaretten, Bier und Ähnliches.

Konsistenz steht auch im Mittelpunkt der Erfahrung der Gäste eines *Four Seasons*-Hotels. Sie wissen genau, dass sie immer dieselbe vertraute, luxuriöse Umgebung erwarten, und kommen deshalb gerne wieder. Sie lassen es sich etwas kosten, keine Überraschungen erleben zu müssen. Stan Bromley, regionaler Vorstandsdirektor in San Francisco, der seit 35 Jahren im Hotelmanagement arbeitet, sagt gern: »Wir sind keine Atomphysiker. Wir sind Diener, die ihre Gäste zu Hause begrüßen. Es geht einzig und allein um die Zufriedenheit der Gäste. Wir müssen ihnen zuhören und ihre Körpersprache verstehen – als würde unser Leben davon abhängen … denn so ist es schließlich auch.« Bromley ist selbst das beste Beispiel dafür, wie eine solche Einstellung gelebt werden kann. Wer beispielsweise mit ihm in seinem Hotel in San Francisco zum Frühstück verabredet ist und vor ihm ankam, wird wahrscheinlich mit den folgenden Fragen überschüttet: »Wie lange haben Sie gewartet, bis Sie begrüßt wurden? Haben die Mitarbeiter sich so verhalten, als wüssten sie, wer Sie sind? Haben Sie sofort einen Tisch bekommen? Wie war der Tisch gedeckt? Haben die Mitarbeiter die überflüssigen Gedecke schnell abgeräumt? Wie lange hat es gedauert, bis Ihnen Kaffee, Tee oder Saft angeboten wurde? Wie heiß war der Kaffee?«[8] Wenn *Four Seasons* einen Spitzenplatz unter den internationalen Hotelketten einnimmt, dann liegt es gerade an dieser Liebe zum Detail und der Disziplin, mit der sie zum Ausdruck gebracht wird.

Keine Beschwerde ist den Mitarbeitern eines *Four Seasons*-Hotels zu unbedeutend. Einmal merkte ein Gast beiläufig an, die Handtücher im Bad seien »nicht saugfähig genug«. Sofort kümmerte sich jemand darum und fand heraus, dass die Trocknertemperatur um 15 Grad zu heiß eingestellt war. Die Verlässlichkeit des exzellenten Service schließt jedoch nicht aus, dass die Belegschaft auch Freiräume hat. Nach Bromleys Vorstellung sollte jeder Mitarbeiter auf seine Weise zeigen, dass ihm die Gäste wichtig sind. Im Gegensatz zu anderen Hotelketten, in denen die Angestellten im Service vorgefertigte Floskeln verwenden müssen, ermutigt *Four Seasons* seine Mitarbeiter zu einem ungekünstelten, individuellen Umgang mit den Gästen.

Die hierarchische Organisation: Vorbeugungsmaßnahmen

Auch wenn das hierarchische Unternehmen grundsätzlich zu den gesunden Organisationstypen zählt, hat es seine Schwächen. So kann ihm die disziplinierte Führungsstruktur zum Verhängnis werden, wenn plötzlich Gefahren drohen, die ein flexibles Handeln erfordern. Außerdem leidet es oft unter einer hohen Fluktuation, weil sich viele Mitarbeiter nur als austauschbare Teilchen des Getriebes sehen. Deshalb sollten hierarchische Organisationen die folgenden vorbeugenden Maßnahmen ergreifen.

Kommunikations- und Informationskanäle

In einem hierarchischen Unternehmen kann gar nicht genug kommuniziert werden. Wie das Beispiel von *7-Eleven* zeigt, kommt es durchaus vor, dass die Geschäftsleitung ein und dieselbe Botschaft fünf Mal innerhalb von 24 Stunden mitteilt. Um den konsistenten und effizienten Service zu bieten, der von ihr erwartet wird, muss die hierarchische Organisation klare Anweisungen erteilen, notfalls auch wiederholt. Je häufiger die Mitarbeiter an der Kundenfront ihre Anweisungen direkt von der Unternehmensspitze erhalten, desto besser. Schon aus diesem Grund bietet sich eine flache Führungsstruktur an, weil hier die Gefahr einer Verzerrung und Verfälschung der Botschaften geringer ist. Da hierarchische Unternehmen in der Regel zahlreiche Niederlassungen und Filialen betreiben, sind moderne Kommunikationstechnologien (Videokonferenzen, E-Mails, IT-Warnsysteme) von unschätzbarem Wert. Sie fördern die Effizienz des Informationsflusses in beide Richtungen – von der Basis an die Unternehmensspitze und umgekehrt. In der Hauptverwaltung entwickelte Prioritäten und Lösungen können in Videokonferenzen und E-Mails im Unternehmen verbreitet werden, während Angestellte und Kunden relevante Daten und Vorschläge über die internen IT-Systeme nach oben leiten. Der Informationsfluss verläuft also wie in den meisten gesunden Organisationen zweigleisig. Typisch für das hierarchische Unternehmen ist jedoch die Geschwindigkeit des Informationsprozesses, es lässt sich selten zu langen Diskussionen oder gar zu tagelangen Führungsklausuren verleiten. Stattdessen werden die Richtung, die aktuellen Prioritäten und die Geschäftsdaten im Schnellfeuer kommuniziert. Das Ziel lautet, einen nahtlosen Austausch von relevanten, möglichst zeitnahen Informationen zu gewährleisten, die rechtzeitig an die richtigen Stellen gelangen.

»Wir sind heute nicht klüger als vor 20 Jahren«, meint Jim Keyes, CEO von *7-Eleven*. »Aber wir verfügen über moderne Kommunikationstechnologien. Ihnen verdanken wir es, dass wir sofort über alle wichtigen Entwicklungen in Kenntnis gesetzt werden und die Ladenbetreiber umgehend handeln können.«

Ein Beispiel dafür ist der Vorstoß in den Musikeinzelhandel, den die Firma im Jahr 2004 mit Jessica Simpsons Weihnachtsalbum unternahm. *Sony Music* bewies Risikobereitschaft, als es einem im Musikgeschäft unerfahrenen Einzelhändler einen Exklusivvorsprung von 60 Tagen für seinen Topstar einräumte. Die letzten beiden Alben Jessica Simpsons waren Platinalben geworden. *7-Eleven* musste also die Botschaft im Unternehmen verbreiten, dass diese Aktion hohe Priorität hatte.

»In der Vergangenheit hätten wir das Album einfach nur ausgeliefert und uns darauf verlassen, dass unsere 800 Filialbetreuer die entsprechenden Informationen bei ihren wöchentlichen Besuchen vermittelten«, berichtet Keyes. »Ein solches Produkt muss an einem bestimmten Platz auf der Verkaufstheke stehen. Es muss richtig beworben werden, und die Musik sollte im Hintergrund gespielt werden, damit die Kunden wissen, was sie kaufen.«

Anstatt sich allein auf die Filialbetreuer zu verlassen, kann 7-*Eleven* heute neue Techniken einsetzen, um derartige Werbeaktionen zu fördern. So könnten auf der jeden Dienstag stattfindenden Videokonferenz einige Ausschnitte aus dem Album vorgespielt werden. »Ich kann den Vorstandsvorsitzenden von *Sony* zu Wort kommen lassen, damit die Filialbetreuer aus seinem Mund hören, wie wichtig dieses Produkt für beide Seiten ist«, so Keyes. »Ich kann ihnen erläutern, dass wir vielleicht das nächste Album von Jennifer Lopez oder das nächste Harry-Potter-Buch bekommen, wenn dieser Versuch erfolgreich verläuft.«

Ein weiteres Kommunikationsmittel, auf das Keyes mit Stolz verweist, ist das neue Einzelhandelsinformationssystem des Unternehmens. »Mit diesem System kann ich auf jedem Computerbildschirm in jedem 7-*Eleven*-Geschäft ein Gateway-Symbol platzieren. Dieses Symbol müssen die Mitarbeiter anklicken, um Zugriff auf das System zu bekommen. Als Symbol habe ich ein Foto von mir selbst gewählt, und wenn sie es anklicken, sage ich ihnen, wie wichtig es sei, dieses Produkt zu verkaufen«, sagt Keyes. Das ist moderne Kommunikation!

Natürlich gehört zum Einsatz solcher Kommunikationstechnologien auch, dass sich die Zentrale enorme Datenmengen aus den Filialen beschaffen kann, um die Geschäfte effizienter zu führen und den Lagerbedarf zu planen. »Das Geniale an unserem Einzelhandelsinformationssystem ist, dass es riesige Datenmengen in übersichtliche Grafiken und Diagramme verwandeln kann. Daraus können wir ablesen, wie sich die 2 500 Produkte einer Filiale zu jeder Tageszeit verkaufen«, erläutert Keyes. Diese Informationen sind nicht nur in der Konzernzentrale sehr nützlich. Auch der Verkäufer in einer Filiale, der gerade Thunfisch-Sandwiches bestellt, kann über seinen Handheld-Computer darauf zugreifen. Auf Tastendruck kann er sich über die Verkaufszahlen dieses Artikels in den vergangenen acht Tagen informieren. Er kann den Wetterbericht lesen und beispielsweise einen Zusammenhang zwischen dem Absatz von Thunfisch-Sandwiches und Regentagen herstellen.

»Wir haben die Faktoren – die wahrscheinlichen Faktoren – herausgefiltert, die den Absatz bestimmter Produkte beeinflussen. Auf dieser Grundlage können die Filialen viel bessere Entscheidungen treffen. Rückt beispielsweise die Fastenzeit näher, erinnert sie ein blinkendes Symbol daran. Wenn die Filiale in der Nähe einer katholischen Kirche liegt, ist das eine wichtige Information.« Interessanterweise werden bei *7-Eleven* die Vorräte in den Läden nicht automatisch aufgefüllt. Tatsächlich gibt es nicht einmal Empfehlungen dazu, in welchen Mengen die Artikel bestellt werden sollten. »Das ist Einzelhandel pur. Die Bestellungen werden von den Verkäufern aufgegeben, die für einen Stundenlohn von acht Dollar arbeiten. Sie kennen die externen Einflussfaktoren, die den Verkauf von Thunfisch-Sandwiches beeinflussen, viel besser als wir.«

Überbringer guter Nachrichten belohnen

Die hierarchische Organisation legt überdurchschnittlich viel Wert auf Kommunikation und hält dabei meist sehr strukturierte Formen ein. Der Austausch findet weder zufällig noch in völlig freien Debatten statt. Leider besteht in einer solchen Umgebung auch die Gefahr, dass manche Menschen sich nicht trauen, ihre Meinung offen zu äußern. Darüber hinaus gelangen oft nur diejenigen Informationen an die Spitze, von denen man glaubt, dass sie dort gern gehört werden. Um dem entgegenzuwirken, muss das Management eine gewisse konstruktive »Aufmüpfigkeit« fördern. Es sollte Feedback-Schleifen einrichten, die es Mitarbeitern und Kunden ermöglichen, ihre Anliegen oder Beschwerden zu äußern. Ein solcher Dialog ist ein Zeichen guter Gesundheit. Nur wenn Neugierde und Kreativität in angemessener Weise gefördert werden, beginnen die Angestellten, sich für den Unternehmenserfolg verantwortlich zu fühlen.

Bei einem der wöchentlichen Treffen der Filialbetreuer im Januar 2005 legte Don Thomas, Vorstandsdirektor des Zentralbereichs von *7-Eleven*, eine Fallstudie über Sandwich-Verpackungen vor. Er redete vor 1 200 Menschen, die entweder im Konferenzraum in Dallas anwesend waren oder die Videokonferenz im ganzen Land verfolgten. Vor einem solchen Publikum hätte man ein stringente Präsentation erwarten können, die mit einem klaren Ja zur Einführung der Verpackungen endete. Stattdessen sprach Don die Fallstudie durch, als würde er sich mit einem Kollegen austauschen, der ihm am Schreibtisch gegenübersaß. Er zeigte verschiedene Fotos der Verpackungen und berichtete über Testmarktergebnisse und Faktoren, die den Verkauf beeinflussten. (Interessanterweise sei der Absatz besonders in der Nähe von Büros oder Einkaufsmeilen hoch, merkte er an.) Er gab eine Einschätzung ab, wie viel mit dieser neuen Produktkategorie umgesetzt werden könne (bis zu 70 US-Dollar pro Filiale und Tag). Aber er räumte auch Lücken in seinen Informationen ein. »Wir hätten die Stichproben besser durchführen müssen. Wir müssen nämlich wissen, was die Kunden zusätzlich zu den Verpackungen kaufen, und das haben wir noch nicht getestet.« Er machte diese Äußerung nicht, weil ihn jemand aus dem Topmanagement gezielt danach gefragt hätte. Vielmehr räumte er sein Versäumnis aus freien Stücken im Rahmen der von ihm geführten »Unterhaltung« ein.

Im Unternehmen ist es ausdrücklich erwünscht, Fehler und Versäumnisse offen einzuräumen. Jim Keyes, der CEO, spricht sich immer wieder dafür aus, mit schlechten Nachrichten nicht hinter dem Berg zu halten. Bei einer nationalen Konferenz mit *7-Eleven*-Mitarbeitern beschrieb er jüngst eine schlechte Erfahrung, die er als Kunde in einer Filiale gemacht hatte. »Ich fing mit den Worten an: ›Es widerspricht zwar dem noch aus den *Southland*-Zeiten stammenden Grundsatz, niemanden in Verlegenheit zu bringen, aber ich habe eine schlechte Erfahrung in einem *7-Eleven*-Geschäft gemacht. Und ich möchte Ihnen davon erzählen.‹

Ich sagte auch, um welchen Laden es sich handelte. Ich weiß genau, dass das jetzt wie ein Lauffeuer durch die ganze Firma geht. Auch in dem betreffenden *7-Eleven*-Geschäft wird darüber gesprochen. Die Angestellten fragen sich bestimmt, was wir wohl mit diesem Laden machen werden. Genau diese Art von Kultur möchte ich schaffen. Die Mitarbeiter sollen sich für die Probleme verantwortlich fühlen. Wir alle gemeinsam müssen verhindern, dass noch einmal jemand eine solche Erfahrung wie ich in einem *7-Eleven*-Laden macht.«

Keyes zieht einen Vergleich zu einer Wohnanlage. »Wenn einer Ihrer Nachbarn seinen Rasen einen halben Meter hoch wachsen lässt, fahren Sie nicht einfach daran vorbei und sagen: ›Das geht mich nichts an.‹ Sie schicken einen Brief an die Hausverwaltung und weisen auf das Problem hin – auch wenn Sie den Nachbarn damit in Verlegenheit bringen.

In einem Unternehmen neigen die Menschen dazu, den Kopf zu schütteln, wenn jemand seine Arbeit nicht gut macht oder wenn ein Laden nicht sauber ist. Aber mehr passiert nicht. Sie möchten sich nicht einmischen, weil sie ihre Kollegen nicht in eine peinliche Situation bringen möchten, oder weil sie Angst davor haben, als Überbringer schlechter Nachrichten bestraft zu werden. Diesem Verhalten wollte ich mit meiner Vorgehensweise auf unserer nationalen Konferenz entgegensteuern. Ich sagte: Ich verlange keineswegs, dass jemand entlassen wird. Ich möchte niemanden bloßstellen, wenn ich auf eine Schwäche hinweise. Aber es ist meine Aufgabe als Kunde und als Mitarbeiter von *7-Eleven*, die Dinge beim Namen zu nennen.«

Die Prioritäten der Angestellten, die weltweit in den *Four Seasons*-Hotels arbeiten, orientieren sich an einer einzigen Vorgabe: Sie sollen das beste Hotel in der Stadt betreiben. »Wir möchten Luxus als Dienstleistung neu definieren und unseren Gästen genau die Bequemlichkeiten bieten, die sie zu Hause oder im Büro auch haben«, erklärt der regionale Vorstandsdirektor Stan Bromley. Deshalb findet er es so wichtig, dass die Zimmermädchen und die anderen Mitarbeiter im Service nicht an Floskeln gebunden sind, wenn sie mit den Gästen sprechen. »Niemand kennt unsere Gäste besser als unsere Angestellten«, erklärt Bromley. »Sie haben Vertrauen in unser System. Sie wissen, dass sie sich mit jedem Anliegen an das Management wenden können und dass wir dann handeln. Sie melden uns Probleme und geben uns dann die Gelegenheit, etwas zu unternehmen. Aber wenn wir nicht darauf reagieren, werden auch sie ihr Engagement zurückfahren. Sie haben wenig Geduld mit Managern, die zuhören, aber nicht handeln. Wie finden Sie heraus, was einem Mitarbeiter durch den Kopf geht? Fragen Sie ihn und warten Sie dann seine Antwort ab, bevor Sie weitergehen.«

Die Angestellten der *Four Seasons*-Hotels wissen, worauf es im Umgang mit den Gästen ankommt, denn sie wurden gut geschult. »Wir raten den Mitarbeitern immer, darauf zu achten, dass ihre Entscheidungen zu unseren Zielen, Einstellungen und Werten passen. Daran halten sie sich, weil sie sich respektiert fühlen. Würden sie dagegen glauben, dass es uns nur um den Gewinn und das Prestige geht, nicht aber um unsere Kunden und Belegschaft, würden sie unsere Werte nicht akzeptieren und uns kein Vertrauen schenken.«

Führungskräfte, keine Roboter

Eine hohe Fluktuation an der Kundenfront kann in einer hierarchischen Organisation zu einem großen Problem werden. Die Branche, in der hierarchische Unternehmen am häufigsten vertreten sind – der Einzelhandel –, hat eine durchschnittliche Fluktuationsrate von 140 Prozent jährlich. Die Löhne im Einzelhandel sind zwar nicht übermäßig schlecht, aber auch nicht besonders gut, und nicht überall werden Aufstiegschancen geboten. Erfolgreiche hierarchische Organisationen dagegen kümmern sich gerade um den Aufstieg und die Weiterentwicklung ihrer Mitarbeiter. Sie investieren Geld und Zeit in moderne Schulungsprogramme und den Aufbau vielversprechender Talente. Auch wenn die Topmanager ihr Unternehmen gern mit einer reibungslos und zuverlässig funktionierenden Maschine vergleichen, möchten sie keine rein mechanischen Arbeitsplätze schaffen, in denen selbstständiges Denken überflüssig geworden ist. Sie wollen die Vorteile der Zentralisierung ausschöpfen, ohne gleichzeitig aus ihren Angestellten Roboter zu machen. Sie delegieren Kompetenzen und die Entscheidungsbefugnisse in dem Maß an die Manager und Mitarbeiter an der Kundenfront, wie diese in der Lage sind, sie wahrzunehmen. Dazu muss man der Belegschaft Möglichkeiten einräumen, Neues auszuprobieren und daraus zu lernen. Dabei darf auch einmal etwas schief gehen – Hauptsache, sie ziehen ihre Lehren daraus. Eine weitere bewährte Weiterentwicklungsmethode ist es, Mitarbeiter nicht nur in höhere Positionen, sondern auch in andere Bereiche auf derselben Ebene zu versetzen, damit sie ihren Horizont und ihre Fähigkeiten erweitern können.

»Die Gefahr bei uns besteht darin, dass die Angestellten an der Kundenfront versucht sein könnten, nur auf Anweisung von oben zu handeln und sich mit einem minimalen Einsatz bei der Arbeit zu begnügen«, räumt Jim Keyes, CEO von *7-Eleven,* ein. Wer jeden Tag seine Stechkarte abstempeln muss, entfaltet nicht unbedingt viel Initiative am Arbeitsplatz. Aus Sicht des Managements ist es oft einfacher, den Ladenbetreibern oder Verkäufern fertige Antworten zu liefern, anstatt ihnen zu zeigen, wie sie selbst eine Lösung finden können.

»Das Zauberwort lautet Kommunikation«, sagt Keyes. »Außerdem müssen wir an der Unternehmensspitze bereit sein, uns zu verändern. Ich habe meinen Führungsstil in den vergangenen fünf Jahren wahrscheinlich zehn Mal geändert, weil ich den besten Weg dafür finden wollte, Führungsverantwortung auf die einzelnen Ebenen zu verteilen. Ich möchte in dieser Firma keine Manager – ich möchte Entscheider. Ich möchte, dass dieses Führungskonzept bis hinunter zum einfachen Verkäufer verstanden und umgesetzt wird. Das ist leicht gesagt, aber schwer getan.«

Doch seit vier Jahren ist *7-Eleven* mit diesem Konzept erfolgreich. Ermöglicht hat dies die so genannte »Retailer Initiative«, die den Ladenbetreibern und ihren Mitarbeitern zeigen soll, wie sie Eigeninitiative entwickeln können. In dem vielleicht intensivsten und gründlichsten Schulungsprogramm des Gemischtwarenhandels lernen die Teilnehmer, immer mehr Verantwortung zu übernehmen, angefangen bei der simplen Aufgabe einer Bestellung.

In einer zweitägigen Schulung erlernen Ladenangestellte die Bedienung des Datenverwaltungssystems. Es gibt etwa Auskunft darüber, was die Kunden täglich in ihrem Geschäft kaufen. Mit 30 bis 40 neu aufgenommenen Artikeln pro Woche ist es ein bemerkenswert robustes System und bietet zahlreiche Anwendungsmöglichkeiten. Manager und Mitarbeiter erfahren, wie sie Trends analysieren, Hypothesen aufstellen und fundierte Entscheidungen treffen können. Sie lernen die beiden Messgrößen kennen, die von zentraler Bedeutung für die Geschäftsentwicklung sind: der Ladenumsatz pro Tag und der Lagerumschlag. Nach dieser Schulung besitzen sie ein viel stärkeres Verantwortungsgefühl für den geschäftlichen Erfolg – und sie bekommen eine Gehaltserhöhung. Seit Einführung des »Retailer Initiative«-Projekts ist die Fluktuation deutlich gesunken.

Nach Überzeugung von Keyes ist das Wissen über das Verkaufspotenzial in jedem Laden vorhanden, es muss nur genutzt werden. »Deshalb fordern wir die Ladenbetreiber dazu auf, auch ihren Angestellten bis hin zu den Aushilfen neue Kompetenzen zu übertragen. Sie sollen bestimmte Verantwortungsbereiche übernehmen und neue Perspektiven entwickeln.

Noch vor fünf Jahren hätten wir einem Studenten, der als Aushilfe in einem *7-Eleven*-Geschäft anfängt, einen Wischlappen in die Hand gedrückt und ihm gezeigt, wie man die Kasse bedient. Heute geben wir ihm einen Handheld-Computer und übertragen ihm Verantwortung. Wir schulen ihn und überlassen ihm dann einen bestimmten Ladenbereich. Wir sind an seiner Meinung interessiert, denn wir betrachten seine Unerfahrenheit als Trumpf. Er soll sich seinen Ladenbereich aus der Kundenperspektive ansehen und überlegen, wie das Angebot noch attraktiver gestaltet werden könnte.

Das ist Einzelhandel in Reinkultur. 20 Jahre lang haben wir darüber gesprochen, aber nie haben wir es richtig umgesetzt. Nie haben wir den Mitarbeitern vor Ort echte Entscheidungsbefugnisse eingeräumt. Wir besaßen nicht die richtigen Werkzeuge dafür. Jetzt ist das anders.«

Wie Keyes scherzt, war es als Kind nie sein Wunsch, einmal in den Einzelhandel zu gehen. Doch heute findet er, dass diese Branche die besten Erfahrungen im Geschäftsleben ermöglicht, weil man ein unmittelbares Feedback erhält. »Wenn ich ein neues Produkt für *Boeing* entwickle, bin ich vielleicht schon in Rente, bis die Ergebnisse meiner Arbeit sichtbar sind. Wenn ich dagegen bei *7-Eleven* ein neues Produkt teste, weiß ich schon am nächsten Tag, wie es bei den Kunden ankam. Tatsächlich hatten wir bei der letzten Präsidentenwahl die genaueste Wahlprognose – wir mussten nur die Verkaufszahlen der Kaffeetassen mit den Konterfeis von Bush und Kerry vergleichen.«

Stan Bromley von *Four Seasons Hotels and Resorts* schreibt den Erfolg der Hotelkette drei wesentlichen Faktoren zu: den »Menschen, Produkten und Gewinnen« – in dieser Reihenfolge. So wie Jim Keyes auch den Aushilfen in den *7-Eleven*-Läden eine wichtige Rolle zugesteht, wissen die Manager von *Four Seasons*, dass die Mitarbeiter an der Rezeption und die Türsteher mitverantwortlich für den Geschäftserfolg sind. Sie geben zwar strikte »Mindeststandards« vor (so muss das Telefon spätestens nach dem dritten Klingelton abgenommen werden), setzen den Angestellten aber auf der Qualitätsskala nach oben keine Grenzen.

Die Geschichte eines Türstehers ist schon zur Legende im *Four Seasons* in Washington, D.C., geworden. Er half einer Geschäftsfrau ins Taxi zum Flughafen und winkte ihr nach, bis er zu seinem Schrecken bemerkte, dass er noch ihre Aktentasche in der Hand hielt. Er rief die Frau, eine New Yorker Anwältin, an und erfuhr, dass sie die Unterlagen für ein Meeting früh am nächsten Morgen benötigte. Daraufhin bat er das Hotelmanagement um die Erlaubnis, den Bus nach New York nehmen zu dürfen, um die Aktentasche noch am selben Abend zurückzugeben. Er erhielt nicht nur die Zustimmung, sondern wurde für sein Engagement sehr gelobt. Die Namen und Orte in dieser Geschichte geraten manchmal durcheinander, weil sie so oft erzählt wird, aber die Botschaft bleibt gleich: Die Mitarbeiter sollten stets alles tun, was notwendig ist, um die Gäste zufrieden zu stellen.

Die nächste Schlacht kommt bestimmt

Halten Sie inne, schauen Sie sich um und hören Sie zu. Die Konsistenz des hierarchischen Modells stellt einerseits eine Stärke dar, kann andererseits aber auch von Nachteil sein: Nicht immer ist es angebracht, auch morgen noch das zu tun, was gestern funktionierte. Deshalb müssen die Topmanager ständig Ausschau nach neuen Chancen oder Gefahren halten. Normalerweise wird diese Aufgabe einer zentralen Stabsgruppe übertragen. Die neuen Perspektiven, die sie gewinnt, können zu gelegentlichen Überraschungserfolgen oder auch zu überraschenden Änderungen des Geschäftsmodells führen. Entscheidend ist es zu begreifen, dass die Vision nicht in Stein gemeißelt ist und die Organisation sich von unerwarteten Entwicklungen nicht überrollen lassen darf.

Jim Keyes erinnert sich an einen Rat von John Thompson, dem ehemaligen CEO des Vorgängerunternehmens von *7-Eleven, Southland Corporation*. Thompson erzählte ihm, was ihm sein Vater, der Firmengründer, einmal gesagt hatte: »Mein Vater war überzeugt, dass die Branche des Gemischtwarenhandels niemals gesättigt sein würde. Je beschäftigter die Menschen in der Gesellschaft seien, desto stärker würde sie wachsen. Er fügte jedoch hinzu, dass die Produkte, die wir als Produkte des täglichen Bedarfs definierten, an ihre Grenzen stoßen würden. Um in der Branche zu überleben, musste man also hier ansetzen und das Sortiment immer wieder ändern und erneuern.«

In der Tat waren die Probleme von *7-Eleven* Anfang der neunziger Jahre auch auf das Versäumnis zurückzuführen, das Produktsortiment zu erneuern. Das Unternehmen reagierte nicht auf die veränderten Bedürfnisse der Kunden. »Wir machten den Fehler, den Marktanteil an der Zahl der Filialen zu messen, und vergaßen dabei ganz, in jeder neuen Filiale neuen Nutzen zu schaffen«, räumt Keyes ein.

Auch wenn das Unternehmen deutliche Fortschritte dabei erzielt hat, Kundeninformationen zu sammeln und darauf zu reagieren, werden immer noch Chancen vertan. »Wir boten noch vor *Blockbuster* Videos zum Verleihen an«, erinnert sich Keyes. »Aber wir schossen, bevor wir zielten – wir besaßen weder die datentechnische Infrastruktur noch die Voraussetzungen für das Lagermanagement, um etwa die Rückgaben zu verwalten.«

Ein weiteres Beispiel aus der jüngeren Vergangenheit betrifft Lance Armstrong mit seiner »Live Strong«-Initiative. *7-Eleven* hatte gemeinsam mit Armstrong, seinem Trainer und seinem Team eine Linie von Sportlernahrungsmitteln entwickelt. »Man könnte die Produkte als eine Art hochwertiges Sportler-Fastfood bezeichnen«, erläutert Keyes.

Während sie mitten in den Gesprächen über diese Produktlinie steckten, brachte Armstrong im Rahmen der »Live Strong«-Initiative zur Unterstützung seiner Krebsstiftung ein gelbes Solidaritätsarmband auf den Markt. »Wir sahen, dass seine Leute diese Armbänder trugen«, erzählt Keyes. »Wir hätten die einmalige Gelegenheit gehabt, diesen Trend aufzugreifen, noch bevor er in die Läden kam. Aber wir verpassten sie. Als ich endlich fragte: ›Können wir diese Armbänder vertreiben?‹, waren sie schon ausverkauft.«

Natürlich gibt es auch zahlreiche Beispiele für hervorragend genutzte oder sogar selbst geschaffene Chancen. Ein Beispiel dafür ist die Aluminiumflasche. »Wir verkaufen sehr viel *Budweiser*-Bier«, erläutert Keyes. »Wir sind sogar der größte Kunde der Brauerei. Aber es ist mittlerweile ein beliebiges Produkt geworden, weil es vielerorts zum Einkaufspreis verkauft wird, nur um Kunden in die Geschäfte zu locken. Deshalb haben wir versucht, uns zu differenzieren.«

7-Eleven importierte einen neuen Trend aus Japan, wo kohlensäurehaltige Getränke jeder Art in Aluminiumflaschen verkauft werden. »Wir schlugen *Budweiser* vor, gemeinsam mit uns eine Aluminiumflasche zu entwickeln.« Da dies umfangreiche Investitionen erforderte, war die Brauerei zunächst sehr zögerlich. Aber die Verantwortlichen ließen sich schließlich davon überzeugen, dass die *7-Eleven*-Geschäfte der ideale Testmarkt für das neue Verpackungskonzept seien. Letztlich ging es darum, für die Verpackung in einem neuen Gebinde einen Aufpreis verlangen zu können. Die Käufer der Aluminiumflaschen konnten sich von den anderen *Budweiser*-Konsumenten abheben. Darüber hinaus bot die Flasche weitere Differenzierungsmerkmale, weil sie das Bier länger als herkömmliche Glasflaschen oder Dosen frisch hält und kühlt.

»Werden die Kunden dieses Produkt annehmen? Ich weiß es nicht, aber bislang verliefen die Tests recht erfolgreich«, so Keyes. Gleichzeitig wird mit diesem neuen Produkt eine kulturelle Veränderung gefördert, die zum Erhalt der Wettbewerbsfähigkeit von *7-Eleven* beitragen soll.

»Das ist letztlich mein Ziel: Ich möchte 27 000 Läden mit 350 000 engagierten Mitarbeitern, die sagen: ›Hallo, probieren Sie doch diese neuartige Flasche aus‹ oder ›Neulich habe ich in einem kleinen Laden in Thailand eine hervorragende Idee gesehen. Wir sollten einmal mit den Marketingleuten darüber sprechen.‹ Diese Art von Engagement wünsche ich mir. Damit ist eine kulturelle Veränderung verbunden, die damit beginnt, dass die Führungskräfte eine gewisse geistige Offenheit entwickeln und in einem gesunden Wettbewerb untereinander stehen.

Es wäre kein gutes Zeichen, würde mein CIO eine E-Mail von mir mit dem Inhalt erhalten: ›Haben Sie schon von dieser neuen Technologie gehört, die auch für unsere Filialen in Frage kommen könnte?‹ Schließlich ist es *seine* Aufgabe, die neuesten Trends zu verfolgen, und *er* sollte mich darauf hinweisen.

Um keine Missverständnisse aufkommen zu lassen: Ich befürworte keine Ellbogenkultur und ich möchte auch die alten Grabenkriege nicht wieder aufleben lassen. Es geht vielmehr um eine neue Art des Wettbewerbs: Wer findet die modernsten und besten Methoden, um den Kunden zufrieden zu stellen?«

Gabriella Santiago war noch nicht lange für das US-Geschäft von *No-Frills Rental Car* zuständig, als sie schon ihre erste Bewährungsprobe zu bestehen hatte. Nach vier Monaten in ihrer neuen Position fiel ihr ein deutlicher Rückgang der Mietwagenreservierungen auf, den sie sich nicht zu erklären wusste. Normalerweise gingen die Reservierungen in Zeiten der Rezession zurück, weil dann weniger Geschäftsreisen unternommen wurden, aber die Konjunkturdaten ließen nichts zu wünschen übrig. Die Geschäftsreisenden mieteten weiterhin Fahrzeuge, aber nicht von *No-Frills*.

Gabriella Santiago ging ihre geistige Checkliste durch und untersuchte als Nächstes die Bearbeitungszeiten und die Arbeitskosten. Die Zahlen waren noch nie besser gewesen. Sie war ratlos. Eine solche Situation war neu für sie. Wenn sie bisher Probleme gehabt hatte, griff sie zum Telefon, sprach mit den richtigen Leuten und fand dann eine Lösung. Aber in diesem Fall kam sie damit nicht weiter.

Also nahm sie sich den letzten Monatsbericht noch einmal vor und überprüfte die Aufschlüsselung der Reservierungen eingehend. Nun wurde sie fündig. Ihre Firma verlor einen unverhältnismäßig hohen Anteil von Reservierungen an den Konkurrenten *Glide-n-Ride*, der auf den größten US-Flughäfen sein so genanntes »Terminal Drop«-Projekt testete: Die Stammkunden konnten ihren Mietwagen nach Absprache mit *Glide-n-Ride* direkt am Terminal zurückgeben. Dort nahm sie ein Mitarbeiter des Autoverleihers in Empfang, händigte ihnen ihre Quittung aus und brachte das Fahrzeug gegen einen Aufpreis von 20 US-Dollar wieder an den Parkplatz zurück. Die Manager von *No-Frills* hatten schon vor drei Monaten, als *Glide-n-Ride* seine Initiative ankündigte, über diese Idee gesprochen, sie aber schnell wieder verworfen. Sie gingen davon aus, dass dieses Projekt wie so viele andere verrückte Ideen des Konkurrenten zum Scheitern verurteilt sei. Wer bezahlte schon 20 Dollar, nur um zehn Minuten Zeit zu sparen? Wie sich herausstellte, gab es jedoch genügend beschäftigte Menschen, die dazu bereit waren.

No-Frills war immer stolz darauf gewesen, seinen Kunden einen möglichst günstigen Preis und gleichbleibend gute Erfahrungen zu bieten. Aber das »Terminal Drop«-Projekt veränderte die Spielregeln. Nun war schnelles Handeln gefragt. Gabrielle hatte schon lange genug zugesehen, wie ein Stammkunde nach dem anderen zu *Glide-n-Ride* wechselte. Sie überprüfte die Fakten, führte innerhalb kurzer Zeit Markttests mit den lukrativsten Kundengruppen durch und sprach sich dafür aus, dem Beispiel des Konkurrenten zu folgen – und sogar noch ein Sahnehäubchen draufzusetzen. Ihre Firma sollte ihren besten Kunden anbieten, ihr Fahrzeug nach entsprechender Voranmeldung nicht nur am Terminal zurückzugeben, sondern es dort auch abzuholen. Sie nannte das Programm »Rent & Roll«.

Innerhalb von sechs Monaten hatte *No-Frills* den Boden wieder gutgemacht, den es verloren hatte. Das Unternehmen konnte sogar neue Kunden aus dem Segment der Geschäftsreisenden von *Glide-n-Ride* abwerben. Rückblickend erkannte Gabriella, was ihre Firma falsch gemacht hatte: Sie hatte Scheuklappen getragen. Aber sie war sehr stolz darauf, dass das Unternehmen das Problem noch rechtzeitig erkannt und eine Lösung gefunden hatte.

Jeder andere Organisationstyp profitiert von seinen Bemühungen, flexibler zu werden, nicht jedoch die hierarchische Organisation. Sie geht einen anderen Weg. Während flexible Unternehmen für ihre starke Autonomie und Flexibilität auf allen Ebenen relativ hohe Kosten in Kauf nehmen müssen, kann die hierarchische Organisation ihre Strategie kostengünstiger umsetzen. Dies ist ein entscheidender Vorteil für Unternehmen, die eine hohe Zahl von Transaktionen bewältigen müssen. Kostensenkend wirkt es sich ebenfalls aus, dass die hierarchische Organisation viele Entscheidungen des Tagesgeschäfts systematisiert hat. Unter solchen Bedingungen würde eine stärkere Flexibilisierung der Prozesse nur unnötige Kosten verursachen und die Effizienz der Abläufe unterminieren. Hierarchische Unternehmen sollten deshalb die in diesem Kapitel beschriebenen vorbeugenden Maßnahmen durchführen, um ihr bewährtes und zuverlässig funktionierendes Modell weiter zu festigen.

Anmerkungen zu diesem Kapitel

1 Gespräch mit Jim Keyes, CEO von 7-Eleven Inc., Dallas, Texas, 12. November 2004.

2 Nur 23 Prozent der Mitarbeiter hierarchischer Organisationen stimmen der Aussage zu: »Insgesamt reagiert dieses Unternehmen erfolgreich auf Veränderungen im Wettbewerbsumfeld.«

3 Nur 41 Prozent der Befragten, die ihr Unternehmen zu den hierarchischen Organisationen zählen, stimmen der Aussage zu: »Entscheidungen werden oft noch einmal in Frage gestellt oder revidiert« (gegenüber 77 Prozent der Mitarbeiter von ungesunden Organisationen.)

4 Über zwei Drittel der Angestellten hierarchischer Organisationen sind der Ansicht, dass ihr Unternehmen »nur selten widersprüchliche Botschaften an den Markt sendet«.

5 Etwa drei von vier Mitarbeitern hierarchischer Unternehmen stimmen zu, dass »die Fähigkeit, Leistungsvereinbarungen einzuhalten, Karriereaufstieg und Vergütung beeinflusst«.

6 David B. Bell und Hal Hoga: 7-Eleven, Inc., Boston: Harvard Business School Publishing, 27. Januar 2004, S. 7.

7 Harvard-Fallstudie.

8 Gespräch mit Stan Bromley, regionaler Vorstandsdirektor, Four Seasons Hotels and Resorts, San Francisco, Kalifornien, 14. Dezember 2004.

Kapitel 9

Die flexible Organisation:
»Besser geht es nicht!«

Die flexible Organisation passt sich schnell an neue Gegebenheiten an, ohne deshalb von ihrer Strategie abzuweichen oder sie aufzugeben. Sie blickt nach vorn und besitzt wirkungsvolle Mechanismen der Selbstkorrektur. Sie erkennt Veränderungen frühzeitig und stellt sich darauf ein. Wenn sie auf Hindernisse stößt, reagiert sie schnell, gründlich und konstruktiv. Sie bietet motivierten Angestellten mit Teamgeist nicht nur eine anregende Arbeitsumgebung, sondern auch die notwendigen Ressourcen und Befugnisse, um komplexe Probleme zu lösen.

Das flexible Unternehmen repräsentiert den gesündesten Organisationstyp. Seine Geschäftsprozesse laufen wie am Schnürchen, doch deshalb verfällt es keineswegs in Selbstgefälligkeit. Es hat Wichtigeres zu tun, als sich selbst zu beweihräuchern. Es ist stets wachsam, um neue Bedrohungen oder Chancen zu erkennen, die sich am Horizont abzeichnen.

Flexible Firmen erobern verlorenes Terrain schnell wieder zurück, weil sie ein schlüssiges Organisationsmodell mit einer klaren Ausrichtung haben. Aus organisatorischer Sicht befinden sie sich in exzellenter Verfassung – näher kann man dem »Null Fehler«-Ziel nicht kommen. Wie aus unseren Studien hervorgeht, geben die Mitarbeiter flexibler Unternehmen am häufigsten von allen Organisationstypen an, dass ihre Rentabilität über dem Branchendurchschnitt liege.

Nichts wird in einer flexiblen Organisation dem Zufall überlassen. Jede Position, jeder Prozess und jede Richtlinie erfüllt einen Zweck, der auf die strategischen Ziele des Unternehmens abgestimmt ist. Natürlich sind flexible Firmen deshalb nicht völlig unbelastet von Problemen oder funktionieren automatisch. Die Flexibilität ist kein Zustand, in dem man sich zurücklehnen und ausruhen kann, sondern gleicht eher einer nie endenden Reise. Und sie kann auch nicht ohne andauernde Anstrengung aufrechterhalten werden. Die in diesem und im folgenden Kapitel vorgestellten Unternehmen haben zwar schon Flexibilität bewiesen, aber auch sie müssen immer wieder neue Herausforderungen in ihrer Organisation bewältigen. Geradezu exemplarisch dafür ist *Caterpillar*, das Unternehmen, dem das nächste Kapitel gewidmet ist und das in den achtziger Jahren eine bedrohliche Krise erfolgreich überwand.

Die Straße zur Flexibilität ist mit Hindernissen und Schlaglöchern gepflastert. Kein Unternehmen kann sie vorausahnen oder verhindern, aber die flexible Organisation geht damit geschickter um als die meisten anderen. Wenn sie tatsächlich einmal vom Weg abgekommen ist, findet sie schneller als andere wieder den richtigen Kurs. Was ist das Geheimnis ihres Erfolgs? Flexible Unternehmen halten sich an klare und überzeugende Leitlinien und glauben an die Fähigkeiten ihrer Mitarbeiter. Sie trauen ihnen zu, das Beste für die Firma zu tun, ohne ihnen dabei ständig über die Schulter zu sehen. Gleichzeitig überlassen sie die Angestellten aber auch nicht sich selbst, sondern geben ihnen einen ethischen Kompass vor. Die flexible Organisation fördert eine Kultur mit zentralen Werten, die jeder Einzelne versteht, unterstützt, lebt und verstärkt.

Die zehn Merkmale eines flexiblen Unternehmens

Es ist eine Bereicherung, in einer flexiblen Organisation zu arbeiten. Alle Bausteine – Entscheidungsbefugnisse, Informationen, Motivationsfaktoren und Struktur – wirken reibungslos zusammen. Tatsächlich ist dieses Zusammenspiel die Säule flexibler Firmen und fördert ihre Leistung maßgeblich. Nur durch diese nahtlose Abstimmung können sie die folgenden zehn Verhaltensweisen an den Tag legen, die entscheidend für den Erfolg sind.

1. Das Unmögliche für möglich halten

Der Maßstab, an dem sich flexible Organisationen messen, sind nur die Grenzen der menschlichen Vorstellungskraft, nicht die Leistungen anderer Unternehmen. Ihr Motto lautet: Was man sich vorstellen kann, lässt sich auch umsetzen. Deshalb blicken sie weit über die Besten ihrer Branche hinaus, um Vorbilder zu finden. Ihr eigener Markt, der nächste Fünfjahreszeitraum und der Status quo sind ihnen nicht genug, um sich auf die neuen Herausforderungen im Wettbewerb vorzubereiten. Sie malen lieber den Teufel an die Wand, als von den Entwicklungen überrollt zu werden. Flexible Firmen entdecken Brände immer zuerst – oft genug haben sie sogar das Streichholz angezündet. Sie erkennen die Zeichen und bereiten sich auf alle Eventualitäten vor. Dabei verlieren sie aber nicht den Blick für das Wesentliche. Sie zerschlagen das Alte, um zu den Ersten zu gehören, die wieder Neues schaffen.

Die Übernachtzustellung von Paketen ist Fred Smith zu verdanken. Vor der Gründung von *FedEx* gab es diese Dienstleistung nicht. Der College-Student Smith beobachtete die zunehmende Automatisierung von Wirtschaft und Gesellschaft und glaubte, dass die schnelle Lieferung von Ersatzteilen für Computer immer wichtiger werde. Unternehmen waren immer stärker auf ununterbrochen funktionierende Computersysteme angewiesen. Damit war auch der Bedarf nach einem schnelleren, zuverlässigeren und umfassenderen Liefersystem für Ersatzteile vorhanden. »Eigentlich war das eine sehr simple Beobachtung«, meint Smith.

Doch was in der Theorie einfach klang, war aufwändig umzusetzen. Smith musste ein nationales Netzwerk nach dem Drehkreuzmodell finanzieren und aufbauen (noch bevor die großen Fluggesellschaften auf diese Idee kamen). Eine Infrastruktur in kleinerem Maßstab hätte ihm nichts genützt. Smith erläutert: »Das Problem bei der Gründung von *FedEx* bestand darin, dass ich nicht klein anfangen und dann expandieren konnte, wie es in den meisten Branchen möglich ist.« Also legte der 29-jährige Smith seine ganzen Ersparnisse, diejenigen seiner Familie und 90 Millionen US-Dollar Wagniskapital auf den Tisch und baute ein Netzwerk auf, dem 25 Städte angeschlossen waren. »Wir mieteten einige Flugzeuge und testeten das System. Zwei Wochen lang flogen wir leere Schachteln kreuz und quer durch das Land. Dann, am 17. April 1973, wurde es ernst.«[1]

Der Rest ist bekannt … es ist eine Geschichte, die davon handelt, dass jemand das Unmögliche für möglich hielt. Bis zum heutigen Tag verblüfft *FedEx* immer wieder mit seiner Fähigkeit, die Grenzen der Vorstellungskraft zu sprengen. Nach etwa zwei Jahren erreichte das Unternehmen die Gewinnschwelle und dominierte die Branche, die es selbst geschaffen hatte: den inländischen Expressversand. »Wir waren die Nummer eins im Expressgeschäft, und wir wuchsen jedes Jahr wie verrückt«, meint Vorstandsdirektor Bill Cahill, der dem Unternehmen seit 25 Jahren angehört.[2]

Im Jahr 1989 unternahm die Firma erneut einen Schritt, den viele für äußerst gewagt hielten. Es wollte seine Präsenz auf die internationale Ebene ausdehnen und kaufte zu diesem Zweck ein schwächelndes Unternehmen mit dem Namen *Flying Tigers*. Cahill beschreibt das Kaufobjekt so: »Es war eine große, hauptsächlich in Asien vertretene Spedition mit großen, alten Flugzeugen.« *Flying Tigers* schrieb seit längerem rote Zahlen und verlor einen Kunden nach dem anderen. Die Mitarbeiter von *FedEx* waren perplex. Sie verstanden nicht, was ihr expandierendes erfolgreiches Unternehmen mit dieser Firma anfangen wollte. Doch die Geschäftsleitung startete eine umfassende Informationskampagne, um sie aufzuklären: *FedEx* war an den internationalen Landerechten interessiert. Cahill erläutert: »Man kann die internationalen Landerechte nicht beliebig ausdehnen. Wir hätten sie auch für viel Geld nicht kaufen können.«

Im typischen *FedEx*-Stil kaufte das Unternehmen also *Flying Tigers* und übernahm alle 5 000 Angestellten. Diese wurden ebenso gründlich wie die eigenen Mitarbeiter über die neue Richtung aufgeklärt und eingearbeitet. Cahill erinnert sich: »Kein Stein blieb auf dem anderen. Der Umstellungsprozess dauerte einige Jahre. Als wir *Flying Tigers* integrierten, sagten wir zu den Beschäftigten: ›Jetzt sind Sie ein Teil unseres Unternehmens, und wir haben Pläne für eine gemeinsame Zukunft. Wir haben folgende Aufgaben für Sie vorgesehen und werden Ihre bisherigen Projekte in dieser oder jener Weise fortführen.‹ So erreichten wir, dass alle Mitarbeiter hinter der Integration standen und sich gemeinsam um ihr Gelingen bemühten.«

FedEx war jetzt die weltweit größte Full-Service-Luftfrachtspedition und konzentrierte sich auf den internationalen Expressversand. Doch Mitte der neunziger Jahre sah der Konzern erneut eine Chance, zu neuen Ufern aufzubrechen. Man erkannte nämlich den potenziellen Einfluss von E-Mails auf das Geschäft mit dem Expressversand von Dokumenten. Anstatt sich gegen die möglichen Gefahren des Internets abzuschotten, nutzte das Unternehmen die neue Technik als Transaktionsplattform für seine Kunden. Nach dem Start von *fedex.com* im Jahr 1994 konnten sie sich zeitnah über den Status ihrer Aufträge informieren. Gleichzeitig erkannte man, dass der Markt für die Expresslieferung von Dokumenten allmählich gesättigt war. Mit dem Kauf von *The Caliber System* im Jahr 1998 wandte man sich dem Paketdienst im Bodenverkehr zu. *RPS,* das Sahnestück von *Caliber,* öffnete *FedEx* die Tür zu dieser Branche, die das Luftfrachtgeschäft hervorragend ergänzte. Wieder einmal hatte der Konzern eine Entwicklung vorausgeahnt und sich frühzeitig darauf vorbereitet.

Eine weitere Tochter von *Caliber, Viking Freight,* wurde im Jahr 2001 mit *American Freightways* fusioniert. Daraus entstand *FedEx Freight.* Nun konnte das Unternehmen seinen Kunden ein beispielloses Portfolio von Versanddienstleistungen anbieten.

Aber damit gab sich *FedEx* natürlich nicht zufrieden. Der Konzern beschränkte seine Ambitionen nie auf die Branche, die er selbst einst schuf. Wieder einmal ahnte *FedEx* die Bedürfnisse des Markts voraus – in diesem Fall der Verbraucher und kleinen bis mittelgroßen Unternehmen – und baute seine alte Partnerschaft mit *Kinko's* aus. Die Firma erwarb *Kinko's* im Jahr 2004 und benannte die Marke in *FedEx Kinko's* um. Mit einem Streich besaß sie ein weltweites Filialnetz, das sie für die Abholung und Auslieferung von Sendungen verwenden konnte. Damit wechselte sie auf die Überholspur der digitalen Informationsautobahn. Bill Cahill meint: »Für die Verbraucher war *Kinko's* damals der vertraute Copyshop um die Ecke. Wir dagegen sahen darin Zugangspunkte für alle Arten von professionellen Dienstleistungen und Transaktionen in der digitalen Wirtschaft.«

Heute erzielt *FedEx* einen Jahresumsatz von 27 Milliarden US-Dollar und beschäftigt in seinen vier wichtigsten Gesellschaften – *Express, Ground, Freight und Kinko's* – weltweit eine Viertelmillion Mitarbeiter. Der Konzern hat das Unmögliche immer wieder möglich gemacht – von der Übernachtlieferung über die Kombination von Luft- und Bodentransport bis hin zum politischen Engagement für die Deregulierung der Flug- und Lkw-Branche. Er stellte über 30 Jahre lang seine konsistente Flexibilität unter Beweis.

2. Verpflichtungen eingehen und Rechenschaftspflichten einfordern

Jedes Unternehmen muss Verpflichtungen eingehen. Die flexible Organisation versteht sich besonders gut darauf, Verbindlichkeiten zu definieren, sie in Entscheidungsbefugnisse zu überführen und dann die Leistungen zu kontrollieren. Verpflichtungen und die daraus resultierenden Entscheidungsbefugnisse können nicht nach Belieben zurechtgebogen oder interpretiert werden. Sie sind in Stein gemeißelt und allen Mitarbeitern bekannt, insbesondere jenen, die Rechenschaft ablegen müssen. Tatsächlich sind sie in einem flexiblen Unternehmen mit einer harten Währung vergleichbar, die durch den »Goldstandard« der eindeutigen Rechenschaftspflicht gestützt wird. So wie die Menschen Papiergeld in einem von Gold gedeckten Währungssystem akzeptieren, ist auch der Markt zu Investitionen bereit, weil er sich auf die Versprechen einer flexiblen Firma verlassen kann. Hinter den Versprechen stehen klare Entscheidungsbefugnisse, die innerhalb und außerhalb des Unternehmens transparent sind. Es gibt nichts zu verstecken und auch keinen Ort, an dem sich etwas verstecken ließe. Deshalb wäre es auch vertane Zeit, Sündenböcke zu suchen. Eine flexible Organisation hat das Prinzip der Leistungsgesellschaft verwirklicht, weil jeder nach seinen Verdiensten beurteilt wird. Sie holt das Beste aus ihren Mitarbeitern heraus, denn mit weniger würde sie sich nicht zufrieden geben.

Nissan Motor Co. Ltd. händigt allen neuen Managern ein »Values Reference Manual« aus, in dem 32 Schlüsselwörter definiert werden. *Verpflichtung,* so heißt es darin, bedeutet, »Verantwortung für das Erreichen eines Ziels zu übernehmen. Das Ziel ist anhand von quantitativen Kriterien überprüfbar. Sobald sich jemand zu einem Ziel verpflichtet hat, muss er es auch erreichen, außer wenn außergewöhnliche Umstände eintreten. Wer ein Ziel nicht erreicht, muss die Konsequenzen akzeptieren.« Im Oktober 1999 definierte der jetzige Aufsichtsratsvorsitzende und CEO von *Nissan,* Charles Ghosn, die »Konsequenzen« sehr anschaulich. Er kündigte an, sein Amt niederzulegen, falls der Konzern die drei Ziele des »Revival Plan« nicht innerhalb von drei Jahren erreichen würde. »Wenn nur eine der drei wesentlichen Verpflichtungen nicht erfüllt wurde, wollte ich zurücktreten, und mit mir alle Mitglieder des geschäftsführenden Vorstands«, erinnert sich Ghoshn.[3] »Diese Bekanntmachung trug sehr dazu dabei, den Sinn und die Bedeutung des Begriffs ›Verpflichtung‹ im Unternehmen zu vermitteln.«

Damals ächzte *Nissan* unter einem Schuldenberg von fast 20 Millionen Dollar, unter Überkapazitäten und einer veralteten Produktlinie. Der schwächelnde Autohersteller hatte seit acht Jahren keine Gewinne mehr ausgewiesen. Er war tief in das Sündenbockspiel verstrickt. Die Manager waren hauptsächlich damit beschäftigt, mit dem Finger auf andere zu zeigen. Währenddessen verließen die besten Ingenieure das Schiff und die Marktanteile sanken weiter. Während sein Rivale *Toyota* florierte, befand sich *Nissan* am Rand des Konkurses und suchte nach einer Rettung. Der »Nissan Revival Plan«, entwickelt von neun funktionsübergreifenden Teams, versprach diese Rettung. Das Versprechen wurde erfüllt … sogar weit vor dem geplanten Termin.

Die Sanierung des Unternehmens gehört zu den beeindruckendsten Turnarounds der jüngsten Vergangenheit und zeugt sowohl von den Führungsqualitäten von Carlos Ghosn wie auch vom Engagement der Mitarbeiter. Heute steht *Nissan* kurz vor dem Beginn seines dritten Dreijahresplans, von denen jeder noch ehrgeizigere Ziele enthielt. Der Konzern entwickelt den Entscheidungsprozess durch so genannte »Befugnisdelegationen« weiter. Dabei handelt es sich um einfache Regelungen, die im Intranet veröffentlicht werden und klar definieren, welcher Angestellte welche Aufgaben zu erledigen hat und wer rechenschaftspflichtig ist.

Ghosn fügt hinzu: »Alle Aufgaben sind quantitativ messbar. Was man nicht messen kann, sollte man nicht tun. Bei der Erfolgskontrolle geht es ja nicht nur darum, wie viel man erreicht, sondern auch darum, wann man es erreicht. Die Zeitplanung ist äußerst wichtig. Jedes Ziel, das ohne klaren Termin gesetzt wird, ist irrelevant. Es existiert in einem Vakuum. Deshalb setzen wir mit Bedacht sehr präzise Meilensteine.«

3. Die Messlatte erhöhen … alle drei Jahre

Flexible Unternehmen wie *Nissan* sind bekannt dafür, dass sie sich nie mit dem Status quo zufrieden geben. Um die Belegschaft zu motivieren und die Unternehmensentwicklung zu fördern, erhöht das Management die Messlatte immer wieder, in der Regel alle paar Jahre – auch dann, wenn es den heißen Atem der Konkurrenten nicht schon im Nacken spürt. Diese ständige Weiterentwicklung der Anforderungen entspricht den Werten und Grundsätzen der Firma. Jeder Mitarbeiter versteht, wohin die Reise geht, und kennt die Route für den Weg. Aber diese Route ist nicht ausgeschildert. Jede Einheit, jedes Team und jeder Einzelne müssen den Kurs selbst festlegen. Dabei helfen ihnen die Bausteine der Organisation. Sie tragen dazu bei, dass jeder die richtigen Informationen, Leistungsanreize und Befugnisse hat, um effektive Arbeit zu leisten. Die Ziele sind meist sehr ehrgeizig und sollen das Unternehmen und seine Angestellten durchaus an ihre Grenzen bringen – aber nicht darüber hinaus. Das Topmanagement muss Urteilsvermögen und Intuition beweisen, um die Messlatte weder zu hoch noch zu niedrig zu setzen.

Der Firmenchef Carlos Ghosn meint: »Wir arbeiten einen Dreijahresplan nach dem anderen ab.« Als er die Zügel im Jahr 1999 übernahm, wurde der ehrgeizige »Nissan Revival Plan« in Angriff genommen. Er brachte die Firma nicht nur innerhalb von drei Jahren wieder in die Gewinnzone, sondern katapultierte das Unternehmen auch wieder an die Spitze der Automobilhersteller, gemessen am Betriebsgewinn. Sobald diese Ziele erreicht waren, wurde der »Nissan Revival Plan« von »Nissan 180« abgelöst. Die Vorgaben waren eindeutig: eine Million zusätzlich verkaufte Fahrzeuge, 8 Prozent Gewinnmarge, 0 Prozent Verschuldung. Seit dem Jahr 2005 gilt der »Nissan Value Up«-Plan, mit dem insbesondere die Prozessqualität in Bereichen außerhalb der Produktion verbessert werden soll (etwa in der Logistik, im Finanz- und im Personalwesen).

Carlos Ghosn meint zu *Nissans* Methode, die Messlatte regelmäßig zu erhöhen: »Zuerst skizzieren wir eine Vision, die meist noch sehr vage ist. Sie dient dazu, die ungefähre Richtung abzustecken und das Unternehmen auf Verhaltensänderungen vorzubereiten, sagt aber nichts darüber aus, wie sich das konkret morgen oder in einem Jahr auswirkt. Aus der Vision entwickeln wir im Laufe mehrerer Monate einen Dreijahresplan.

Jeder kennt den Plan, hilft bei seiner Erstellung und führt ihn aus. Der Plan wiederum gibt den Rahmen für das Budget vor, das jährlich erstellt wird. So kommen wir von einer langfristigen Vision zu Dreijahreszielen und schließlich zu jährlichen Budgetvorgaben.«

Das Topmanagement definiert lediglich die erwünschten Ergebnisse und die zentralen Meilensteine, nicht aber den Weg, um diese Ziele zu erreichen. In der Produktentwicklung kontrollieren etwa die Produktleiter jeden Aspekt der Konstruktion und Fertigung eines Fahrzeugs. Ein Vorstandsdirektor bemerkt: »Wir haben sechs oder sieben Programmleiter, und keiner arbeitet wie der andere ... was zwischen dem Erreichen der Meilensteine geschieht, kann also in den einzelnen Fahrzeugprogrammen sehr unterschiedlich aussehen. Dahinter steht der Gedanke, dass man keine Prozesse diktieren, sondern nur die Ziele vorgeben sollte, die bei jedem Meilenstein erreicht sein müssen. Alle wissen genau, wer an der Entscheidungsfindung beteiligt ist und wer für welche Ergebnisse Rechenschaft ablegt.«

»Im Allgemeinen ist unser Ansatz sehr pragmatisch«, meint Ghosn. »Wir vereinbaren für einen Dreijahreszeitraum eine bestimmte Anzahl von ehrgeizigen Zielen. Dann legen wir fest, wie sich das Unternehmen auf diese Vorgaben einstellen muss. Wir nennen dies ›beschleunigtes Kaizen‹. Darunter verstehen wir einen raschen, ständigen Verbesserungsprozess, wie ihn die Japaner sehr gut beherrschen. Schließlich beurteilen wir die uns zur Verfügung stehenden Werkzeuge und fragen: Was fehlt noch? Was sollten wir ändern? Müssen wir die Geschäfte anders betreiben, um die gesteckten

Ziele zu erreichen? Wir entwickeln uns währenddessen ständig weiter und nehmen kleine schrittweise Veränderungen vor.«

4. Den Mut zu Überzeugungen haben

Flexible Unternehmen unterliegen nicht den neuesten Moden und umwerben auch die Wall Street nicht. Ebenso wenig akzeptieren sie den Status quo nur deshalb, »weil es hier immer so war«. Anhand ihrer Intuition und der Fakten legen sie einen strategischen Kurs fest und verfolgen diesen so lange, wie es ihnen gerechtfertigt erscheint. Dasselbe gilt für organisatorische Veränderungen. Flexible Organisationen nehmen Veränderungen vor, soweit sie nötig sind – das gehört zur Flexibilität -, aber nicht um der Veränderung willen und auch nicht, um sich bei den Analysten oder Aktionären einzuschmeicheln. Sie vertrauen ihren Mitarbeitern und deren Fähigkeit, effektive Entscheidungen zu treffen und auszuführen, auch wenn sich die strategischen Ziele ändern. Deshalb werden sie auch nicht von vorübergehenden Rückschlägen aus der Bahn geworfen. Sie halten nichts von künstlichen Verbesserungsanreizen und Preisen, die monatlich ausgelobt werden, stecken aber auch nicht den Kopf in den Sand, wenn die Notwendigkeit einer Veränderung offensichtlich ist. Sie haben eine solide Grundlage von zentralen Werten, die auch ihre Belegschaft inspirieren und motivieren.

Seit der Firmengründung hat *FedEx* ein überdurchschnittliches Interesse an seinen Angestellten und ihrer Zufriedenheit gezeigt. Es ist seinem Grundsatz »die Menschen zuerst« in guten wie in schlechten Zeiten treu geblieben. *FedEx Express*, die zuerst gegründete und größte Gesellschaft, bezeichnet »PSP« als das Motto ihrer Geschäftsphilosophie: »People, Service, Profit«. Bill Cahill erklärt: »Das Unternehmen ist wie ein dreibeiniger Stuhl. Es beruht auf den Mitarbeitern (Menschen), den Kunden (Service) und den Aktionären (Gewinne). Wenn wir auch nur eine dieser Gruppen nicht zufrieden stellen, funktioniert auch das Unternehmen nicht. Fred Smith sagte immer: ›Wenn man sich um die Belegschaft kümmert, kümmert sie sich auch um die Kunden, und diese wiederum bringen den Aktionären Gewinne.‹ Aber er geht noch einen Schritt weiter und schließt den Kreis. Die Gewinne fließen ja nicht nur den Aktionären zu, sondern auch den Mitarbeitern in Form von besseren Nebenleistungen, höheren Prämien, einer besseren Bezahlung und erweiterten Aufstiegschancen. Außerdem reinvestieren wir die Gewinne, um unseren Service für die Kunden weiter zu verbessern.«

Gründer und CEO Fred Smith verweist auf seinen Militärdienst in Vietnam, wenn er definiert, was er unter Unternehmensführung versteht: »Beim Militär muss man darauf vertrauen, dass jeder Einzelne mehr tut, als von ihm verlangt wird, wenn es darauf ankommt. Ist das nicht der Fall, könnte das jemanden das Leben kosten. Für mich geht es deshalb bei der Unternehmensführung darum, die Mitarbeiter dazu zu bewegen, sich so weit wie möglich zu engagieren. Meine Angestellten sollen nicht darüber nachdenken, wie sie es mit dem geringsten Aufwand verhindern können, entlassen zu werden. Ich möchte, dass sie darüber nachdenken, wie sie bestmögliche Arbeit leisten und alles geben können, was in ihnen steckt.«[4]

Vor diesem Hintergrund hat sich *FedEx* vorgenommen, niemals Mitarbeiter zu entlassen. Diesem Grundsatz ist es seit über 30 Jahren treu geblieben – selbst dann, als die Gewinne schrumpften. »Kurz nach dem 11. September 2001 geriet die Wirtschaft ins Schlingern, und wir hatten eine Phase, in der das Wachstum im Luftfracht-Expressgeschäft stagnierte«, erinnert sich Cahill. »Der Markt war gereift. Wir hatten alles getan, was man nur tun kann, um das inländische Expressnetzwerk an das geschäftliche Wachstumspotenzial anzupassen. Aber wir hatten immer noch zu hohe Gemeinkosten für Fach- und Führungskräfte.« Also startete das Unternehmen eine Initiative, um die Rentabilität und Effizienz der Stabsfunktionen bei *FedEx Express* zu verbessern. Die Aktion konzentrierte sich auf die Umgestaltung der Prozesse, beinhaltete aber auch ein Programm, das Angestellten den vorzeitigen Ruhestand anbot. Die Konditionen waren so großzügig, dass 3 600 Mitarbeiter diese Möglichkeit in Anspruch nahmen. Das waren mehr, als die Firma erwartet hatte. Bill Cahill erinnert sich an eine der Abschiedspartys und die Reaktionen, die er dort beobachtete. »Es gab viele Tränen im Publikum, doch nach den Reden sprach ich mit vielen Angestellten, und sie sagten mir: ›FedEx hat mich wirklich gut behandelt.‹ Immerhin verließen diese Menschen gerade das Unternehmen! Sie sagten: ›Das Angebot war zu gut, um es abzulehnen.‹ Für viele Kollegen war es natürlich traurig, aber gleichzeitig sagten sie auch: ›Mein Leben geht weiter, weil *FedEx* für mich gesorgt hat.‹ Insgesamt verlief das Programm außergewöhnlich gut. Natürlich kostete es uns Geld, sogar mehr, als vielleicht nötig gewesen wäre. Aber langfristig war es eine Investition in die Mitarbeiterbeziehungen, die sich für uns auszahlen wird. Die Menschen werden daran denken, dass *FedEx* sie gut behandelte.

Die ›PSP‹-Philosophie betont, wie wichtig die Menschen für *FedEx* sind. Als ich in der noch jungen Firma anfing, hatten wir kein Handbuch der Unternehmensrichtlinien. Wir erfanden die Regeln, während wir arbeiteten – und wir arbeiteten sehr viel. Wir erledigten unsere Aufgaben so, wie wir es für richtig hielten. Dazu braucht man ein gutes Urteilsvermögen. Im Laufe der Unternehmensentwicklung wurden die gewonnenen Erfahrungen und Erkenntnisse in Richtlinien gegossen. Aber unsere Kultur hat sich dabei nicht verändert. Wir mussten schwierige Entscheidungen treffen, aber wer auch immer gegangen, geblieben oder erst jüngst zu uns gekommen ist – jeder weiß, dass wir zu unseren Mitarbeitern stehen.

Ich sagte meinen Führungskräften immer wieder: ›Es ist kein Problem, wenn Sie ab und zu Fehler machen. Aber wenn Sie Ihre Angestellten nicht richtig führen, wenn Sie dem menschlichen Teil Ihrer Arbeit nicht gewachsen sind, dann haben Sie hier keine Zukunft.‹ Fachliche Fehler sind leichter zu verzeihen als Fehler im Umgang mit Menschen. Wer seine Mitarbeiter nicht mit Respekt und Würde behandelt und ihnen nicht im Rahmen der Regeln und Vorschriften entgegenkommt, ist auch kein guter Manager. Führungsarbeit ist wie eine Achterbahnfahrt. Täglich gibt es neue Überraschungen. Das Unternehmen verändert sich ständig, es wächst und überwindet Grenzen – und dennoch bleibt es unverwechselbar *FedEx*.«

Während Ghosn den Grundsatz des Respekts für die Belegschaft unangetastet ließ, schlachtete er einige »heilige Kühe« des japanischen Wirtschaftsmodells, etwa den Anspruch auf lebenslange Beschäftigung, die Beteiligung an *keiretsu*-Systemen[5] und das Senioritätsprinzip bei Beförderungen. Als nicht aus den Reihen von *Nissan* stammender Gaijin (Ausländer) nutzte Ghosn seinen »Außenseiter-Status« und den Mut seiner Überzeugungen, um einen neuen Kurs vorzugeben. Er schloss Montagewerke, entließ Mitarbeiter und löste alte Liefernetzwerke und Investitionsverflechtungen, in denen es sich die Parteien gemütlich gemacht hatten, auf. Erneut brach er mit den japanischen Gepflogenheiten, als er ein neues Werk in Canton, Mississippi, baute. Derzeit bringt er den Markt mit bahnbrechenden neuen Fahrzeugmodellen und ersten Versuchen zur Auslagerung bestimmter Geschäftsprozesse nach Indien und China in Bewegung.

»Die bisherige Kultur der Analyse und des ›passiven Konsens‹, wie ich es nennen würde, wurde in eine Kultur des Handelns und der Anstrengung bis an die Grenzen des Möglichen umgewandelt«, meint Ghosn. »Jede Diskussion muss zu einer Entscheidung führen. Die Entscheidung muss in konkretes Handeln münden, und das bedeutet immer, sich bis an die Grenzen des Möglichen anzustrengen. Mit jeder einzelnen Maßnahme versuchen wir, unsere Grenzen zu erweitern, Schritt für Schritt. Auf diese Weise steigern wir das Potenzial des gesamten Unternehmens.«

Eine weitere kulturelle Innovation ist die Transparenz. Ghosn erläutert: »Transparenz ist natürlich ein neues Konzept in einer japanischen Firma. Schließlich ist die japanische Gesellschaft gerade für ihre Undurchdringlichkeit bekannt. Aber wir hatten von Anfang an keinerlei Geheimnisse. Wir sagten ganz genau, was in den nächsten drei Jahren geschehen sollte und wie es geschehen sollte. Diese Aufklärung betrieben wir nicht nur nach innen, sondern auch nach außen.«

Eine weitere Neuerung in der Kultur von *Nissan* war die Aufgeschlossenheit gegenüber der kulturellen und ethnischen Vielfalt der Mitarbeiter. Traditionell betrachten japanische Unternehmen ausländische Einflüsse eher als Bedrohung. Ghosn meint: »Wir haben diese Einstellung auf den Kopf gestellt, indem wir sagten, dass die Vielfalt der Einflüsse einen Schatz berge. Bei uns arbeiten Amerikaner, Japaner und Franzosen zusammen. Wir haben dafür gesorgt, dass auch junge japanische Angestellte bei uns verantwortungsvolle Stellungen bekommen. Sie müssen nicht warten, bis sie 55 Jahre alt sind, um für die höchsten Führungspositionen in Frage zu kommen. Wir befördern auch mehr Frauen in Führungspositionen in der Konstruktion, in der Entwicklung, im Marketing und im Vertrieb. Schließlich sind sie alle auch Autokäufer.«

Kurz: *Nissan* hat den Mut seiner Überzeugungen anders als *FedEx* unter Beweis gestellt. Es hat mit Traditionen gebrochen und einen neuen Kurs eingeschlagen. Dabei hat es sich aber immer auf den grundsätzlichen Willen der Mitarbeiter gestützt, die neuen kühnen Ziele zu erreichen.

5. Aus Rückschlägen gestärkt hervorgehen

Selbst die flexibelsten Organisationen müssen hin und wieder Rückschläge einstecken. Ein gesundes DNA-Profil schützt nicht vor allen externen Risikofaktoren – aber es fördert eine schnelle interne Reaktion. Wenn flexible Unternehmen auf schwierige Entwicklungen aufmerksam werden – das kann eine technische Innovation, eine Rezession oder ein neuer Konkurrent sein –, stellen sie sich dem Problem rasch und suchen eine Lösung. Sie verschwenden weder Zeit noch Ressourcen, indem sie Sündenböcke suchen oder das Problem unter den Teppich kehren. Sie stellen sich dem Feind direkt. Sie verarzten ihre Blessuren und verteidigen gleichzeitig ihre Marktposition. Noch wichtiger: Sie ergreifen jede sich bietende Angriffschance, um ihre Wachstumsziele zu verfolgen. *Flexibilität* bedeutet für sie, sich von Rückschlägen schnell zu erholen und gestärkt daraus hervorzugehen.

Mit mehr als 50 Milliarden US-Dollar Umsatz ist *Procter & Gamble* das größte Konsumgüterunternehmen Amerikas, mit einem hervorragenden Ruf für seine Markenführung. Der Konzern kann aber auch mit Rückschlägen umgehen, wie sein Finanzchef Clayton Daley unter Beweis gestellt hat. In den beiden Quartalen, bevor A.G. Lafley das Amt des CEO antrat, gab *P&G* vier Gewinnwarnungen heraus, woraufhin der Aktienkurs um 43 Prozent fiel. Zum ersten Mal in seiner Geschichte konnte der Konzern seinen Umsatz in den neunziger Jahren nicht verdoppeln, nachdem er dieses Ziel bislang in jedem Jahrzehnt seit 1940 erreicht hatte. Während das Unternehmen in einigen der wichtigsten Produktlinien Anteile an die Konkurrenten *Kimberly-Clark* und *Colgate-Palmolive* verlor, büßte es auch bei Kunden wie *Wal-Mart*, die immer mächtiger wurden, an Einfluss ein. Lafley, der *Procter & Gamble* schon 23 Jahre angehörte, nahm die Organisation genau unter die Lupe. Er tauschte fast die Hälfte der obersten 30 Topmanager aus und strich 9600 Arbeitsplätze. Er lagerte IT-Aufgaben und einige Produktionsprozesse an externe Partner aus und richtete den Fokus wieder auf die zentralen Stärken und Produktlinien des Konzerns.

Gleichzeitig eröffnete er jedoch neue Chancen. So schlug er etwa vor, dass die Hälfte aller neuen Produkte von externen Partnern stammen sollte, und forderte eine intensivere Zusammenarbeit zwischen den Funktionsbereichen. Seine Strategie erwies sich als richtig: *Procter & Gamble* eroberte während Lafleys Amtszeit die Marktführung zurück, steigerte die Rentabilität und erzielte solide Aktionärsrenditen. Außerdem wurden erfolgreiche Innovationen eingeführt, etwa Krankenversicherungen für Haustiere unter der Marke *Iams*, der Staubentferner *Swiffer Dusters* und *Mr. Clean Auto-Dry*, ein Aufsatz für den Gartenschlauch samt den dazugehörigen Reinigungsmitteln für die Autowäsche. Clayton Daley meint: »Im Jahr 2000 erholten wir uns gerade von einer Phase, in der sich mehrere neue Marken und Produkte als Flops erwiesen hatten. Wir waren mit Sanierungsmaßnahmen beschäftigt: mit Umstrukturierungsmaßnahmen, mit Personalabbauprogrammen und mit dem Umbau unserer großen Marken. Nun sind wir wieder auf Wachstumskurs. Wir konzentrieren uns darauf, dieses Wachstum aufrechtzuerhalten und uns so aufzustellen, dass wir nicht wieder in Schwierigkeiten geraten. Vor drei Jahren hieß es: ›Wir werden den Total Shareholder Return (TSR) als Messgröße für die Schaffung von Wert verwenden.[6] An dieser Größe wird die Leistung des Managements gemessen, sie dient zur Errechnung der Prämienzahlungen und sie wird als strategisches Werkzeug verwendet.‹ Heute ist der TSR als Messgröße fest verankert. Er stellt ein standardisiertes Kriterium zur Beurteilung der Leistung und der Investitionsentscheidungen auf allen Führungsebenen dar. Wir messen alle strategischen Prognosen am TSR, damit wir uns darauf verlassen können, dass jede neue Strategie auch den Shareholder-Value steigern wird. Jede Führungskraft bei uns kann Ihnen genau erklären, was der TSR ist und wie er die Geschäftsentscheidungen beeinflusst.«[7]

FedEx musste zwar nicht viele Fehlschläge einstecken, doch ein Debakel ist den alten Veteranen im Unternehmen bis heute in Erinnerung geblieben: *Zapmail.* Mit *Zapmail* wollte *FedEx* seinen Kunden Anfang der achtziger Jahre eine schnelle digitale Faxtechnologie bieten. Der dahinter stehende Gedanke war einleuchtend: Damals erzielte die Firma einen großen Teil ihrer Umsätze mit dem Versand von Dokumenten, und Faxgeräte waren noch längst nicht so preiswert und allgegenwärtig wie heute. Die elektronische Übermittlung von Dokumenten stellte also eine natürliche Weiterentwicklung des Kerngeschäfts von *FedEx* dar. »Leider benötigte die *Zapmail*-Technologie einen sehr großen Satelliten, der nur mit dem Spaceshuttle gestartet werden konnte«, erinnert sich Fred Smith. »Und das Spaceshuttle explodierte.«[8]

Bald standen auf allen Schreibtischen Faxgeräte und Drucker, und die Chance für *Zapmail* war unwiederbringlich vorbei. Bill Cahill sagt: »Es war eben ein Fehlschlag. Also zogen wir den Stecker, gaben den damit befassten Mitarbeitern neue Aufgaben und wandten uns anderen Dingen zu. Es ist ja nicht so, dass bei uns immer alles glatt geht. Zum Erfolg gehört es auch, aus Fehlern zu lernen. Wir lernten also unsere Lektion und begannen dann mit dem Aufbau des internationalen Expressversands durch den Erwerb von *Flying Tigers*. Wir kamen über das Debakel hinweg und sagten: ›Okay, dann machen wir eben weiter und verschicken noch mehr Pakete und Dokumente.‹«

Smith fasst die Fähigkeit von *FedEx*, sich von Rückschlägen zu erholen, mit folgender Beobachtung zusammen: »Wir wussten an diesem Scheideweg, dass wir etwas ändern mussten. Wir konnten nicht so tun, als wäre nichts geschehen. Wenn ein Unternehmen die Augen davor verschließt, dass sein Produkt oder Service zum Massengeschäft wird, und wenn es keine neuen Risiken eingeht – von denen einige sich lohnen werden und andere nicht –, wird es vom Markt gefegt.«[9]

6. Horizontal denken

Mit den meisten Organisationen verbindet man das Bild einer vertikal aufgebauten hierarchischen Struktur. Wir sind im Geschäftsleben auf das vertikale Denken konditioniert: die Befehlskette verläuft von oben nach unten, Beförderungen erfolgen in aller Regel eine Stufe nach oben. Aber flexible Unternehmen führen eine zweite Dimension in ihre Sicht der Dinge ein. Sie profitieren davon, dass sie ihre Hierarchien verflachen und über vertikale Grenzen hinweg kooperieren. Dazu reißen sie Mauern nieder, geben nachahmenswerte Verfahren weiter, fördern die funktionsübergreifende Zusammenarbeit und betrachten auch Versetzungen auf derselben Ebene als wichtige Karriereschritte. Sie denken horizontal und werden dafür mit einer besseren Koordination, einer effizienteren Organisation und einem breiteren Kompetenzspektrum unter ihren Mitarbeitern belohnt.

Der Informationsfluss nach oben und nach unten sowie über die organisatorischen Grenzen hinweg spielt eine wichtige Rolle für die Flexibilität. Wenn jemand in einer anderen Geschäftseinheit oder Funktion Ihre Informationen benötigt, um einem Kunden mehr Nutzen zu bieten, dann übermitteln Sie ihm diese. Denn Sie wissen, dass alle an einem Strang ziehen. Die Motivation aller Angestellten beruht auf gemeinsamen Zielvorgaben, einheitlichen Messgrößen zur Leistungsbeurteilung oder sogar konkreten Belohnungen für die Zusammenarbeit. In einer flexiblen Organisation verschwinden isolierte Inseln ebenso wie das »Nicht hier erfunden«-Syndrom, eine verschleierte Form des Widerstands gegen Veränderungen. Im Vordergrund steht einzig die Frage, wie jeder Einzelne zur Weiterentwicklung des Unternehmens beitragen kann.

Ein Großteil des Verdiensts für die erfolgreiche Sanierung von *Nissan* ist den neun funktionsübergreifenden Teams (CFTs) zuzuschreiben, welche die Umstrukturierungspläne entwickelten und umsetzten. Den CFTs gehörten mittlere Manager an, die für besonders fähig gehalten wurden. Nachdem Carlos Ghosn schon früher mit großem Erfolg derartige Teams eingesetzt hatte, verbrachte er seine ersten Tage bei *Nissan* damit, geeignete Mitglieder mit hohem Potenzial zu finden. Ihre Aufgabe lautete, sich jeweils einen zentralen Leistungsfaktor vorzunehmen, etwa die Produktkomplexität, die Organisationsstruktur oder die Geschäftsentwicklung, und innerhalb von drei Monaten Verbesserungsvorschläge zu entwickeln, während sie weiter ihrer regulären Arbeit nachgingen.[10] Letztlich sollten sie das schwächelnde Unternehmen wieder aufrichten. Dabei rissen sie auch die Mauern der isolierten Funktionsbereiche von *Nissan* nieder. Auch heute noch werden CFTs unternehmensweit eingesetzt, um den Status quo in Frage zu stellen und Chancen zu erkennen.

»Nach meiner Erfahrung«, so Ghosn, »kümmern sich die Manager in einem Unternehmen selten um das, was jenseits ihrer Abteilungsgrenzen stattfindet: Ingenieure klären ihre Probleme am liebsten mit anderen Ingenieuren, Verkäufer arbeiten vorzugsweise mit anderen Verkäufern zusammen und Amerikaner fühlen sich am wohlsten unter ihren Landsleuten. Aber wer in einem funktional oder regional organisierten Team arbeitet, muss sich vielen schwierigen Fragen erst gar nicht stellen.«[11] Aus diesem Grund sind die CFTs so wirkungsvoll. »Hier arbeiten Mitarbeiter verschiedener geografischer Regionen, Funktionsbereiche und Generationen zusammen. Dabei sollen sie nicht die konkreten Probleme einer Funktion oder Region lösen, sondern sie sollen grundsätzliche Chancen aufdecken. Sie nehmen die beiden Perspektiven ein, die für uns am wichtigsten sind: die Kundenzufriedenheit und das Unternehmensergebnis.«

FedEx ist in verschiedener Hinsicht horizontal organisiert. So besaß der Konzern in seiner über dreißigjährigen Firmengeschichte nie mehr als fünf Führungsebenen. Bill Cahill meint: »Das war von Anfang an so, und zwar aus einem einfachen Grund: Die Informationen sollen schnell und ungehindert fließen, ohne 15 oder 20 hierarchische Ebenen überwinden zu müssen.«

Auch das neue Motto »Unabhängige Gesellschaften, einheitlicher Wettbewerb, gemeinsames Management« enthält eine horizontale Dimension. Nach der stetigen Expansion in neue Sektoren der Weltwirtschaft ist *FedEx Corporate* heute als Dachorganisation mit vier Hauptgesellschaften und weiteren Geschäftsbereichen und funktionalen Dienstleistungen organisiert. Nach der festen Überzeugung des Topmanagements sollten die einzelnen Gesellschaften eigenständig operieren, weil sie unterschiedliche »Produkte« anbieten. Cahill erklärt: »Wir haben *FedEx Express* und *FedEx Ground*, und beide bieten Versanddienstleistungen an. Aber ihre Kundensegmente sind sehr unterschiedlich und erfordern verschiedene Netzwerke. Die beiden Gesellschaften bieten grundlegend unterschiedliche Serviceleistungen an, und deshalb müssen sie als ›unabhängige Gesellschaften‹ betrieben werden. Ein Paket, das am nächsten Morgen um 8:30 Uhr ausgeliefert werden muss, wird garantiert nicht mit einem anderen verwechselt, das erst in vier Tagen geliefert werden soll. Dennoch tragen beide das *FedEx*-Logo. Das meinen wir mit ›einheitlichem Wettbewerb‹. Die verschiedenen Gesellschaften wiederum sind miteinander verknüpft, nutzen Informationen gemeinsam und sind sich gegenseitig rechenschaftspflichtig. Sie nutzen gemeinsam von *FedEx Services* bereitgestellte zentrale Dienstleistungen, beispielsweise im IT- und Marketingbereich.«

Gerade am Element des »gemeinsamen Managements« wird die horizontale Organisation deutlich. Alle Gesellschaften setzen schon seit langer Zeit funktionsübergreifende Arbeitsgruppen ein. Doch nun wird dieses Konzept mit dem »Senior Management Committee« (SMC) auch auf der übergreifenden Leitungsebene umgesetzt. Dem SMC gehören die CEOs von *Express, Ground, Freight* und *Kinko's* sowie die Leiter der Finanz-, Rechts-, Marketing-, Kommunikations-, Vertriebs- und IT-Abteilungen an. Seine Aufgabe ist das gemeinsame Management des Konzerns, während die einzelnen Mitglieder weiterhin ihre jeweiligen Geschäftseinheiten führen.

Bill Cahill meint: »Zusammenarbeit wird groß geschrieben, das war bei uns schon immer so. Heute sagen wir: ›Wir benötigen ein übergreifendes Management, und wir müssen zusammenarbeiten.‹ Dieses Element unseres Mottos ist eigentlich das schwierigste, weil ein Manager nichts allein kraft seiner Autorität erreicht. Stattdessen muss er überzeugen können. Wenn er keine guten Argumente vorbringt, erhält er keine Unterstützung. Es ist ein prekäres Gleichgewicht, das hier gefunden werden muss. Veränderungen lassen sich nun einmal nicht erzwingen oder auf Knopfdruck auslösen. Die Manager müssen deshalb versuchen, einen Konsens herbeizuführen, indem sie einen überzeugenden Geschäftsplan präsentieren. Erst dann können sie gemeinsam weiter vorwärts gehen.«

7. Selbstkorrekturen vornehmen

Flexible Organisationen haben interne Systeme eingerichtet, um Probleme aufzudecken und zu korrigieren, bevor sie solche Ausmaße annehmen, dass

Arbeitsgruppen ins Leben gerufen oder Gewinnwarnungen herausgegeben werden müssen. Informationen werden zügig an die richtigen Stellen weitergegeben, und Systeme und Prozesse verfügen über automatische Feedback-Schleifen. Kurz gesagt: Flexible Unternehmen ähneln sich selbst korrigierenden Organismen, die lernen, während sie wachsen. Im Laufe der Zeit werden die DNA-Bausteine immer besser aufeinander abgestimmt. Die gesamte Organisation wird intelligenter und beweglicher, bis sie ein ganz neues Leistungsniveau erreicht. Das Merkmal der Selbstkorrektur stellt mehr als nur ein Frühwarnsystem dar: Es handelt sich um ein eigenständiges Abhilfesystem, das Probleme behebt, bevor sie überhaupt auf dem Radarschirm des Unternehmens erscheinen.

Clayton Daley, der Finanzchef von *Procter & Gamble*, bringt viele Aufgaben unter einen Hut. Er ist nicht nur für die Rechnungslegung zuständig, sondern nimmt auch die eher strategische Rolle eines Schiedsrichters wahr, der die Qualität des Unternehmenswachstums beurteilt. »Wir konzentrieren uns auf ein nachhaltiges Umsatzwachstum. Wir versuchen also, die Erfolgsquoten bei der Einführung neuer Produkte zu steigern. Dazu haben wir ein strenges Verfahren entwickelt, das neue Produkte durchlaufen müssen, bevor sie auf den Markt gebracht werden – unabhängig davon, ob es sich um wirkliche Innovationen oder nur um Weiterentwicklungen oder an nationale Anforderungen angepasste Versionen handelt. Wie erfüllen oder übertreffen wir unsere Umsatzziele? Wie liefern wir ein qualitativ hochwertiges Wachstum, ohne zu hohe Risiken einzugehen?

Bisher hieß es immer: ›Meine Aufgabe als Markenmanager ist es, mein Projekt durchzusetzen und dann zu beten, dass ich schon versetzt worden bin, wenn die Ergebnisse feststehen.‹ So etwas ist heute nicht mehr möglich. Jetzt haben wir ein strenges System, in dem jeder Manager grundsätzlich Rechenschaft für seine Projekte ablegen muss. Es enthält eine starke Komponente der Selbstkorrektur. Wenn heute getrickst wird, dann höchstens insoweit, als die Führungskräfte eher zu wenig versprechen, denn sie wissen ja, dass sie zur Rechenschaft gezogen werden. Das sehe ich positiv. Wenn es bedeutet, dass die Manager ihre Projekte mit etwas größeren Vorbehalten anpreisen, dann ist das genau die Disziplin, die ich mir im System wünsche.«

Die neun funktionsübergreifenden Teams (CFTs), die ursprünglich mit der Entwicklung des »Nissan Revival Plan« im Jahr 1999 beauftragt worden waren, erwiesen sich als so effektiv, dass sie ihre Arbeit bis zum heutigen Tag fortsetzen. Es wurden sogar drei weitere globale Teams gebildet.

Weitere Gruppen sind vorgesehen, um den neuen Dreijahresplan »Value-Up« sowie die Allianz von *Nissan* mit *Renault* zu unterstützen. Nachdem ihre Aufgabe ursprünglich gelautet hatte, Effizienzzuwächse in den einzelnen Funktionsbereichen (Einkauf, Forschung und Entwicklung, Vertrieb und Marketing) zu ermöglichen, beschäftigen sich die CFTs nun regelmäßig mit funktionsübergreifenden Themen (etwa damit, wie man Frauen Autos verkauft). Wenn sie auf ein Problem stoßen, kümmern sie sich um seine Lösung, denn sie wissen, dass ansonsten ein weiteres CFT gebildet würde. Anders ausgedrückt: Sie sorgen für die Selbstkorrektur in der neuen Unternehmensorganisation von *Nissan*.

»Wir sagen den Mitgliedern der CFTs immer: Ihr seid die Feuermelder des Unternehmens«, meint CEO Carlos Ghosn. »Ihr seid dafür verantwortlich, das Umfeld zu beobachten, Vergleiche zu ziehen, Störungen zu erkennen und Verbesserungsvorschläge vorzulegen.«

8. Ein offenes Ohr für Beschwerden

Flexible Organisationen ignorieren den Sand im Getriebe nicht. Wenn es knirscht, gehen sie nicht darüber hinweg, sondern finden die Ursachen heraus. In anderen Unternehmen werden Beschwerden grundsätzlich als etwas Unangenehmes betrachtet. Schließlich wird niemand gern kritisiert. Doch flexible Firmen sehen in Beschwerden auch Chancen. Sie betrachten sie als Einladung dazu, den Sand aus dem Getriebe zu entfernen. Deshalb richten sie Systeme ein, die es nicht nur den Kunden, sondern auch den eigenen Beschäftigten ermöglichen, ihre Unzufriedenheit zu äußern. Denn die Mitarbeiter und Kunden befinden sich hautnah am Geschehen und wissen, wie das Geschäft funktioniert, und folglich auch, wo es hakt. Dieses Wissen muss angezapft werden – etwa in Versammlungen, Ethik-Hotlines und Gesprächen mit Kunden und Kunden der Kunden. Die Angestellten müssen das Gefühl haben, ihre Anregungen und Kritik ohne Angst vor Sanktionen äußern zu können. Sie sollten dies im Bewusstsein tun, dass ein solches Verhalten sogar ausdrücklich erwünscht ist. Sobald eine Beschwerde vorliegt, muss das Unternehmen dann aber auch reagieren und handeln. Dies dient nicht nur der Zufriedenheit des betreffenden Kunden oder Mitarbeiters, sondern auch dem eigenen Interesse.

»Wir haben in allen unseren Gesellschaften offizielle Beschwerdesysteme eingerichtet«, sagt der Leiter des Personalwesens bei *FedEx*, Bill Cahill. »Bei *Express* beispielsweise gibt es das so genannte GFTP (Guaranteed Fair Treatment Program). Außerdem können die Mitarbeiter ihrer Unzufriedenheit auch auf informellem Weg Ausdruck verleihen. Die Politik der ›offenen Tür‹ ist bei uns eine Selbstverständlichkeit.

Wenn ich etwas auf dem Herzen habe, gehe ich zu meinem Vorgesetzten und sage: ›Mit dieser Entscheidung bin ich nicht einverstanden‹, oder ›Mit dieser Aufgabe hätte man eigentlich mich betrauen sollen‹«, erklärt Cahill. Die Angestellten reichen ihre Beschwerden schriftlich bei ihrem Vorgesetzten ein und haben dann Anspruch auf eine Antwort innerhalb einer bestimmten Frist. Sind sie mit der Antwort nicht einverstanden, können sie die Angelegenheit der nächsthöheren Ebene vorlegen. Im Zweifel geht das Verfahren bis zur Unternehmensspitze, wo ein Ausschuss aus rotierenden Topmanagern und Mitgliedern des geschäftsführenden Vorstands eine endgültige Entscheidung trifft.

»Entscheidend dabei ist, dass der Kunde oder Mitarbeiter angehört wird – unabhängig davon, wie letztlich über seine Beschwerde entschieden wird«, meint Cahill. »Die Manager gewinnen dabei wertvolle Erkenntnisse über die Organisation. Wenn sich etwa bestimmte Beschwerden wiederholen, wissen sie: ›Wo Rauch ist, da ist auch Feuer. Jemand sollte sich darum kümmern, wo es hakt.‹ Wieder und wieder habe ich positive Veränderungen nach solchen Beschwerden gesehen, die weit über die Zufriedenheit des Einzelnen hinausgingen.«

Neben der offiziellen Beschwerdebearbeitung gibt es bei *FedEx* auch jährliche Mitarbeiterbefragungen in jedem Geschäftsbereich. Cahill meint: »Im Grunde fordern wir die Belegschaft auf: ›Sagen Sie uns, was Sie denken, und zwar anonym.‹ Innerhalb von zwei Wochen befragen wir einige Hunderttausend Mitarbeiter.« Dabei geht es etwa um die Zufriedenheit der Angestellten mit ihren Vorgesetzten, mit dem Unternehmen insgesamt, mit der Bezahlung und den Nebenleistungen und mit dem Service, den *FedEx* seinen Kunden bietet. Die Mitarbeiter werden sogar gefragt, ob sie beim Unternehmen bleiben wollen oder Kündigungsabsichten haben.

Die Ergebnisse dieser Umfragen verstauben keineswegs in einem Ordner. Sie fließen in die Programme zur Führungskräfteentwicklung ein und werden ständig überwacht. Die Daten lassen sich bis auf die Ebene des einzelnen Managers aufschlüsseln, sodass jeder Vorgesetzte weiß, wie hoch der Anteil unter seinen Untergebenen ist, der seine Leistung als positiv, neutral oder negativ einschätzt. Aus den individuellen Bewertungen ergibt sich schließlich die Position im genannten »Führungsindex«. Cahill meint: »Die Manager wissen genau, dass sie es irgendwann schwarz auf weiß unter die Nase gehalten bekommen, wenn sie ihre Mitarbeiter nicht richtig führen.

Dieses Feedback ist natürlich nicht das einzige und endgültige Instrument zur Leistungsbeurteilung. Es besteht ja immer die Versuchung, die Antworten ein bisschen zu manipulieren, etwa um einen unbeliebten Vorgesetzten loszuwerden. Möglicherweise haben wir eine Führungskraft gerade in eine Arbeitsgruppe mit sehr schlechten Leistungen geschickt, damit sie dort aufräumt. In einem solchen Fall muss man auch zwischen den Zeilen lesen können. Aber im Laufe der Zeit kristallisiert sich doch ein Trend heraus. Die Manager bekommen jedes Jahr eine Punktezahl. Daraus ergibt sich dann ein immer genaueres Bild, wie gut sie die Aufgabe der Mitarbeiterführung beherrschen. Die einzelnen Ergebnisse werden zusammengefasst und der jeweils nächsthöheren Ebene vorgelegt, bis Smith schließlich einen Überblick über das gesamte Unternehmen gewinnt.«

FedEx ist aber nicht nur die Meinung seiner Belegschaft wichtig, sondern auch die seiner Kunden. Im so genannten SQI-Fragebogen (Service Quality Index) werden ähnlich wie bei den Mitarbeiterbefragungen zentrale Zufriedenheitskriterien gemessen: »Wie viele Pakete wurden am richtigen Tag, aber zu spät ausgeliefert? Wie viele Pakete wurden am falschen Tag ausgeliefert? Wie viele Telefonanrufe haben wir nicht innerhalb des vorgegebenen Zeitrahmens entgegengenommen?« Cahill merkt an: »Je schwerwiegender unser Fehler ist, desto stärker wird er in der Auswertung der Antworten gewichtet.«

Das Unternehmen geht aber noch weiter. »Wir nehmen die Meinung unserer Kunden sehr ernst und tun alles, um sie in Erfahrung zu bringen«, erklärt Cahill. »Zu diesem Zweck veranstalten wir regelmäßig Kundengipfeltreffen. Dazu werden Redner eingeladen, die Vorträge über relevante Themen halten. Außerdem haben die Vertriebs- und Marketingmitarbeiter Gelegenheit, sich mit den Kunden zu beschäftigen. Einmal im Jahr findet ein Treffen aller Topmanager der verschiedenen Gesellschaften statt – der Höhepunkt aller Kundengipfel. Wir laden Kunden ein, bilden kleine Gesprächsgruppen und hören uns an, was sie über ihre Erfahrungen mit *FedEx* zu berichten haben. Ich kann Ihnen versichern, dass dazu nicht nur die zufriedenen Kunden eingeladen werden. Wir erfahren auch sehr viel über Dinge, die wir noch verbessern müssen. Die Kunden berichten sachlich, aber auch sehr offen über unhöfliche Kuriere oder unpünktliche Flugzeuge. Das verschafft jedem Manager, auch wenn er nicht im operativen Geschäft oder im Vertrieb tätig ist, einen unmittelbaren Eindruck davon, worum es im Unternehmen geht. Er spürt hautnah, welchem Zweck seine Arbeit dient.«

9. Die richtigen Motivationsfaktoren auswählen

Die flexible Organisation besitzt ein einheitliches System, um erwünschte Verhaltensweisen zu fördern. Alle Motivationsfaktoren – finanzieller Art (Gehaltserhöhungen, Prämien, Nebenleistungen) wie nichtfinanzieller Art (Beförderungen, Versetzungen, Prestige) – zielen in dieselbe Richtung und verdeutlichen den Mitarbeitern, welche Verhaltensweisen als besonders wichtig gelten. So wird in einem flexiblen Unternehmen kein Angestellter jemals sagen:»Ich weiß ja, dass wir im Interesse der Firma dies und jenes tun sollten ... aber von meinem Vorgesetzten bekomme ich ganz andere Signale.« Ein weiteres Markenzeichen der flexiblen Organisation ist ihr Leistungsbeurteilungssystem, das klar zwischen Mitarbeitern mit überdurchschnittlichen und unterdurchschnittlichen Leistungen differenziert. Natürlich ist für einen Vorgesetzten unangenehm, einen Untergebenen negativ zu beurteilen. Aber die Alternative lautet, sich mit Mittelmäßigkeit abzufinden – denn zum einen haben die Schwachen keinen Anreiz zur Leistungsverbesserung, und zum anderen erhalten die Leistungsstarken keine Anerkennung und werden frustriert. Ein flexibles Unternehmen vermeidet dieses Dilemma. Es verknüpft die Motivationsfaktoren eindeutig mit den erwünschten Verhaltensweisen.

Jeder Mitarbeiter von *FedEx* kennt die Zielvorgaben des Konzerns. Alljährlich fordert der CEO Fred Smith seine Belegschaft auf, sich dazu zu äußern. Er fasst ihre Anregungen zusammen und macht das Ergebnis allen zugänglich. Er behält ihre Leistungen, ihre Stärken und Schwächen und die Prioritäten in der Personalentwicklung im Auge und stimmt die Mitarbeiter darauf ein, sich gemeinsam für die Konzernziele einzusetzen. Er fasst diese Methode der Mitarbeiterführung folgendermaßen zusammen:

»Die Angestellten möchten wissen, was von ihnen erwartet und wie ihre Leistung wahrgenommen wird. Sie müssen schwarz auf weiß sehen, wo sie stehen. Natürlich möchten sie auch wissen, welche Vorteile sie von guten Leistungen haben. Deshalb haben wir viele Belohnungsprogramme, Gewinnbeteiligungsoptionen und Aufstiegsmöglichkeiten geschaffen. Wer gute Leistungen bringt, soll dafür auch belohnt werden – so einfach ist das. Mitarbeiter möchten auch gern das Gefühl haben, etwas Sinnvolles zu tun. Wir haben unseren Beschäftigten schon immer gesagt: ›Sie bringen den Menschen das, was für sie am wichtigsten ist. Sie bringen ihnen keinen Sand und keinen Kies. Sie bringen Herzschrittmacher, Arzneimittel für eine Chemotherapie, Ersatzteile für ein F-18-Kampfflugzeug oder einen entscheidenden juristischen Schriftsatz.‹«[12]

Bill Cahill führt aus: »Es gibt ein simples Ziel, das uns alle verbindet: die Rentabilität des Konzerns. So ist beispielsweise nicht jeder Auftrag für *FedEx Ground* sehr lukrativ. Aber die Gesellschaft nimmt eine niedrigere Gewinnspanne in Kauf, wenn dies dem Konzern insgesamt nützt – wenn wir also in der Folge mehr Aufträge für das Express- oder das Frachtgeschäft bekommen. Während so einerseits jede Gesellschaft unabhängig operiert und ihre Manager weitgehend nach der Leistung ihrer jeweiligen Gesellschaft bezahlt werden, hängt ein nicht unbedeutender Anteil der Jahresprämie auch von der konzernweiten Rentabilität ab. Und natürlich bemessen sich alle langfristigen Gehaltsbestandteile – Prämien- und Aktienoptionsprogramme – nach der gesamten Unternehmensleistung.«

FedEx hat in den vergangenen Jahren versucht, die Messlatte für die Mitarbeiterbeurteilungen höher zu setzen. »Ursprünglich neigten die Manager dazu, alle ungefähr gleich zu behandeln«, meint Cahill. »In den achtziger Jahren und vielleicht auch noch Anfang der neunziger Jahre war das auch in Ordnung, denn damals erlebten wir ein sehr schnelles Wachstum. Aber seit Ende der neunziger Jahre und Anfang des neuen Jahrtausends müssen wir uns genauer ansehen, was wir unter ›guten‹ Leistungen verstehen. Ansonsten würden wir Gefahr laufen, unsere besten Leute zu verlieren. In der Vergangenheit dachten viele: ›Warum sollte ich mich denn abrackern, wenn mein Kollege nur halb so gut arbeitet und gleich gut bezahlt wird?‹ Heute sagen wir den Führungskräften: ›Es gibt einen großen Topf, der Ihnen zur Verfügung steht. Bezahlen Sie davon Ihre besten Angestellten *besser* und Ihre schwächsten Angestellten schlechter als den Durchschnitt.‹ Das hat dazu geführt, dass die Messlatte Jahr für Jahr höher gesetzt wurde.

Heute kann ein Mitarbeiter nicht nur 100 Prozent seiner Prämie bekommen, sondern bis zu 150 Prozent. Seine Kollegen am unteren Ende des Spektrums dagegen erhalten vielleicht nur 10 Prozent. Allerdings gibt es bei uns kein ›Aussortieren‹ von Angestellten. Wir geben die Richtlinien vor, aber wir üben keinen Druck dahingehend aus, dass ein bestimmter Anteil von besonders leistungsstarken und besonders leistungsschwachen Mitarbeitern identifiziert werden muss. Uns kommt es vielmehr darauf an, das Prinzip der Entlohnung guter Leistungen stetig zu verstärken.«

Ein weiterer Motivationsfaktor bei *FedEx* ist die Politik, Kandidaten für Beförderungen vorzugsweise aus den eigenen Reihen zu rekrutieren.»Eine überwältigende Anzahl von Angestellten – bis zu 85 Prozent – ist innerhalb der Firma aufgestiegen«, bestätigt Cahill, der dem Unternehmen schon seit 25 Jahren angehört.»Das trifft auf mich selbst und viele andere Manager zu: Der CEO von *FedEx Express* wurde einst als Kurier eingestellt und der Leiter des internationalen Geschäfts bei *FedEx Express* begann als Lagerverwalter. Wir haben sie gut geschult. Sie waren in ihren jeweiligen Positionen erfolgreich und wurden dafür mit Beförderungen belohnt. Diese Politik zahlt sich für das Unternehmen aus.«

10. Ruhen Sie sich nicht auf Ihren Lorbeeren aus

Flexible Unternehmen sind nicht selbstgefällig, sondern halten eine kleine Prise Paranoia im Geschäftsalltag sogar für angebracht. Trotz ihres anhaltenden Erfolgs werden sie nicht überheblich. Sie belohnen ihre Mitarbeiter für erfolgreich absolvierte Projekte und richten den Blick dann wieder auf das große Ziel. Um sich auch weiter am Markt zu behaupten, bemühen sie sich um ständige Verbesserungen, anstatt sich mit ihren Erfolgen in der Öffentlichkeit in Szene zu setzen. Tatsächlich haben nicht wenige flexible Organisationen eine starke Abneigung gegen die Medienberichterstattung, selbst wenn sie schmeichelhaft ist. Denn sie fürchten, dass sie die Mitarbeiter demotivieren und vom Kurs abbringen könnte. Für sie kommt es nur auf die messbaren Leistungen an: die Ergebnisse.

Procter & Gamble lässt sich von Lobeshymnen nicht blenden und hält sich vom Rampenlicht fern. A.G. Lafley, Präsident und CEO des Konzerns, ist alles andere als ein Medienstar.»Er zählt zwar zu den erfolgreichsten CEOs der amerikanischen Geschäftswelt, doch er ist immer noch derselbe wie der, den ich vor 24 Jahren kennen gelernt habe«, meint Finanzchef Clayton Daley. Dieser Stil überträgt sich auch auf den Konzern, der sich derzeit auf seine zentralen Produktlinien und Marken konzentriert.»Wir versuchen, uns auf unsere Stärken zu besinnen«, so Daley.»Wir müssen uns immer in die Position des Schwächeren versetzen. Schließlich haben wir eine Reihe von Konkurrenten in die Defensive gedrängt, und dort werden sie nicht bleiben wollen.«

Carlos Ghosn, der eine der erstaunlichsten Unternehmenssanierungen der jüngeren Vergangenheit durchgeführt hat, eröffnet unser Interview mit den Worten: »Es wäre vermessen zu sagen, dass wir ein flexibles Unternehmen sind. Wir *versuchen* nur, ein flexibles Unternehmen zu werden.«

Er fügt hinzu: »Wenn Sie fragten: ›Hätten Sie irgendetwas anders gemacht?‹, dann würde ich antworten: ›Alles.‹ Aber das ist normal. Es liegt in der Natur unserer Aufgabe, auf die negativen Dinge zu achten, die wir hätten besser machen können. Darin liegen schließlich die Chancen für weiteres Wachstum und Leistungssteigerungen. Bevor wir etwa unser nächstes Programm ›Nissan Value-Up‹ starten, werden wir uns ausgiebig damit beschäftigen, was bei ›Nissan 180‹ schief gelaufen ist. Wir haben zwar alle drei Ziele erreicht und können großartige Ergebnisse vorweisen. Aber es gibt immer noch Prozesse, die geändert werden können, damit der nächste Plan noch erfolgreicher verläuft. Es wäre verkehrt zu sagen, dass der nächste Plan wie der letzte aussehen müsse, nur weil dieser erfolgreich war. Das wäre der Anfang vom Ende.«

Flexibilität bedeutet nicht Perfektion, sondern das leidenschaftliche Bemühen um Perfektion. Jede Zielvorgabe wird wertlos, wenn sie einmal erreicht wurde. Sie kann immer nur ein Meilenstein auf dem Weg zu noch besseren Leistungen sein. Gesunde Organisationen wissen das und konzentrieren ihre Aufmerksamkeit und Energie deshalb darauf, immer neue Höhen zu erklimmen, anstatt sich auf dem Erreichten auszuruhen. Ein solches Unternehmen – *Caterpillar* – wird im nächsten Kapitel beschrieben.

Anmerkungen zu diesem Kapitel

1 Fred Smith: »How I Delivered the Goods«, www.fortune.com, »Innnovators Hall of Fame«, www.fortune.com/fortune/fsb/specials/innovators/smith.html.
2 Gespräch mit Bill Cahill, Vorstandsdirektor und Leiter Personalwesen, FedEx Corporate, Memphis, Tennessee, 12. Dezember 2004.
3 Telefongespräch mit Carlos Ghosn, Präsident und CEO, Nissan Motor Co. Ltd., 11. November 2004.

4 Fred Smith (siehe Anmerkung 1).

5 Keiretsu sind Netzwerke lose verflochtener Unternehmen, die maßgeblichen Einfluss in der japanischen Wirtschaft ausüben.

6 Der Total Shareholder Return ist nach Definition von Procter & Gamble »die Rendite, die ein Unternehmen in einer bestimmten Periode erzielt, wobei der Ausgangswert, der erzeugte Cash-Flow und der Endwert herangezogen werden«.

7 Gespräch mit Clayton Daley, Finanzchef Procter & Gamble, Cincinnati, Ohio, 19. Juli 2004.

8 Fred Smith (siehe Anmerkung 1).

9 Fred Smith (siehe Anmerkung 1).

10 Carlos Ghosn: »Saving the Business Without Losing the Company«, Harvard Business Review, 22. Januar 2002, S. 37-45.

11 Ibid.

12 Fred Smith (siehe Anmerkung 1).

Kapitel 10

Der Weg zum flexiblen Unternehmen: *Caterpillar*

Caterpillar Inc. ist ein weltweit operierender Hersteller von großen Baufahrzeugen und Maschinen mit einem Jahresumsatz von 30 Milliarden US-Dollar. Obwohl die meisten seiner Kunden in stark konjunkturabhängigen Branchen tätig sind, die in den vergangenen Jahren hart von der Rezession getroffen wurden, konnte der Konzern zwölf Jahre hintereinander Gewinne ausweisen. Seit 1993 wurden der Umsatz und die Gewinne nahezu verdreifacht. Von Peoria bis Pretoria und von New York bis Neu Delhi bedient *Caterpillar* seine Märkte mit innovativen Produkten, die immer wieder für ihre Qualität ausgezeichnet werden, und mit einem Händlernetzwerk, das einen der besten Kundendienste weltweit bietet. Im Jahr 2003 erzielten Anleger mit Aktien des Unternehmens die zweithöchsten Renditen im *Dow Jones Industrial Index*. Die *Financial Times* stufte *Caterpillar* auf Platz 27 der Liste der am meisten respektierten Unternehmen weltweit ein. Im Jahr 2005 wurde es von *Forbes* zum am besten geführten Industrieunternehmen in Amerika gewählt.

Bei *Caterpillar* sind die Entscheidungsbefugnisse, der Informationsfluss, die Motivationsfaktoren und die Strukturen eng aufeinander abgestimmt. Das ganze Unternehmen funktioniert wie eine gut geölte Maschine. Die Mitarbeiter wissen, welches Ziel sie verfolgen, sie wissen, was sie tun müssen, um es zu erreichen, sie sind bis in die Haarspitzen motiviert und sie haben die Befugnisse, etwas zu bewegen. Insgesamt führt dies dazu, dass *Caterpillar* immer wieder entschieden und schnell handeln kann. In den meisten Märkten, die es bedient, ist das Unternehmen die Nummer eins. Gleichzeitig blieb die Organisationsstruktur in den vergangenen 15 Jahren im Wesentlichen unverändert – ein überzeugender Beweis dafür, wie flexibel dieser Konzern ist.

Aber die Firma zählte nicht immer zur Kategorie der flexiblen Unternehmen. In den achtziger Jahren waren die Bausteine ihres DNA-Profils – nach

50 Jahren, in denen ununterbrochen Gewinne erzielt wurden – so schlecht aufeinander abgestimmt, dass es fraglich schien, ob der Baumaschinenhersteller überhaupt überleben würde. Der heutige Erfolg des Unternehmens geht allein darauf zurück, dass die vier DNA-Elemente grundlegend geändert wurden.

Caterpillar verdankte seine Marktführerschaft einer überlegenen Produkttechnologie. Das Unternehmen beschäftigte immer erstklassige Ingenieure, die innovative Produkte entwickelten. Bis in die achtziger Jahre hinein glaubten die Kunden, ohne diese Produkte nicht leben zu können, obwohl sie im oberen Preissegment angesiedelt waren. Hinzu kam ein exzellenter Kundendienst, der von einem bestens organisierten Netzwerk unabhängiger Händler erbracht wurde. George Schaefer, der von 1985 bis 1990 CEO von *Caterpillar* war, sagt: »Wir überlegten, was die Kunden brauchten, bauten es und verkauften es. Das funktionierte bestens.«[1]

Die Qualität der Produkte ermöglichte die Anwendung eines Geschäftsmodells, das man als »Herstellen-Verkaufen-Versenden« bezeichnen könnte: Die Maschinen wurden in den eigenen Produktionsstätten hergestellt, von den Marketingabteilungen der Firma weltweit verkauft und dann an die unabhängigen Händler von *Caterpillar* versandt. Diese verkauften die Maschinen schließlich an die Endverbraucher im Bausektor, Transportwesen, Bergbau, in der Forst- und Energiewirtschaft und in anderen Branchen.

Das überverwaltete Unternehmen

Aber in den achtziger Jahren verbarg sich hinter dem Marktführer *Caterpillar* ein klassisches überverwaltetes Unternehmen. Der stark zentralisierte Entscheidungsprozess in einer hierarchisch geprägten Bürokratie führte dazu, dass sich die Firma immer mehr mit sich selbst beschäftigte und die Nähe zum Markt verlor. Doch die Ergebnisse waren weiterhin gut und manchmal sogar spektakulär. Deshalb wurden organisatorische Probleme weitgehend unter den Teppich gekehrt – wenn sie überhaupt bemerkt wurden. Glen Barton, der zwischen 1999 und 2004 Aufsichtsratsvorsitzender und CEO von *Caterpillar* war, sagt dazu: »Wir waren über so viele Jahre hinweg so erfolgreich – da konnte und wollte sich niemand vorstellen, dass wir eigentlich noch viel besser hätten sein können.«[2]

Caterpillar war immer ein hoch integriertes Unternehmen gewesen. Es stellte viele Komponenten selbst her, die es für seine Endprodukte benötigte, anstatt sie einzukaufen. In den achtziger Jahren war die Organisation stark nach funktionalen Bereichen – Entwicklung, Produktion, Preisgestaltung, Marketing – ausgerichtet, die jeweils für einen Ausschnitt aus dem gesamten Geschäftsprozess verantwortlich waren. Sie waren in so genannte »General Offices« gegliedert. Jedes General Office hatte einen eigenen Vorstandsdirektor, der dem Unternehmenspräsidenten unterstellt war. Im Laufe der Zeit wurden die General Offices außerordentlich mächtig und trafen alle wichtigen Entscheidungen im Unternehmen. »Alles drehte sich um die General Offices. Ohne sie konnte nichts entschieden werden«, erinnert sich George Schaefer.

Aber was fehlte, waren gemeinsame Erfolgsmaßstäbe oder Motivationsfaktoren, die gewährleistet hätten, dass alle in dieselbe Richtung gingen. In jedem Funktionsbereich arbeiteten hervorragende Manager, die jedoch selten kommunizierten. Jedes General Office erledigte seine Aufgabe gut, aber es fehlte das Gespür für den übergreifenden Unternehmenszweck.

Vor allem das für die Preisgestaltung zuständige General Office hatte eine starke Vormachtstellung. Wollte etwa ein Verkäufer in Botswana einen Nachlass für einen Traktor einräumen, musste er die Erlaubnis von seinem General Office in der Zentrale in Peoria, Illinois, einholen. Dort wurde die Entscheidung häufig von Stabsmitarbeitern auf relativ niedriger Ebene getroffen. Um den Marktanteil machten diese sich keine Gedanken – dafür war ja das General Office für Marketing zuständig. Das General Office für Preisgestaltung wiederum sah den Zusammenhang zwischen dem Verkaufspreis und dem Kundennutzen nicht. Es musste weder für den Marktanteil noch das Absatzvolumen Rechenschaft ablegen und konnte deshalb »sehr einseitige Entscheidungen treffen, und das Einzige, was es wirklich zum Innehalten brachte, waren die zahlreichen Beschwerden, die unweigerlich bei größeren Veränderungen eingingen.«[3]

Theoretisch funktionierte die zentralisierte Preisgestaltung unter der Voraussetzung, dass die relevanten Informationen vorlagen. Aber genau das war nicht der Fall. Damals gab es keine nach Produkten oder Ländern aufgeschlüsselten Angaben zur Rentabilität, sondern nur die Zahlen zur Rentabilität des gesamten Unternehmens. Das General Office legte also die Preise fast ausschließlich auf der Grundlage der Kosten fest, ohne die Rentabilität nach Produkten oder Regionen einzubeziehen. Wenn die Umsatzprognosen für das kommende Jahr zu niedrig waren, erhöhte das General Office einfach die Preise, um den Unterschied auszugleichen. Don Fites, Aufsichtsratsvorsitzender und CEO von *Caterpillar* von 1990 bis 1999, erklärt: »Damals bestimmte nicht der Markt die Preise. Unsere Verkäufer mussten gegen Konkurrenten wie *Komatsu* antreten, und das mit 20 Prozent höheren Preisen. Sie wussten genau, dass sie nicht viel verkaufen würden. Die Preisgestaltung war immer sehr frustrierend.«[4] In George Schaefers Zeit als Controller im *Caterpillar*-Werk im französischen Grenoble sollte eine Cafeteria eröffnet werden, damit die Arbeiter eine halbstündige Mittagspause auf dem Gelände verbringen konnten, anstatt für zwei Stunden nach Hause zu fahren, wie es damals in Frankreich üblich war. Die verkürzte Mittagspause innerhalb des Betriebs stellte für die Arbeiter eine enorme Veränderung ihrer bisherigen Gewohnheiten dar. Sie stimmten der Neuerung auch zu, bestanden aber darauf, dass in der Cafeteria Bier und Wein angeboten wurden. »Dann kam ein Schlaumeier vom General Office und erklärte, dass wir in der Cafeteria kein Bier und keinen Wein verkaufen dürften«, erinnert sich Schaefer. »Es hieß: ›Am Nachmittag wird niemand mehr richtig arbeiten: Die Leistung wird nachlassen, es wird mehr Ausschuss produziert werden und die Unfälle werden zunehmen.‹ Aber er kannte die Franzosen nicht! Schließlich überstimmten wir das General Office, richteten gleichzeitig aber auch Kontrollsysteme ein, um die Leistung am Nachmittag zu überprüfen. Tatsächlich stieg sie sogar! Das zeigt also, wie viel das General Office von den Gegebenheiten vor Ort verstand.«

Diese Situation, in der die Entscheidungsbefugnisse in der Zentrale angesiedelt sind, die relevanten Informationen aber vor Ort liegen, ist typisch für ein überverwaltetes Unternehmen. Auf der Grundlage unvollständiger und oft falscher Informationen machten die General Offices Entscheidungen oft wieder rückgängig, die von den Managern vor Ort getroffen worden waren, die über bessere Informationen und detailliertere Kenntnisse der Wettbewerbssituation verfügten. »Es dauerte einfach zu lange, bis die Entscheidungen über alle Schreibtische in den isolierten Funktionsbereichen gingen. Und wenn die Beschlüsse dann getroffen wurden, waren sie aus unternehmerischer Sicht oft nicht sinnvoll, weil die Interessen der betreffenden Funktion im Vordergrund standen.«[5]

Die General Offices wurden als Kostenstellen eingerichtet und mussten darüber Rechenschaft ablegen, ob ihre Ausgaben im Rahmen des Budgets blieben. Aber der verantwortliche Manager wusste nicht, ob seinen Ausgaben ein genügend hoher Umsatz gegenüberstand, der die Kosten rechtfertigte. Selbst diejenigen Geschäftsbereiche, die Umsätze generierten, verfügten über keinerlei Informationen zur Rentabilität. »Wir bekamen nicht einmal eine Gewinn- und Verlustrechnung zu sehen. Die Regionalmanager erhielten vielleicht eine Zahl für den Bruttoumsatz und einen kalkulierten Marktanteil, aber sie hatten keine Ahnung, wie viel es sie kostete, diese Umsätze zu erzielen.«[6]

Ende der achtziger Jahre war George Schaefer, der Aufsichtsratsvorsitzende und CEO, die einzige Person im ganzen Unternehmen, die Gewinnverantwortung trug.

Engpässe in der Entscheidungsfindung

Wie alle überverwalteten Organisationen beschäftigte sich *Caterpillar* zu sehr mit sich selbst. Mangelnde Marktkenntnisse verleiteten die Führungskräfte dazu, sich auf die internen Abläufe zu konzentrieren. Sie verbrachten ihre Zeit damit, alles bis ins Letzte zu analysieren und die Entscheidungen ihrer Untergebenen zu revidieren. Jim Owens, derzeitiger CEO der Firma und damals Geschäftsführer in Indonesien, erinnert sich: »In den achtziger Jahren wurde alles auf dem siebten Stock [in der Zentrale in Peoria] entschieden. Entsprechend langsam waren die Entscheidungsprozesse. Wir konnten auf unternehmerische Chancen nicht flexibel genug reagieren. Bis endlich einmal ein Beschluss gefasst wurde, waren die Informationen schon mehrmals beschönigt und aufpoliert worden. Irgendwann ergab sich ein Konsens, weil niemand gegenüber der Geschäftsleitung eine abweichende Meinung vertreten wollte. Es war damals eigentlich viel leichter. Wir mussten überhaupt nichts entscheiden!«[7]

Don Fites erinnert sich, dass die Mitarbeiter in den Vertriebsorganisationen »die meiste Zeit damit verbrachten, Preisnachlässe zu beantragen. Dazu mussten sie Formulare ausfüllen und ihre Wünsche begründen. Manchmal dauerte das Wochen. Wenn es um einen großen Abschluss ging, verbrachten die Verkäufer viel mehr Zeit mit solchen Anträgen als damit, draußen vor Ort die Qualität unserer Produkte zu verkaufen. Schließlich wurde kaum noch ein Produkt zum Listenpreis verkauft. Es wurde ein Punkt erreicht, an dem [die zentral gesteuerte Preisgestaltung] fast selbstzerstörerisch war.«

Während sich *Caterpillar* immer mehr auf die eigenen Abläufe konzentrierte, verlor es den Kontakt mit den Realitäten des Marktes. Die Manager besaßen sehr detaillierte Fachkenntnisse, die jedoch auf ihre jeweiligen Funktionen beschränkt waren. »Die meisten Topmanager hatten nie breitere Erfahrungen im Unternehmen gesammelt. Sie waren innerhalb einer Funktion aufgestiegen. Der Leiter der Preisgestaltung war sein Leben lang nur mit der Preisfindung befasst gewesen. Der Leiter der Marketingabteilung hatte sich nie mit etwas anderem als mit Marketing befasst. Ihnen fehlte der Blick über ihren Tellerrand – sie kannten nur ihre eigenen Prozesse.«[8]

Bezeichnenderweise sind viele Unternehmen mit einer starken Marktposition aufgrund innovativer Produkte oder sonstiger Schutzfaktoren blind dafür, dass ihr DNA-Profil nicht mehr zu ihnen passt. Erst wenn ihre Marktposition bedroht wird, wachen sie auf. *Caterpillar* bildete keine Ausnahme. Die Mängel in der Unternehmensorganisation erhielten nie große Aufmerksamkeit, weil die Stärke der Produkte und des Händlernetzes jeder Wettbewerbssituation gewachsen waren. Darüber hinaus fühlten sich die meisten Mitarbeiter sehr wohl. »Es war für viele Leute sehr viel [einfacher], weil ihre Verantwortung darin bestand, das zu tun, was die Zentrale ihnen vorschrieb. Das Stressniveau war also nicht sonderlich hoch. Man konnte sich immer darauf berufen, was höhere Stellen entschieden hatten. Keine Initiative, kein Risiko.«[9]

Achtung Eisberg!

Anfang der achtziger Jahre griff die unsichtbare Hand des Marktes ein und setzte dem bequemen Leben bei *Caterpillar* ein Ende. Im Jahr 1982 wies das Unternehmen den ersten Jahresfehlbetrag in seiner fünfzigjährigen Geschichte aus und schien sich davon zunächst auch nicht mehr zu erholen: Zwischen 1982 und 1984 verlor *Caterpillar* eine Milliarde Dollar. Im Jahr 1983 und 1984 beliefen sich die Verluste täglich auf eine Million Dollar, und das an sieben Tagen die Woche.

Die globale Rezession Anfang der achtziger Jahre, in Kombination mit einer galoppierenden Inflation, hatte *Caterpillars* ehemals so behagliche Märkte in attraktive Chancen für neue Konkurrenten verwandelt, insbesondere für den japanischen Konkurrenten *Komatsu*. George Schaefer er-

innert sich: »Japan war im Kommen, und *Komatsu* wollte sich uns vor-
knöpfen. Sie griffen uns frontal an. Sie gingen auf die Märkte im Nahen Osten und vernichteten uns einfach. Sie unterboten unsere Preise um 40 Prozent. Als sie auch nach Nordamerika kamen, mussten wir einfach etwas
tun. Wir konnten nicht zusehen, wie sie uns auch aus diesem Markt weg-
fegten. Aber natürlich hatten wir mit unseren hohen Preisen nicht die besten Voraussetzungen, um unseren Marktanteil zu verteidigen.«

Caterpillar musste sich zum ersten Mal in seiner Geschichte einer solchen Konkurrenz stellen. Das Unternehmen wurde jäh aus seiner Selbstgefälligkeit gerissen. Es war »fast, als wären wir gegen eine Wand gelaufen.
Alles, was wir bisher getan hatten, alle unsere Methoden und Richtlinien
waren plötzlich irrelevant, weil neue Marktteilnehmer neue Spielregeln auf-
stellten. Die schlechte Nachricht lautet, dass es überhaupt passierte. Die
gute Nachricht ist, dass es ein Weckruf für uns war.«[10]

Die Rettungsboote

Schaefer und seine rechte Hand, Pete Donis, erkannten, dass das Vertriebssystem zu den wichtigsten Trümpfen von *Caterpillar* zählte. Was auch immer geschah – dieses Vertriebssystem musste geschützt werden. Deshalb beschlossen sie, den Händlern Preise anzubieten, die diesen noch einen kleinen
Gewinn ermöglichten. Mit dieser Politik verlor das Unternehmen zwar täglich eine Million Dollar, aber keinen einzigen Händler.

Doch die Krise beförderte eine unangenehme Tatsache ans Tageslicht:
Die Kosten waren viel zu hoch. Also investierte man 1,8 Milliarden US-Dollar in das »Plant With A Future«-Programm (PWAF) zur Modernisierung
der Produktion.

Im Jahr 1985 kehrte der Konzern dank der sich erholenden Weltkonjunk-
tur in die Gewinnzone zurück. Schon 1988 wurden die Rekordgewinne von
1981 übertroffen. Erleichterung und vielleicht sogar ein wenig Selbstzufrie-
denheit darüber, die bedrohlichste Periode seiner Geschichte überstanden
zu haben, machten sich im Unternehmen breit. Aber einige Topmanager
konnten ihre nagenden Zweifel nicht loswerden: Das PWAF-Programm
hatte wenig dazu beigetragen, diejenigen Probleme zu lösen, die *Caterpillar*
so langsam und unflexibel auf die Kundenbedürfnisse reagieren ließen.
George Schaefer befürchtete, dass das Unternehmen bald wieder in die alte

Selbstgefälligkeit zurückfallen würde. Er fragte sich: Haben wir wirklich genug getan? Was passiert bei der nächsten Rezession? Werden wir noch einmal ein solches Kunststück hinlegen können?« *Caterpillar* sollte nie mehr auf dem falschen Fuß erwischt werden, zumindest nicht in seiner Amtszeit.

Die Entschlossenheit Schaefers, einen dauerhafteren Wandel herbeizuführen, war auch darauf zurückzuführen, dass er immer noch der Einzige im ganzen Unternehmen war, der für die Rendite Rechenschaft ablegen musste. Ihm war klar: Von nun an würde sich die Firma auf einen immer schärferen Wettbewerb einstellen müssen, und noch war er allein für die Lösung des Problems zuständig. Er erkannte, dass er einen Teil dieser Verantwortung auf andere Schultern verteilen musste.

»Wir haben den Feind gesehen, wir sind es selbst«

Schaefer stand an der Spitze einer Bürokratie, die er wie folgt beschreibt: »Ich bekam nur das zu hören, was ich hören wollte, aber nicht das, was ich wissen musste.«[11] Er verschaffte sich einen Überblick über das Ausmaß der Schwierigkeiten, indem er eine wechselnde Gruppe von mittleren Managern einmal wöchentlich zum Frühstück einlud. In diesen informellen Gesprächen kristallisierten sich viele Aspekte des Geschäfts heraus, die viel wichtiger als die Tagesordnungspunkte waren, die er bei den offiziellen Besprechungen mit seinen Topmanagern diskutierte.

Diese Frühstückssitzungen waren deshalb so informativ, weil die Teilnehmer die Schwächen von *Caterpillar* kannten, aber noch nicht so lange im Unternehmen waren, dass sie blind dafür geworden waren. Wie in vielen zentral geführten Unternehmen mit einem kleinen Führungskreis hatten auch hier die Topmanager schon zu viel in die bestehende Organisation investiert, als dass sie nun dem CEO ihr Herz ausgeschüttet hätten.

Schaefer erkannte bald, dass er eine eigene Arbeitsgruppe benötigte, die ihm half, *Caterpillar* wieder auf Vordermann zu bringen. Allerdings würden die jüngeren Manager bestimmt nicht offen ihre Meinung sagen, wenn der Gruppe auch Topmanager angehörten. Deshalb wollte Schaefer die Mitglieder eine Stufe darunter ansiedeln. Er bat jeden seiner Topmanager, eine Liste ihrer besten und klügsten Leute vorzulegen. »Schließlich hatte ich etwa 40 Namen. Zwei oder drei Mitarbeiter, die ich kannte, tauchten nicht auf der Liste auf, weil sie als Querdenker bekannt waren – aber genau solche Leute brauchte ich.«[12] Schließlich berief Schaefer etwa acht mittlere Manager in den ersten strategischen Planungsausschuss (Strategic Planning Committee – SPC), der ihm helfen sollte, die Zukunft von *Caterpillar* zu gestalten.

Der SCP traf sich wöchentlich einen halben Tag lang. Seine Aufgabe lautete, sich wieder auf die Ursprünge des Unternehmens zu besinnen. Er sollte herausfinden, wo *Caterpillar* stand und wohin es ging. Dabei sollte der Schwerpunkt nicht unbedingt auf der Organisation des Unternehmens liegen. Vielmehr stand grundsätzlich alles zu Debatte. Deshalb waren die Themen in den ersten Besprechungen noch sehr breit gestreut. Schaefer erinnert sich, dass »in den ersten Besprechungen wirklich Tacheles geredet wurde. Niemand nahm ein Blatt vor den Mund. Ich hörte Dinge, über die meine Topmanager nie mit mir gesprochen hatten.«[13] Glen Barton, der ein Mitglied der Arbeitsgruppe war, rechnet es Schaefer hoch an, dass er tolerant genug war, eine solch rückhaltlose Debatte zuzulassen: »Er nahm keine Verteidigungsposition ein. Er versuchte nicht zu beschwichtigen, indem er sagte: ›Darum geht es hier doch gar nicht.‹ Vielmehr hörte er genau zu, weil er wissen wollte, wie seine Mitarbeiter die Lage sahen. Er verzichtete darauf, gleich konkrete Anweisungen über eine gewünschte Richtung zu geben.«[14]

In der Zwischenzeit hatte sich in der Firma herumgesprochen, dass etwas im Gange war. Aber niemand versprach sich viel davon: »George Schaefer gab bekannt, dass er ein Team fähiger Leute zusammengestellt hatte, und sagte: ›In einem Jahr sehen wir uns wieder. Dann werden wir Ihnen sagen, wie es mit *Caterpillar* weitergehen wird.‹ [Aber] ich glaube nicht, dass er irgendjemandem Hoffnung einflößte. Niemand konnte sich vorstellen, dass etwas so Radikales wie die Umstrukturierung des Unternehmens anstand.«[15]

Im Laufe der Zeit wurde es dem SPC immer klarer, dass die Probleme in der Unternehmensorganisation lagen und folglich eine umfangreiche Umstrukturierung unumgänglich war. »*Caterpillar* war nicht kundenorientiert. Wir reagierten zu langsam, die Genehmigung der Preisnachlässe dauerte zu lange, jede Entscheidung musste über unzählige Schreibtische gehen. Die Abläufe waren viel zu zäh. Und manchmal fehlte es auch an den notwendigen Informationen, um die richtigen Entscheidungen zu treffen.«[16] Allmählich zeichnete sich ab, in welche Richtung die Lösungsvorschläge gehen mussten: »Es gab bislang keine klaren Rechenschaftspflichten. Mit einer besseren Organisation hätten wir gezielter reagieren können, wir wären reaktionsschneller und konkurrenzfähiger gewesen.«[17]

Sieben oder acht Monate nach Beginn der Initiative hielt Schaefer es für an der Zeit, die Ergebnisse des SPC auf die Tagesordnung des Topmanagements zu setzen. Ihm war die Schwere dieser Aufgabe bewusst, denn die Schlussfolgerungen waren insbesondere für das Topmanagement wenig schmeichelhaft. Die Empfehlungen der Arbeitsgruppe zielten darauf ab, die Organisationsstrukturen größtenteils abzubauen, in denen die Topmanager von *Caterpillar* Karriere gemacht hatten. Deshalb verabreichte Schaefer die Medizin in kleinen Dosen. Zuerst bat er den damaligen Präsidenten Don Fites und den Vorstandsdirektor Jim Wogsland, an den Sitzungen des SPC teilzunehmen. Schaefer erinnert sich: »Die ersten Besprechungen waren richtig hart, denn als [Fites und Wogsland] hörten, worüber wir redeten, riefen sie: ›Das können Sie doch nicht machen!‹ Aber als sie sich in die Materie vertieft hatten und die Argumente des Expertenrats nachvollziehen konnten, waren sie schnell überzeugt. Und als ich diese beiden an Bord hatte, wusste ich, dass ich es geschafft hatte. Nun konnte ich beginnen, auch die anderen auf unsere Seite zu bringen. Einen Monat lang führte ich sehr schwierige Gespräche. Schließlich wollte ich keine Lippenbekenntnisse, sondern echtes Engagement.«

Schaefer leistete gute Arbeit. Mit Fites' Worten: »Wir konnten in dieser [von den General Offices dominierten] Organisation einfach nicht weiterarbeiten. Das Frustrationsniveau im Unternehmen war sehr hoch. Wir wussten, dass kein Weg an diesen Veränderungen vorbeiführte.« Bald sollte Fites als CEO die Aufgabe übernehmen, die Umstrukturierung von *Caterpillar* voranzutreiben.

Ein neuer Unternehmensplan

Letztlich mussten alle vier Bausteine der Organisation erneuert werden, doch Schaefer und Fites begannen mit den Strukturen. Sie rissen die Firma jäh aus ihrer Selbstgefälligkeit heraus und zeichneten einen neuen Unternehmensplan. Die Rechenschaftspflichten wurden nach unten verteilt, indem *Caterpillar* in »rechenschaftspflichtige« Geschäftseinheiten umorganisiert wurde. Diese mussten eigene Gewinn- und Verlustrechnungen aufstellen und sollten nach ihrer Rentabilität beurteilt werden.

Die funktional orientierten General Offices, die noch am Tag zuvor alle Entscheidungen getroffen hatten, hörten einfach auf zu existieren. Die darin enthaltenen Talente und Kenntnisse – etwa in der Konstruktion, Preisgestaltung und Produktion – wurden auf die neuen rechenschaftspflichtigen Einheiten verteilt. Ihre Entscheidungsbefugnisse wurden dezentralisiert und auf die neuen Geschäftseinheiten übertragen. Nun konnten diese ihre eigenen Produkte entwerfen, eigene Produktionsprozesse entwickeln und Terminpläne aufstellen und die Preise selbst festlegen. Sie mussten der Zentrale keine einzige Entscheidung mehr zur Genehmigung vorlegen.

Ursprünglich sollte die neue Organisation schrittweise eingeführt werden und nur eine Geschäfteinheit eine eigene Gewinn- und Verlustrechnung aufstellen. Wenn sich das Konzept bewährte, würde es nach und nach auf weitere Einheiten übertragen werden. Aber dann erkannten das Topmanagement und der Vorstand, dass sie die Mitarbeiter nur dann wachrütteln konnten, wenn die Umstrukturierung unternehmensweit zur gleichen Zeit durchgeführt wurde. Nur so würden sie erkennen, dass die Zukunft von *Caterpillar* etwas mit anderen Beziehungen, einer anderen Struktur und anderen Verhaltensweisen im Geschäftsleben zu tun hatte.

»Und dann«, erinnert sich George Schaefer lachend, »ging ich in Rente!«

Die Bekanntgabe: Furcht und Entsetzen

Für fast jeden Angestellten von *Caterpillar* stellte die neue Organisation eine tiefgreifende Veränderung dar. So überraschend wie der neue Plan waren auch die Geschwindigkeit und die Entschiedenheit, mit welchen er angekündigt wurde. Jim Owens, damals Geschäftsführer in Indonesien, erinnert sich: »Ich erhielt am 4. Januar, an meinem Geburtstag, einen Anruf. Ich hatte Urlaub in Squaw Valley gemacht und befand mich auf dem Rückweg nach Indonesien. Ich erfuhr, dass es eine Umstrukturierung gebe und ich zum Vorstandsdirektor der Solar Business Unit befördert werden sollte. Ich durfte aber niemandem etwas davon sagen, sondern sollte einfach nur am 28. Januar in Peoria zu meiner ersten Besprechung erscheinen. Dort sollte ich alles Nähere erfahren.

Mehr erfuhr ich nicht. Ich fragte, ob ich wenigstens mit dem Vorgänger in meiner neuen Position sprechen könne, aber auch das ging nicht. ›Kommen Sie einfach nach Peoria, und kommen Sie nicht zu früh. Die Besprechung ist am 28. am Vormittag. Es reicht, wenn Sie am Abend vorher ankommen.‹ Also erschien ich zum vereinbarten Termin, und niemand wusste, wer sonst noch kommen würde!«

Fast über Nacht wurde das ganze Topmanagement ausgetauscht. Owens erinnert sich: »Es ging sehr schnell. Die neuen Namen wurden bekannt gegeben, und es entstand ein völlig neues Team. Das war eine wirklich beeindruckende Revolution.« Viele Leiter der bisherigen Funktionsbereiche wurden zurückgestuft. Als Bereichsleiter in den Geschäftseinheiten waren sie nun den Produkt- und Marketingmanagern unterstellt, denen sie bis vor kurzem noch Anweisungen erteilt hatten. »All die Kennziffern, all die Diagramme, die bisher so wichtig gewesen waren – verschwunden.«[18]

Entscheidungsbefugnisse delegieren

Dank George Schaefers gründlicher Vorbereitung durch den SPC und der entschlossenen Vorgehensweise Don Fites' bei der Umsetzung kam die neue Organisationsstruktur von *Caterpillar* mit einer kleinen Anzahl von Kerngrundsätzen aus. Der wichtigste Grundsatz lautete, dass die Manager der Geschäftseinheiten die notwendigen Entscheidungsbefugnisse hatten, um ihre Bereiche so zu betreiben, wie sie es für richtig hielten – ohne Einmischung von der Zentrale. Sie konnten sich gegenseitig Leistungen zu marktüblichen Verrechnungspreisen verkaufen, sie konnten ihren Bedarf aber auch bei externen Lieferanten decken. Sie konnten selbst über die Preisbildung entscheiden, ihr eigenes Produktdesign entwerfen und eigene Produktions- und Marketingpläne erstellen.

Aber damit gingen auch neue Rechenschaftspflichten einher. Die Geschäftseinheiten mussten Rechenschaft über ihre Entscheidungen ablegen, denn sie wurden von nun an nach der Rentabilität und der Kapitalrendite in ihren Bereichen beurteilt. Erzielte ein Bereich keine Kapitalrendite von mindestens 15 Prozent, war er von der Schließung bedroht.

In diesem neuen Modell, in dem die Entscheidungsgewalt bei der Leitung der Geschäftseinheiten lag, nahm die Zentrale eine völlig neue Rolle ein. Zunächst einmal wurde sie schlanker, weil viele einst zentral gefällte Entscheidungen nun in den Geschäftseinheiten getroffen wurden. Außerdem konnte sich die Hauptverwaltung nun darauf konzentrieren, den Geschäftseinheiten Ziele vorzugeben und ihre Leistung zu messen. Genau darauf verwandte Fites fast seine gesamte Energie. Er traf sich regelmäßig mit den einzelnen Vorstandsdirektoren der Bereiche und notierte sich dann, was diese nach eigener Aussage erreichen wollten. Beim nächsten Meeting zog er das Notizbuch wieder heraus und prüfte, ob der Manager die selbst gesetzte Messlatte erreicht hatte. »Ich fragte: ›Inwieweit haben Sie Ihr Versprechen aus dem letzten Gespräch eingehalten?‹ Das funktionierte sehr gut«, erinnert sich Fites. »Wir vergeudeten nicht mehr so viel Energie für das Tagesgeschäft, sondern konzentrierten uns auf das Endspiel, auf die Ergebnisse.«

Für die Leiter der Geschäftseinheiten ergaben sich deutlich unterschiedliche Verhaltensweisen, wie der Fall eines Schweizer Managers zeigt. Vor der Umstrukturierung erhielt er von der Zentrale in Peoria die Anweisung, eine bestimmte Maschine von einem bestimmten Lieferanten zu einem nicht verhandelbaren Preis zu kaufen und an einer festgelegten Stelle im Werk zu installieren. Dann erhielt er den Auftrag, ein Teil gemäß einer in Peoria erstellten Zeichnung herzustellen und dafür einen bestimmten Produktionsprozess anzuwenden. Wiesen die fertigen Teile Mängel auf, rief er in Peoria an und beschwerte sich über die schlampige Konstruktion, die ungeeignete Maschine oder den nachlässigen Lieferanten. Er musste nur einen Schuldigen suchen, denn die Verantwortung für die Lösung lag bei der Hauptverwaltung, die es mit ihren Vorgaben schließlich auch geschaffen hatte.

Aber nach der Umstrukturierung erhielt nun derselbe Manager nur noch eine einzige Anweisung von der Zentrale, nämlich mit Baggergeräten Gewinne zu erwirtschaften. Wiesen die Bagger Mängel auf, gab es keinen Grund mehr, in Peoria anzurufen. Nun war der Manager selbst für die Lösung des Problems zuständig. Er verfügte allerdings auch über alle notwendigen Mittel dazu. Hatte etwa der Lieferant schlechtes Material geliefert, stand es der Einkaufsabteilung frei, sich nach Ersatz umzusehen. Eine schlechte Zeichnung konnte von den Ingenieuren geändert werden. Durch die eindeutigen Rechenschaftspflichten mussten diejenigen Mitarbeiter, die mit einem Problem befasst waren, auch eine Lösung finden, anstatt mit dem Finger auf andere zu zeigen.

Fischen das Schwimmen lehren

Wie in allen sehr zentralisierten Unternehmen hatten im alten *Caterpillar* nur wenige Führungskräfte allgemeine Managementerfahrungen gesammelt. Zentral gesteuerte, in isolierte Funktionen gegliederte Organisationen besitzen häufig sehr kompetente Experten, die »das tun, was die Hauptverwaltung sagt«. Das bedeutet gleichzeitig, dass nur wenige Manager Erfahrungen mit einem breiten Feld von Schwierigkeiten sammeln können, die im allgemeinen Management an der Tagesordnung sind. In einem dezentralen Unternehmen würde sich dieser Mangel an Erfahrungen bei den Führungskräften schnell offenbaren – was viele von vornherein davon abhält, solche Veränderungen überhaupt anzustreben.

Caterpillar war keine Ausnahme – nur wenige Menschen in der Firma hatten zum Zeitpunkt der Umstrukturierung Erfahrungen damit gesammelt, ein Geschäftsfeld eigenverantwortlich zu führen. Noch schlimmer: Da das Unternehmen den Führungsnachwuchs fast ausschließlich aus den eigenen Reihen rekrutierte, hatte fast niemand im mittleren oder gehobenen Management jemals außerhalb der Firma gearbeitet, und schon gar nicht in einer eigenverantwortlichen Führungsposition. Sie kannten nur die funktionalen Strukturen von *Caterpillar* und fanden sich nur in den alten isolierten Abteilungen zurecht – und diese waren der Umstrukturierung zum Opfer gefallen. Plötzlich waren einige von ihnen für Geschäftseinheiten mit Milliardenumsätzen verantwortlich.

Die neuen globalen Produktmanager stürzten sich in die Arbeit, ohne darauf nennenswert vorbereitet zu sein. »Das Verblüffende war, dass die Mitarbeiter wirklich nicht wussten, was man von ihnen erwartete. Es gab keine Handbücher. Da standen wir nun und hatten eine Fülle von Befugnissen. Wir konnten tun, was wir für richtig hielten. Wir konnten Entscheidungen treffen, und wir erhielten enorme Unterstützung. Wir hatten das Sagen.«[19]

Manche Manager kamen mit ihrer neuen Autonomie nicht zurecht und mussten versetzt werden. Aber andere waren ganz gespannt darauf, die erste Gewinn- und Verlustrechnung ihres Bereichs zu sehen. AJ Rassi, der bald nach der Umstrukturierung Hauptgeschäftsführer des Geschäftsbereichs Radlader und Bagger in Aurora, Illinois, wurde, erinnert sich daran, als er das erste Mal seine Gewinn- und Verlustrechnung vor sich liegen hatte: »Ich war begeistert, weil ich nun schwarz auf weiß sah, dass wir rentabel arbeiteten und viel Geld für das Unternehmen verdienten. Wir hielten jeden Monat Besprechungen ab und diskutierten die Ergebnisse mit den Topmanagern in Aurora. Bei den Besprechungen mit den verschiedenen Werksleitern prüften wir Werk für Werk, ob es Gewinn erzielte oder nicht. Das war etwas völlig Neues.«[20]

Andere waren weniger begeistert. Jim Despain, der Vorstandsdirektor des Bereichs Raupenschlepper, mit dem *Caterpillar* seine Firmengeschichte begonnen hatte, war schockiert, als er die erste Gewinn- und Verlustrechnung seiner Laufbahn sah. »Da stand, dass wir große Verluste machten. Und wir hatten keine Ahnung, was wir dagegen tun konnten. Wir waren völlig überrascht, denn das Unternehmen insgesamt arbeitete ja rentabel. Unser Bereich stellte das Produkt her, mit dem die Firma groß geworden war, wir arbeiteten in dem Werk aus den Anfangszeiten, wir hatten die Mitarbeiter mit den meisten Erfahrungen.«[21] AJ Rassi fasst zusammen: »Ich arbeitete bei der *Caterpillar Tractor Company*, und ausgerechnet mit den Traktoren verloren wir Geld!«[22]

Aber kompetente Manager fanden schließlich heraus, wie man die Geschäftsbereiche auf Erfolgskurs bringen konnte. Das neue Modell mit seinen Rechenschaftspflichten und Entscheidungsbefugnissen setzte rasch die unternehmerische Energie frei, die der beträchtliche Talentpool von *Caterpillar* barg. Die Mitarbeiter waren der Aufgabe gewachsen, ihre Arbeit unter neuen Vorzeichen zu erledigen. »Die Angestellten fingen an, genau darauf zu schauen, wie sie das Geld in ihrem Geschäftsbereich verdienten. Sie sprachen von ›*meinem* Geschäftsbereich‹ und davon, ›*meine* Kosten‹ zu senken.

Das führte auch dazu, dass die Manager in den großen Werken sagten: ›Wir leiten doch ein Montagewerk. Warum sollen wir dann überhaupt Stahl schneiden? Wir werden das für 4 Dollar die Stunde in Mexiko erledigen lassen, denn hier kostet uns das 45 Dollar pro Stunde. Unsere Aufgabe lautet, in diesem Jahr 10, 20 oder 50 Millionen Dollar Kosten einzusparen, und das gelingt uns nur, wenn wir diejenigen Aufgaben auslagern, die andere preisgünstiger erledigen können.‹ Die Kostenfrage war wirklich ein Katalysator. Das wurde schon sehr bald deutlich. Die Leute fingen an, Einjahres- und Dreijahrespläne zu erstellen, und es war fast beschämend, wie viele gute Ideen sie hatten.«[23]

Der Informationsfluss im neuen Unternehmen

Im neuen Modell der eigenverantwortlichen Geschäftseinheiten wurden die Entscheidungsbefugnisse deutlich dezentralisiert. Gleichzeitig änderte *Caterpillar* auch den Informationsfluss und die Kennziffern zur Leistungsmessung. Das übergreifende Ziel wurde nun durch die Betriebsrendite ausgedrückt, weil diese Kennziffer korrekt, einfach und leicht zu verwenden war. Dies kam besonders den praxisorientierten Ingenieuren entgegen, die nun hauptsächlich die Geschäfte betrieben.

Verrechnungspreise – oft unterschätzt

Die Manager der Geschäftsbereiche mussten nun eigene Gewinn- und Verlustrechnungen und Bilanzen aufstellen. Aber nur wenige Geschäftsbereiche hatten externe Kunden als Abnehmer; allen anderen fehlten folglich die Messgrößen für den Umsatz, den sie als Ausgangspunkt für ihre Gewinn- und Verlustrechnung verwenden konnten. Damit das Profit-Center-Modell funktionierte, zogen diejenigen Bereiche, die ihre Leistungen vornehmlich an andere Geschäftsbereiche von *Caterpillar* verkauften, Verrechnungspreise heran. Aus ihnen ging hervor, wie viel Umsatz und Gewinn sie mit den Waren und Leistungen erzielten, die sie untereinander »kauften« und »verkauften«.

Die Bedeutung von Verrechnungspreisen wird leicht unterschätzt – es wird oft als »Spielgeld« missverstanden, weil das Geld nur von einem Bereich in den anderen verschoben wird. Aber Verrechnungspreise ermöglichen es Unternehmen, die Bedingungen von Angebot und Nachfrage nachzustellen. Sie sind die oft übersehene Klammer, die dezentral organisierte Firmen zusammenhält.

Die Geschäftsbereiche verhandelten anhand der marktüblichen Vergleichszahlen miteinander, um die Verrechnungspreise festzulegen. Diese Verhandlungen wurden häufig sehr erbittert geführt und nahmen viel Zeit und Aufmerksamkeit in Anspruch. Aber sie trugen wesentlich dazu bei, dass das neue Unternehmen richtig funktionierte. Jim Owens erinnert sich an eine Besprechung des Verwaltungsrats zwei Jahre nach der Umstrukturierung, in der »eine große Gruppe von Vorstandsdirektoren aus dem Materialeinkauf und den Werken zusammenkam und zur Schlussfolgerung gelangte, dass sie zu viel Zeit mit all diesen Verhandlungen über Verrechnungspreise verschwendeten.

Sie kamen in das Meeting und sagten: ›Wir beschäftigen uns zu sehr mit uns selbst, wir verschwenden unsere Zeit.‹ Sie beharrten auf diesem Standpunkt und hatten sogar eine kleine Präsentation darüber vorbereitet. Da erhob sich Fites und sagte: ›Sie verstehen das nicht. Die Hälfte Ihrer Kosten geht auf Einkäufe von externen Lieferanten zurück. *US Steel* hatte nicht die geringsten Probleme damit, diese Preise festzulegen. Deshalb möchte ich, dass Sie ebenfalls Ihre Preise festlegen. Anders wird es nicht funktionieren. Wenn Sie dazu nicht bereit sind, müssen Sie sich einen anderen Job suchen.‹ Damit war die Debatte beendet.«

Als Wirtschaftswissenschaftler und neuer CEO erkannte Owens damals die Stärke der Struktur der Geschäftseinheiten: Sie legten eventuelle Kostenprobleme unmittelbar offen, jedoch nur dann, wenn die Verrechnungspreise anhand der marktüblichen Vergleichspreise ermittelt wurden. Nur so »zeigten sich die Verluste dort, wo die Kostenprobleme lagen. Und wer in dieser Disziplin nicht standhaft bleibt, hat das Spiel schon verloren. Ich war begeistert, dass [Fites] eine so unnachgiebige Position bezog.«[24]

Herausforderung für die Buchhalter

Es war keine kleine Aufgabe, die Informationen zu beschaffen und die Kennziffern festzulegen, auf denen das neue Unternehmensmodell beruhen sollte. Es wurden völlig neue Systeme benötigt – wie wurde die Gewinn- und Verlustrechnung eines Geschäftsbereichs erstellt, welche Kennziffern wurden verwendet, um die Rentabilität zu messen und gleichzeitig die Abstimmung zwischen den Geschäftsbereichen von *Caterpillar* zu gewährleisten? Die neuen Kennziffern mussten schnell entwickelt werden, aber auch sehr spezifisch und sehr zuverlässig sein.

Fites erinnert sich an diese Herausforderung. Etwa im Juni 1990 »ging ich zu den Mitarbeitern in der Buchhaltung, die ihren Riesenberg von Zahlen so aufgliedern mussten, dass jeder Geschäftsbereich seine eigene Bilanz und Gewinn- und Verlustrechnung bekam. Ich fragte: ›Wie lange brauchen wir dazu?‹, und erhielt zur Antwort: ›In etwa drei Jahren dürften wir so weit sein.‹

Da antwortete ich: ›Ich möchte, dass jeder Geschäftsbereich noch in diesem Jahr ein Budget auf der Grundlage seiner neuen Bilanzen erstellt und eine Gewinn- und Verlustrechnung vorlegt.‹ Bob Gallager, unser Controller, wurde ganz blass. Ich fürchtete schon, dass er auf der Stelle ohnmächtig würde! Und wissen Sie was? Sie schafften es. Und sie machten es hervorragend. Wir mussten die Bilanzen oder Gewinn- und Verlustrechnungen seitdem kaum ändern. Aber in diesen sechs Monaten fand wahrscheinlich der unglaublichste Wechsel statt, den es hier je gegeben hat.«[25]

Motivationsfaktoren im neuen Unternehmen

Zur Umstrukturierung von *Caterpillar* gehörte auch eine Überarbeitung des Vergütungssystems, wenngleich nach Don Fites' Worten »der größte Motivationsfaktor das Überleben war – das Überleben des Unternehmens, das Überleben der einzelnen Mitarbeiter, das Überleben der Produkte, die einem ans Herz gewachsen waren, das Überleben der Fabrik, in der man arbeitete«. Trotzdem erhielten die Geschäftseinheiten auch finanzielle Anreize, die auf dem Leistungszuwachs gegenüber dem Vorjahr beruhten. Vor der Umstrukturierung waren individuelle Prämien eher von der Leistung des Gesamtunternehmens als von derjenigen der Geschäftseinheiten abhängig. Nach der Umstrukturierung konnte ein Mitarbeiter zwischen 7 und 45 Prozent zusätzlich pro Jahr verdienen, je nachdem, inwieweit die Zielvorgaben seines Geschäftsplans erreicht worden waren.

Diese Anreize bestanden auf allen Unternehmensebenen und halfen den Geschäftseinheiten, greifbare, messbare Ergebnisse in den Mittelpunkt ihrer Anstrengungen zu stellen. Beispielsweise konzentrierte sich eines der Werke darauf, die Lieferverpflichtungen zu erfüllen: »Wir lieferten viele kleine Komponenten und hatten uns fest vorgenommen, niemals ein Versanddatum zu verfehlen. Deshalb waren unsere Anreizpläne sehr ungewöhnlich, weil sie nur auf die Einhaltung der Versandtermine abzielten. Und was passierte? Wir begannen, [unsere Versandtermine] einzuhalten, ohne ständig Einzellieferungen abzusenden.«[26]

Schaefer glaubt, dass das erfreuliche unternehmensweite Engagement zu einem großen Teil auch dem Vergütungssystem zu verdanken war. »Es war zunächst nicht leicht, Unterstützung für die Veränderung in den mittleren und unteren Reihen zu erhalten. Aber wenn man den Angestellten sagte: ›Wenn Sie den Umsatz um 10 Prozent und den Gewinn um 20 Prozent steigern, dann bekommen Sie dafür einen bestimmten Bonus‹, waren sie sofort dabei!«[27]

Für das Topmanagement von *Caterpillar* wurden ein langfristiges Bonusprogramm sowie kurzfristige Programme für die einzelnen Geschäftsbereiche entwickelt. Der kurzfristige Plan gewährt den Managern von Geschäftseinheiten, die ihre Renditeziele erreichen, auch dann Prämien, wenn das Unternehmen ein übergreifendes Ziel verfehlt. Aber den weitaus attraktiveren Anreiz bietet der langfristige Plan: Danach erhalten die Führungskräfte Bonuszahlungen, wenn das Unternehmen hinsichtlich der Renditeziele und des Rentabilitätswachstums besser als eine Vergleichsgruppe von etwa 15 Firmen abschneidet. Glen Barton glaubt, dass dieses Bonusprogramm »die Mitarbeiter zur Zusammenarbeit bewegt hat. Sie haben erkannt, dass sie für gute Ergebnisse auch belohnt werden.«[28]

Positiv wirkte sich in dieser Zeit von 1993 bis 1994 auch die konjunkturelle Erholung aus: »Alles wendete sich wieder zum Besseren. Die Führungskräfte entwickelten ihre Geschäftspläne, sie wurden mit hohen Prämien belohnt und sie sagten: ›Wir arbeiten für ein hervorragendes Unternehmen!‹ Und das war gut so, denn dieser Erfolg und die zusätzliche Bezahlung machten ganz deutlich, dass die Umstrukturierung gerechtfertigt war. Die Mitarbeiter hörten auf, sich gegen die Veränderungen zu stemmen, sondern sahen nun das Positive darin und sagten: ›Wir haben genau das Richtige getan, und wir sind froh darüber.‹«[29]

Der Turnaround

Die Wende in der Ertragslage von *Caterpillar* war schlichtweg spektakulär. Hatte das Unternehmen im Jahr 1992 noch einen Verlust von 2,4 Milliarden US-Dollar ausgewiesen, erreichte der Konzern 1993 schon wieder die Gewinnschwelle und verzeichnete 2004 ein Rekordergebnis von 2 Milliarden US-Dollar. Mit einem Anstieg von 10,2 Milliarden im Jahr 1992 auf 30,3 Milliarden US-Dollar im Jahr 2004 verdreifachte sich der Umsatz beinahe. Aber nicht nur der Umsatz und das Betriebsergebnis entwickelten sich positiv, sondern auch verschiedene operative Indikatoren. Nach Schätzung von Glen Barton baute der Geschäftsbereich Bau- und Bergbaumaschinen unter seiner Leitung unmittelbar nach der Umstrukturierung den Personalbestand auf Produktmanagerebene um etwa 30 Prozent ab, »einfach deshalb, weil die Angestellten überflüssig waren oder weil sie Aufgaben erledigten, die aufgrund des vereinfachten Entscheidungsprozesses nicht mehr anfielen«[30]. Nachdem Barton von einem seiner Geschäftsbereiche einen langfristigen Plan mit einer Kapitalrendite von 20 Prozent verlangt hatte, erzielte dieser tatsächlich eine Rendite von über 100 Prozent in einem Jahr, und dies allein durch Kostensenkungen und Personalabbau. *Caterpillar* reduzierte über einen längeren Zeitraum hinweg den Produktentwicklungszyklus von 48 bis 72 Monaten auf etwa 36 Monate. Außerdem wurde der Kapitalbedarf reduziert, weil die Vermögenswerte an die Produktrentabilität geknüpft wurden und die Geschäftsbereiche keine massiven Investitionen mehr tätigen mussten, um die Produktionsabläufe für jedes Upgrade zu erneuern.

Aber das eigentlich Beeindruckende sind nicht die finanziellen oder operativen Verbesserungen, die *Caterpillar* erzielte. Die wirklich spektakulären Veränderungen sind diejenigen, die sich im täglichen Verhalten der Mitarbeiter in diesem ehemals überverwalteten Unternehmen niederschlugen. Selbst in den kleinsten Winkeln der Geschäftsbereiche wurde deutlich, dass sich die Firma nun nicht mehr auf die internen Prozesse und das Budget, sondern auf die Kunden und die Rentabilität konzentrierte.

Zum Beispiel begann man, sich bei der Produktentwicklung an den Händlern und Endkunden zu orientieren. Da nun jede Geschäftseinheit über ein Produkteinführungsteam mit allen notwendigen Fähigkeiten verfügte und diese Teams alle Entscheidungen über Produktentwicklungen eigenständig treffen durften, konnten sie schneller und flexibler reagieren. Im Jahr 1995 führte das Unternehmen nach nur drei Entwicklungsjahren eine neue Version des D9-Traktors ein. Das Modell war so erfolgreich, dass es in Nordamerika innerhalb von nur zwei Jahren einen Marktanteil von 100 Prozent eroberte. *Komatsu* zog sich vor der überwältigenden Überlegenheit des D9 völlig aus dem Markt zurück.[31]

Ein weiteres Beispiel für die neue Flexibilität war eine Ausschreibung der Verwaltungsbezirke im kanadischen Vancouver über 800 Maschinen für die Straßeninstandhaltung und -wartung. *John Deere*, einer seiner Hauptkonkurrenten, hatte einen hohen Nachlass angeboten und schien sich damit durchzusetzen. Aber *Caterpillar* machte mit einem kurzfristig erarbeiteten, sehr attraktiven Leasingprogramm ein überlegenes Angebot und erhielt den Zuschlag für den gesamten Auftrag.

Der damals für die Region zuständige Manager in Vancouver erinnert sich daran, dass dieses Vorgehen vor der Umstrukturierung undenkbar gewesen wäre. »Dazu hätten wir zunächst einmal die Marketing- und Vertriebsabteilung und natürlich die Finanzabteilung hinzuziehen müssen. Es wäre eine sehr langwierige Angelegenheit gewesen, grünes Licht zu bekommen. Zweitens mussten wir die Maschinen für diesen Auftrag innerhalb von nur zwei Monaten versenden, weshalb wir die gesamte Produktionskapazität des Werks in Decatur nur für diesen einen Kunden beanspruchten. Auch das wäre vor der Umstrukturierung nicht möglich gewesen. Niemand auf unserer Ebene hätte die Autorität gehabt, so etwas zu entscheiden. Es hätte schon ein ganzes Jahr gedauert, den Vorschlag durch alle Ebenen zu schleusen. Aber selbst dann hätten wir niemals die Kapazitäten bewilligt bekommen, um einen so strategischen Auftrag auszuführen.«[32]

An einem weiteren Fall wird deutlich, wie es sich auswirkte, dass die Vertriebsmitarbeiter nun über die nötigen Werkzeuge und Informationen verfügten, um neue Produkte zu verkaufen. Zum Zeitpunkt der Umstrukturierung klaffte in der Produktlinie von *Caterpillar* für hydraulische Bagger eine Lücke, denn der für den nordamerikanischen Markt sehr wichtige 40-Tonnen-Bagger fehlte. Schließlich füllte der Geschäftsbereich nach mehreren Jahren der Entwicklung diese Lücke mit dem 345-Modell und brachte es mit einer Werbekampagne völlig neuen Ausmaßes auf den Markt. Er führte detaillierte Wettbewerbsanalysen durch und investierte eine Million Dollar in die Entwicklung eines Schulungsinstituts. Hier sollte die Vertriebsmannschaft in dreitägigen Seminaren eigens für den Verkauf dieser Bagger geschult werden. Das Institut entwickelte neue Displays, organisierte Abendveranstaltungen mit Experten, die Vorträge hielten, und schulte die Verkäufer in der Bedienung der Maschinen.»Das Schulungsprogramm war unglaublich erfolgreich. Wir trafen damit voll ins Schwarze. Zum ersten Mal in vielen, vielen Jahren brachte jemand den Verkäufern bei, wie sie verkaufen sollten. Praktisch über Nacht konnten wir so den Marktanteil von 20 Prozent auf fast 38 Prozent steigern. In den ersten beiden Jahren verdiente das Unternehmen über 35 Millionen allein durch zusätzliche variable Gewinne – also nicht mit Ersatzprodukten, sondern allein dadurch, dass wir unserer Konkurrenz Marktanteile abnahmen.«[33]

Auch in der Produktion gab es viele Beispiele dafür, dass *Caterpillar* nun reaktionsschneller und gewinnorientiert arbeitete. In dem Werk in Mexiko »fingen wir an, uns auf die Stahlverwertung zu konzentrieren. Ein Stahlblech von 6,45 Quadratzentimetern Größe und 1,27 Zentimetern Dicke kostet etwa einen Dollar. Etwa 28 Prozent des eingekauften Stahls konnten wir nicht verwerten, sondern verkauften ihn als Schrott. Aber dann fanden wir heraus, dass unsere Lohnkosten es zuließen, daraus kleine Blöcke zu schneiden. Überall, wo etwas an schweren Maschinen befestigt wird, werden solche kleinen Stahlblöcke benötigt, und sie alle sind etwa 6,45 Quadratzentimeter groß. Wir fingen einfach an, diese Blöcke aus dem Schrott herauszuschneiden und in Wannen zu lagern. Wenn wir 20 Wannen voll hatten, schickten wir eine E-Mail an [das Hauptwerk] in Grenoble in Frankreich mit dem Inhalt: ›Wir haben 20 Wannen mit Blöcken, erteilt uns einen Auftrag.‹ Dann verkauften wir die Blöcke für die Hälfte des Preises.

Es ist leicht, die Mitarbeiter zu motivieren, solche Ideen umzusetzen und sich auf das Hier und Jetzt zu konzentrieren. Überall im Werk gab es Beispiele dafür. Der Preis für einen solchen Block entsprach der Hälfte des Stundenlohns eines Mitarbeiters.«[34]

Der vielleicht wichtigste Turnaround in allen Produktionsbereichen fand im Traktorwerk in East Peoria statt. Jim Despain, der den Geschäftsbereich während der Umstrukturierung leitete, sagte über die Bedeutung der neuen dezentralen Entscheidungsprozesse: »Wenn die Menschen wissen, dass sie über ihr Tun Rechenschaft ablegen müssen, leisten sie wirklich Hervorragendes. Am deutlichsten ist mir das am Beispiel der Schweißer in Erinnerung geblieben, die wirklich harte Arbeit leisteten.

Einem der Mitarbeiter dort wurde die Verantwortung dafür übertragen, Kosten im Bereich der Schweißreparaturen einzusparen. Wir hatten eine kleine rote Linse, die auf das Auge des Schweißroboters gesetzt wurde, damit dieser dem Schweißweg folgen konnte. Diese Linsen mussten leider sofort ausgetauscht werden, wenn Funken darauf trafen. Eine einzige Linse kostete 62 Dollar. Dieser Mitarbeiter fand eine Methode, sie in unserem eigenen Werkzeugraum für nur 6 Cents herzustellen. 62 Dollar gegenüber 6 Cents! Und plötzlich sprudelten die Ideen nur so.«[35]

Ein anderer Schweißer zog Despain bei einem Besuch am Fließband zur Seite und bat ihn: »›Bitte kommen Sie mit, ich möchte Ihnen etwas zeigen.‹ Er führte mir eine neue Idee seines Teams vor, und ich war so beeindruckt, dass ich sagte: ›Wenn es Ihnen nichts ausmacht, möchte ich ein paar Manager hierher bringen, damit sie es sich ansehen.‹ Damit war er einverstanden, doch als ich den nächsten Freitag als Termin vorschlug, meinte er: ›Das geht leider nicht, am Freitag bin ich in Cleveland – ich habe in einer Fachzeitschrift gelesen, dass sie in Cleveland etwas ausprobieren, was auch für uns wichtig sein könnte. Das möchte ich mir ansehen.‹

Ich war begeistert: ›Das ist ja wunderbar! Wenn ich das nächste Mal Ihren Vorgesetzten sehe, werde ich ihm sagen, dass er seine Mitarbeiter ruhig weiterhin so unterstützen soll.‹ Da entgegnete der Schweißer: ›Oh, das habe ich ihm noch gar nicht erzählt.‹ Und ich dachte bei mir: So muss es sein, wenn man Mitarbeiter wirklich mit Eigenverantwortung ausstattet!«[36]

Despains Geschäftsbereich hatte im Jahr 1990 noch hohe Verluste ausgewiesen, schrieb aber 1995 schwarze Zahlen. Die Zahl der Angestellten war von 4 500 auf 2 000 abgebaut worden. »In dieser Zeit haben wir weder in neue Technologien investiert noch Outsourcing betrieben«, erinnert er sich. »Wir veränderten einzig und allein die Art und Weise, wie die Menschen zusammenarbeiteten. Sie brachten ihre Kreativität ein und nutzten die Chancen, die sich ihnen boten. Sie stellten sich selbst in den Hintergrund und begannen, das große Bild zu sehen.«[37]

Nach Despains Einschätzung gab es vor der Umstrukturierung »viele Menschen, die sich an vermeintliche Erwartungen anpassten. Als wir sie dazu aufforderten, sie selbst zu sein, anstatt sich zu verbiegen, empfanden sie das als Befreiung. Wir hatten Vorarbeiter, die kurz vor der Pensionierung standen und vorher die Tage gezählt hatten, bis sie endlich gehen konnten. Und plötzlich sagten sie, dass sie noch so lange wie möglich in der Firma weiterarbeiten wollten! Manche Mitarbeiter lehnten sogar Beförderungen ab, nur um bleiben zu können!«[38]

Ein flexibles Unternehmen

Auch wenn sich *Caterpillar* heute etwas anders darstellt als damals bei der ersten Umstrukturierung, gelten die ursprünglichen Organisationsprinzipien fort: Dezentralisierung, Rentabilität, marktorientierte Verrechnungspreise und Rechenschaftspflichten. Auch die Architektur der eigenständigen Geschäftseinheiten blieb seit ihrer Einführung im Jahr 1990 unverändert. Es gibt heute mehr und auch neue Geschäftsbereiche. Manche wurden geschlossen, weil sie ihre Leistungsziele verfehlten (etwa die Bereiche Landwirtschaft oder Gabelstapler), und manche wurden im Zuge ihrer erfolgreichen Expansion in mehrere Einheiten aufgeteilt (etwa der Geschäftsbereich Motoren). Aber die Tatsache, dass die Firma mit einem mittlerweile 15 Jahre alten Organisationsmodell funktioniert und floriert, beweist ihre Flexibilität: Bei *Caterpillar* unterliegt die Organisation nicht der neuesten Mode – es wird nicht wie viele andere Unternehmen alle paar Jahre umstrukturiert, nur um »frischen Wind in die Firma zu bringen«. Dies würde seiner Philosophie völlig zuwiderlaufen.

Caterpillar weist heute alle Merkmale eines flexiblen Unternehmens auf. Es stellte im Jahr 2001 den Mut seiner Überzeugungen mit der Bekanntgabe unter Beweis, dass es seine revolutionäre neue »Advance Combustion Emissions Reduction Technology« (ACERT) für Dieselmotoren verwenden wollte, um die immer strengeren Normen der US-Umweltbehörde EPA für Lastwagenmotoren zu erfüllen. Dabei verließ sich fast jeder andere Dieselmotorhersteller auf das System der gekühlten Abgasrückführung (EGR), um die strengeren Standards zu erfüllen. Aber *Caterpillar* hielt dieses System nur für eine vorübergehende Notlösung und sah in ACERT langfristig die überlegene Technik. Dafür musste das Unternehmen jedoch alles auf eine Karte setzen und 20 Jahre während Forschungsarbeiten über andere Technologien, einschließlich EGR, aufgeben. Darüber hinaus mussten Bußgelder für die ersten verkauften Motoren bezahlt werden, nachdem die strengeren Normen der Umweltschutzbehörde in Kraft traten, weil die ACERT-Lösung noch nicht völlig ausgereift war. Heute jedoch setzt *Caterpillar* die Technologie in allen für den öffentlichen Straßenverkehr zugelassenen Fahrzeugen ein und erhält eine überwältigend positive Kundenreaktion. Die Firma hat auch angefangen, mit der ACERT-Technologie ausgerüstete Motoren in ihren Off-Road-Maschinen zu verwenden. Die beiden Ingenieure, welche die Technologie entwickelten, wurden im Jahr 2004 von der *Intellectual Property Owners Association* zu den Erfindern des Jahres gekürt.[39]

Wie alle flexiblen Unternehmen setzt *Caterpillar* die Messlatte für die eigenen Leistungen regelmäßig höher. Obwohl viele Branchen, in denen die Firma konkurriert, sehr konjunkturabhängig sind, setzte sie sich auch nach dem ersten Turnaround im Jahr 1993 weitere ehrgeizige Ziele. Sie wollte beweisen, dass sie nicht nur in Zeiten der Hochkonjunktur Gewinne erzielen konnte, sondern auch in der Rezession. Tatsächlich wies das Unternehmen im Jahr 2001 – in der Talsohle der letzten Rezession – einen Jahresüberschuss von über 800 Millionen US-Dollar aus und setzte die Messlatte dann noch höher: Das Ziel lautete nun, in Zeiten der Hochkonjunktur eine »attraktive Rentabilität« zu erzielen, was 2004 der Fall war. Das nächste Ziel lautet nun, in der Talsohle einer jeden Rezession eine bessere Rentabilität zu erreichen.

Bei der Umstrukturierung von den funktional orientierten General Offices zu den rechenschaftspflichtigen Geschäftseinheiten ging es um ein »horizontales« Denken – ein weiteres Merkmal flexibler Unternehmen. Auf diesem Grundsatz baut *Caterpillar* weiter auf, wenn es um die Entwicklung der Führungstalente geht. Die Nachwuchsmanager werden im Laufe ihrer Karriere bewusst in verschiedene Geschäftseinheiten, Funktionsbereiche und geografische Bereiche geschickt. Nach einigen Jahren der Betriebszugehörigkeit hat fast jeder Manager Erfahrungen in zwei oder drei verschiedenen Geschäftseinheiten gesammelt. Tatsächlich ermöglichte es die Organisationsstruktur, in der viele mehr oder weniger vollständige Geschäftsbereiche von im Wesentlichen autonomen Geschäftsführern geführt werden, »Nachwuchskräfte mit Führungsqualitäten zu identifizieren, die wir ansonsten nicht so schnell entdeckt hätten«, meint Glen Barton. »Diese Mitarbeiter haben exzellente Qualifikationen erworben. Sie sind sehr gut in der Lage, die Geschäfte zu führen, und können viel mehr erreichen, als sie wahrscheinlich je in der alten bürokratischen Organisation erreicht hätten.«[40]

Caterpillar hat auch Mechanismen für das Beschwerdemanagement eingerichtet. Nachdem George Schaefer gezeigt hatte, wie wichtig es ist, auf die Stimmen im Unternehmen zu hören, bildete jeder CEO seitdem einen Ausschuss für strategische Planung, der ihm helfen sollte, die wichtigsten und schwierigsten Fragen seiner Amtszeit zu bewältigen.

Die Geschäftsfelder steuern sich heute weitgehend selbst. Das bedeutet, dass sie ihren Kurs auch ohne Anstoß von oben ändern, wenn dies notwendig erscheint. Ein Topmanager beschreibt dies so: »In unserem Unternehmen können wir den Schalter zu mehr Wachstum oder stärkeren Kostensenkungen innerhalb einer Minute umstellen. Wir wissen, wo wir ansetzen müssen. Wir haben das nun schon häufig beobachtet: Immer dort, wo einzelne Gruppen exzellente Leistungen erzielen, handeln sie, ohne lange auf Anweisungen zu warten. In diesem Jahr gab es eine Reihe von Geschäftsbereichen, die unter anderem die Konferenzen im vierten Quartal absagten und viel Geld für Reisen und Bewirtung einsparten, obwohl wir ein Rekordjahr haben. Das wäre in der Vergangenheit nie vorgekommen, denn damals warteten wir, dass jemand aus der Zentrale sagte: ›Wir müssen die Kosten um 10 Prozent senken.‹ Aber jetzt ergreifen die Geschäftsbereiche selbst die Initiative. Und so soll es auch sein.«[41]

Der Konzern ruht sich nicht auf seinen Lorbeeren aus, sondern strebt täglich Verbesserungen an. Im Jahr 2000 führte Glen Barton ein Six-Sigma-Programm zur Prozessoptimierung ein. Obwohl es das Six-Sigma-Konzept schon seit Ende der achtziger Jahre gibt, wurde es in keinem anderen Unternehmen so schnell und umfassend eingeführt wie bei *Caterpillar*.[42]

Zusammenfassung: Der Weg zum Erfolg

Das Beispiel von *Caterpillar* beweist, dass jedes Unternehmen sein Schicksal in die Hand nehmen kann – unabhängig davon, welche Probleme es im

Hinblick auf die Organisation oder die Marktsituation hat. Aber das Ausmaß der dazu erforderlichen Transformationsbemühungen ist enorm, und die Art und Weise der Umsetzung will gut durchdacht sein. Die erforderlichen Veränderungen hängen natürlich von den spezifischen Umständen und Schwierigkeiten einer Firma ab. Aber *Caterpillars* Entwicklung von einer überverwalteten zu einer flexiblen Organisation enthält einige wichtige Elemente, die allen erfolgreichen Transformationen gemeinsam sind.

Den ersten wichtigen Pfeiler stellt das gründliche Verständnis der Probleme und der möglichen Lösungen dar. George Schaefer erkannte intuitiv, wie er die Wahrheit über die Situation herausfinden würde, als er diejenigen Mitarbeiter in seinen strategischen Planungsausschuss berief, die ihm frei heraus ihre Meinung sagen würden. Er ermutigte sie zu offenen Diskussionen und hörte ihnen zu, ohne sich zu verteidigen. Dann akzeptierte er eine Botschaft, die für ihn persönlich durchaus hätte demoralisierend sein können. Schließlich fand er die richtigen Mitarbeiter, denen er zutraute, die Veränderungen umzusetzen, auch wenn er sie nicht persönlich überwachte. Es überrascht nicht, dass seit Schaefers erstem strategischen Planungsausschuss alle CEOs von *Caterpillar* regelmäßig ähnliche Ausschüsse bildeten, die ihnen dabei helfen, die Unternehmensstrategie weiterzuentwickeln oder wichtige Veränderungsprojekte zu entwerfen.

Der zweite wichtige Pfeiler bestand darin, dass der Umstrukturierungsplan schnell und konsequent umgesetzt wurde. Es war zwar kurze Zeit darüber nachgedacht worden, die Veränderungen Schritt für Schritt einzuführen, doch dieser Plan versandete schnell wieder, denn damit wäre der Wandel zum Scheitern verurteilt gewesen. Deshalb war die am 26. Januar 1990 öffentlich bekannt gegebene Umstrukturierung sehr umfassend und wirkte auf die meisten Mitarbeiter wie ein Schock. Jim Owens beschreibt das so: »Es war eine wichtige und dramatische Wende. Es war, als hätte jemand die Firma gekauft.«[43] Das neue Unternehmen stellte in vielerlei Hinsicht das genaue Gegenteil des alten *Caterpillar* dar: »Es gab keine zentralen Strukturen mehr. Niemand konnte mehr weglaufen, wenn es Probleme gab. Jeder musste sich ihnen stellen und selbst eine Lösung finden.«[44]

Ein dritter Pfeiler war schließlich die große Entschlossenheit, die das Topmanagement und insbesondere Don Fites während der gesamten Umsetzung an den Tag legten. Natürlich waren viele Details der neuen Organisation nicht von Beginn an perfekt, aber dennoch widerstand Fites der Versuchung, das neue Modell gleich in den Anfangstagen wieder zu revidieren. In diesen ersten kritischen Monaten hätte er damit nur seine Glaubwürdigkeit aufs Spiel gesetzt. Die Mitarbeiter hätten daraus gefolgert, dass es sich nicht lohnte, sich auf die neuen Regeln einzustellen, weil sie ja ohnehin bald wieder umgeworfen wurden. Sie hätten sich vielleicht ermutigt gefühlt, die neuen Spielregeln zu sabotieren, anstatt sich auf ihre Arbeit in der neuen Organisation zu konzentrieren. Ein heutiger Topmanager lernte aus der Art und Weise, wie Fites das neue Organisationsmodell einführte, dass »man lernen muss, auch mit nicht perfekten Dingen zu leben. Das ist besser, als ständige Neuerungen einzuführen, nur um noch den letzten Grad an Perfektion zu erreichen.«[45]

Niemand hielt das neue Modell für einen vorübergehenden »Spleen« – vielleicht gerade wegen des enormen Umfangs der Veränderungen und der rasanten Geschwindigkeit, mit der sie umgesetzt wurden. Stattdessen änderten sich viele Verhaltensweisen fast sofort. Innerhalb von 12 bis 18 Monaten nach der Bekanntgabe arbeitete das gesamte Unternehmen im neuen Modus. Jim Owens erinnert sich: »Schon nach drei Jahren war es völlig klar, dass wir eine Revolution erlebten, die sich in eine Wiedergeburt verwandelte. Es war die spektakuläre Wandlung eines trägen Unternehmens in eine flexible Organisation, die unternehmerischen Ehrgeiz hatte. Der Umbruch vollzog sich sehr schnell. Er war gründlich, allumfassend, weltweit.

Ich glaube fest daran, dass alles möglich wird, wenn man den richtigen Mitarbeitern in den richtigen Positionen die richtigen Ziele vorgibt und ihnen dann freie Bahn lässt.«[46]

Anmerkungen zu diesem Kapitel

1 Gespräch mit George Schaefer, ehemaliger Aufsichtsratsvorsitzender und CEO von Caterpillar Inc., Peoria, Il., 20. Oktober 2004.
2 Gespräch mit Glen Barton, ehemaliger Aufsichtsratsvorsitzender und CEO von Caterpillar Inc., Peoria, Il., 20. Oktober 2004.
3 Gespräch mit Stu Levenick, Generaldirektor von Caterpillar Inc., Peoria Il., 24. November 2004. Mitte bis Ende der achtziger Jahre war Levenick Assistant Manager im Bereich Product Source Planning.
4 Gespräch mit Don Fites, ehemaliger Aufsichtsratsvorsitzender und CEO von Caterpillar Inc., Peoria, Il., 18. Oktober 2004.

5 Gespräch mit Steve Wunning, Generaldirektor von Caterpillar Inc., Peoria, Il., 12. November 2004. Mitte bis Ende der achtziger Jahre war Wunning im Geschäftsbereich Logistik von Caterpillar tätig.

6 Gespräch mit Gerry Shaheen, Generaldirektor von Caterpillar Inc., Peoria, Il., 12. November 2004. Mitte bis Ende der achtziger Jahre war Shaheen Regionalleiter im Vertrieb Nordamerika.

7 Gespräch mit Jim Owens, Aufsichtsratsvorsitzender und CEO von Caterpillar Inc., Peoria, Il., 11. November 2004.

8 Stu Levenick (Anmerkung 3).

9 Gespräch mit Gerard Vittecoq, Generaldirektor von Caterpillar Inc., Peoria, Il., 19. November 2004. Mitte bis Ende der achtziger Jahre war Vittecoq Juniormanager im Marketing.

10 Gerry Shaheen (Anmerkung 6).

11 George Schaefer (Anmerkung 1).

12 George Schaefer (Anmerkung 1).

13 George Schaefer (Anmerkung 1).

14 Glen Barton (Anmerkung 2).

15 Gespräch mit Jim Despain, dem ehemaligen Geschäftsführer des Bereichs Traktoren, Caterpillar Inc., Peoria, Il., 19. November 2004.

16 George Schaefer (Anmerkung 1).

17 Glen Barton (Anmerkung 2).

18 Jim Owens (Anmerkung 7).

19 Gespräch mit Dan Murphy, Vorstandsdirektor von Global Purchasing, Caterpillar Inc., Peoria, Il., 19. November 2004. Murphy wurde im Rahmen der Umstrukturierung zum globalen Produktmanager für die Produktlinie Hydraulikbagger ernannt.

20 Gespräch mit Aj Rassi, dem ehemaligen Vorstandsdirektor von Human Services and Purchasing, Caterpillar Inc., Peoria, Il., 19. November 2004. Rassi leitete die Sparte Radlader und Bagger nach der Umstrukturierung.

21 Jim Despain (Anmerkung 15).

22 Aj Rassi (Anmerkung 20).

23 Telefongespräch mit John Pfeffer, 13. Oktober 2004. Pfeffer, der sich mittlerweile im Ruhestand befindet, war nach der Umstrukturierung Werksleiter in Mexiko.

24 Jim Owens (Anmerkung 7).

25 Don Fites (Anmerkung 4).

26 John Pfeffer (Anmerkung 23).

27 George Schaefer (Anmerkung 1).

28 Glen Barton (Anmerkung 2).

29 John Pfeffer (Anmerkung 23).

30 Glen Barton (Anmerkung 2).

31 Telefongespräch mit Mark Johnson, Caterpillar Corporate Public Affairs, 4. März 2005. Der D9-Traktor hatte dieselbe PS-Leistung wie das Konkurrenzprodukt von Komatsu, bot aber den Vorteil einer Differentiallenkung. Caterpillar wusste, dass den Kunden dieses Merkmal bei ihren kleineren Traktoren sehr wichtig war, und rüstete den D9 in jenem Jahr damit aus.
32 Stu Levenick (Anmerkung 3).
33 Dan Murphy (Anmerkung 19).
34 John Pfeffer (Anmerkung 23).
35 Jim Despain (Anmerkung 15).
36 Jim Despain (Anmerkung 15).
37 Jim Despain (Anmerkung 15).
38 Jim Despain (Anmerkung 15).
39 Geschäftsbericht 2004 von Caterpillar.
40 Glen Barton (Anmerkung 2).
41 Gespräch mit Doug Oberhelman, Generaldirektor von Caterpillar, Peoria, Il., 17. November 2004.
42 Geschäftsbericht 2003 von Caterpillar, S. 16.
43 Jim Owens (Anmerkung 7).
44 Doug Oberhelman (Anmerkung 41).
45 Gerard Vittecoq (Anmerkung 9).
46 Jim Owens (Anmerkung 7).

Die Herkunft des Datenmaterials

Das vorliegende Buch beruht auf unseren Erfahrungen, fundierten Wirtschaftstheorien und harten Daten. Wir verfügen über insgesamt fünf Jahrzehnte Erfahrungen mit Unternehmenssanierungen. Dabei haben wir viel darüber erfahren, welche Störungen in der Unternehmensorganisation auftreten können, welches ihre Ursachen sind und wie Abhilfe geschaffen werden kann. Aufgrund dieser Erfahrungen, ergänzt durch einige bahnbrechende theoretische Arbeiten von Michael Jensen und William Meckling, konnten wir schließlich das Analysewerkzeug *Org DNA Profiler*[SM] entwickeln.[1] Zwischen Dezember 2003 und Januar 2005 wurden auf unserer Website www.orgdna.com etwa 30 000 *Org DNA Profiler*[SM]-Fragebögen ausgefüllt. Außerdem wurden über 15 000 Profile auf *Org DNA*-Sites erzeugt, die eigens für die Zusammenarbeit mit Unternehmen eingerichtet worden waren. Zu diesem Zweck wurde für jeden Klienten ein durch ein Passwort geschützter *Profiler* erstellt, um die Angaben von Mitarbeitern zu organisatorischen Fragen zu sammeln und zu analysieren.[2]

Wir konnten sieben Haupttypen identifizieren, nach denen Unternehmen im privaten und staatlichen Sektor, gemeinnützige Organisationen und Bildungseinrichtungen organisiert sind. Einige dieser Typen repräsentieren gesunde, andere ungesunde Unternehmen. In den Profilen spielen die vier Bausteine der Organisationsstruktur eine unterschiedliche Rolle: Entscheidungsrechte, Informationen, Motivationsfaktoren und Struktur.

Aus diesen vier Elementen und ihrem Zusammenwirken ergeben sich die individuellen Merkmale einer Organisation und ihre Fähigkeit oder auch ihr Unvermögen, effektiv und erfolgreich zu arbeiten. Wie die vier Bausteine der menschlichen DNA bestimmen auch sie das Wesen einer Organisationseinheit. Deshalb sprechen wir von *Organizational DNA* oder *Org DNA*. Diese Metapher ist natürlich nicht neu, aber wir verwenden sie erstmalig in diesem Zusammenhang.

Wir haben die Grundlagen unseres Modells im November 2003 in dem Artikel »The Four Bases of Organizational DNA« in *strategy + business* vorgestellt, der vierteljährlichen Wirtschaftspublikation von *Booz Allen Hamilton*. Aufgrund des enormen Echos auf diesen Artikel entschlossen wir uns, die Website www.orgdna.com einzurichten, die seit dem 8. Dezember 2003 zugänglich ist. Besucher finden hier nähere Informationen zum *Org DNA*-Modell und können einen Online-Fragebogen mit 19 Fragen zu ihrer jeweiligen Organisation ausfüllen (siehe Abbildung A.1).

Der *Org-DNA-Profiler*[SM] – eine Art »Persönlichkeitstest« für Unternehmen – ist von unmittelbarem Nutzen, weil er den Teilnehmern die Möglichkeit eröffnet, das DNA-Profil ihrer jeweiligen Organisation in nur fünf Minuten zu identifizieren (vgl. nachstehend »Die sieben Organisationstypen«). Unmittelbar nach Beantwortung der 19 Fragen erhalten die Besucher der Website eine »Diagnose«, Links zu weiterführender Lektüre über die für sie relevanten Themen sowie Lösungsvorschläge für ihre Situation.

Die Website-Besucher, die den Fragebogen ausfüllen, machen auch einige demografische Angaben, etwa zur Größe und Branche ihres Unternehmens, zu ihrer eigenen Position und zur hierarchischen Ebene. Wir verwenden diese Daten, um Unterschiede zwischen Branchen, Funktionen, Führungsebenen und ähnlichen Kriterien zu identifizieren. Wenn wir für einen Klienten einen maßgeschneiderten *Profiler* entwickeln, stimmen wir diese Fragen zu den demografischen Angaben so ab, dass wir möglichst aussagekräftige Vergleichsgruppen bilden können. Wir fragen etwa danach, in welchem Geschäftsbereich oder an welchem Standort der Befragte arbeitet, oder ob er aus einer neu hinzugekauften Geschäftseinheit stammt. Selbstverständlich werden alle Angaben auf der öffentlichen Site wie auf den unternehmensspezifischen Sites anonym behandelt. Es werden keine Namen von Organisationen oder Personen verlangt oder angegeben. Die erhobenen Daten werden lediglich zum Zweck der Analyse und des Vergleichs verwendet.

Im *Org DNA Profiler*[SM] schlagen sich jahrelange Erfahrungen und Studien darüber nieder, wie sich Unternehmen organisieren. Er bietet den Besuchern eine schnelle Möglichkeit, nähere Informationen über ihre individuelle Situation zu erhalten. Ferner haben sie Zugriff auf eine Reihe von Artikeln zum *Org-DNA*-Konzept, die von den beiden Autoren sowie verschiedenen Kollegen bei *Booz Allen Hamilton* geschrieben wurden.

Das Konzept des *Org DNA Profiler*[SM] findet gerade deshalb großen Anklang, weil es so leicht zugänglich und handhabbar ist. Die DNA-Metapher und der Gedanke, dass jede Organisation eine eigene »Persönlichkeit« hat, sind leicht nachvollziehbar. Das *Org-DNA*-Modell ist anderen Beschreibungsmodellen überlegen, die auf der Unternehmenskultur (für manche ein zu vages Konzept) oder der Unternehmensstruktur (die oft als zu mechanistisch wahrgenommen wird) beruhen. Das *Org-DNA*-Modell ist multidimensional und berücksichtigt viele Variablen, die insgesamt erklären, warum ein Unternehmen gute oder schlechte Ergebnisse erzielt. Es ist für die Menschen innerhalb einer Organisation einfach nachzuvollziehen, denn sie erkennen, wie vertraute Faktoren zusammenwirken. Auf dieser Grundlage fällt es ihnen leichter, sich Schwächen einzugestehen und über Abhilfe nachzudenken.

Weiterhin macht die DNA-Metapher deutlich, wie gefährlich es ist, nur einen einzelnen Bestandteil – etwa die Struktur – zu verändern. Jede Modifikation an einem Baustein kann sich auf unvorhersehbare Weise auf die anderen drei Elemente auswirken und für das Unternehmen einen Rückschritt anstelle eines Fortschritts bedeuten. Wir versuchen deshalb, mit unserem Konzept sämtliche Wechselwirkungen zu berücksichtigen, damit die Konsequenzen und Ergebnisse von Eingriffen vorhersagbarer werden.

Das *Org-DNA*-Konzept stellt nicht nur einen intuitiv verständlichen Rahmen bereit, sondern bietet auch praktisch durchführbare Therapien für die verschiedenen Organisationsmängel, die sich nachteilig auf die Ergebnisse auswirken. Hier liegt auch der größte Vorteil unserer Studien und Untersuchungen. Die Muster, die sich aus unserer wachsenden Datenbank herauskristallisieren, zeigen Lektionen und Lösungsmöglichkeiten auf, die für Unternehmen desselben Typs verallgemeinert werden können.

Die bisher im Rahmen des *Org DNA Profiler*[SM] gesammelten Daten repräsentieren eine breite Palette von Branchen, Regionen und Firmen. Es sind 23 Branchen – vom Bankensektor über das Transportwesen bis zum Energiesektor – und über zehn Abteilungen oder Funktionen (Personal, Informationstechnologie, Rechtsabteilung etc.) vertreten. Wir verfügen auch über Daten zur Position oder hierarchischen Ebene der Befragten in ihrer Organisation.

Mit der Neuaufnahme des Feldes »Land« im April 2004 begannen wir, auch den Standort der Organisationen zu erfassen. So wissen wir nun, dass unsere Profile aus über 100 verschiedenen Ländern stammen. Die Website wurde mittlerweile in zwölf verschiedene Sprachen übersetzt, darunter

Abbildung A.1: Der Org-DNA-Profiler^{SM}: Neunzehn Fragen gemäß den 4 DNA-Bausteinen

✘ Antwortmöglickeiten

Strukturen

1. Im mittleren Management liegt die durchschnittliche Zahl direkt unterstellter Mitarbeiter (Leitungsspanne) bei...
   ● 5 und mehr ● 4 oder weniger

2. Beförderungen beinhalten horizontale Karriereschritte (von einer Position zu einer anderen auf derselben Hierarchiestufe).
   ● Trifft zu ● Trifft nicht zu

3. Mitarbeiter »auf der Überholspur« können bei Ihnen eine Beförderung erwarten.
   ● Alle 3 Jahre oder häufiger ● Weniger als alle 3 Jahre

Entscheidungsbefugnisse

4. Die Kultur Ihrer Organisation kann am besten so beschrieben werden:
   ● Überreden und gut zuhören ● Kommandieren und kontrollieren

5. Wichtige strategische und operative Entscheidungen werden schnell umgesetzt.
   ● Trifft zu ● Trifft nicht zu

6. Die primäre Rolle des Konzernstabs ist es, die Geschäftsbereiche...
   ● zu überprüfen ● zu unterstützen

7. Manager, die in der Hierarchie über Ihnen stehen, »krempeln die Ärmel hoch und packen selbst mit an«, indem sie in betriebliche Entscheidungen eingreifen.
   ● Häufig ● Selten

8. Wenn Entscheidungen gefällt wurden, werden sie oft noch einmal in Frage gestellt oder revidiert.
   ● Trifft zu ● Trifft nicht zu

9. Jeder weiß ziemlich genau, für welche Entscheidungen/ Aufgaben er/sie zuständig ist.
   ● Trifft zu ● Trifft nicht zu

Informationen

10. Insgesamt reagiert dieses Unternehmen erfolgreich auf fortlaufende Veränderungen im Wettbewerbsumfeld.
    ● Trifft zu ● Trifft nicht zu

	11. Wichtige Informationen über das Wettbewerbsumfeld erreichen die Firmenzentrale schnell.	●	Trifft zu	●	Trifft nicht zu
	12. Mitarbeiter besitzen in der Regel die nötigen Informationen, um den Einfluss ihrer täglichen Entscheidungen auf das Geschäftsergebnis zu verstehen.	●	Trifft zu	●	Trifft nicht zu
	13. Ihre Organisation sendet nur selten widersprüchliche Botschaften an den Markt.	●	Trifft zu	●	Trifft nicht zu
	14. Informationen fließen ungehindert über Abteilungs- und Fachbereichsgrenzen hinweg.	●	Trifft zu	●	Trifft nicht zu
	15. Das Linienmanagement hat Zugang zu den Zahlen, die es für sein tägliches Geschäft benötigt.	●	Trifft zu	●	Trifft nicht zu
Motivationsfaktoren	16. Wenn die Firma ein schlechtes Jahr hat, eine bestimmte Abteilung jedoch ein gutes, erhält deren Abteilungsleiter trotzdem einen Bonus.	●	Trifft zu	●	Trifft nicht zu
	17. Neben der Bezahlung gibt es noch weitere Anreize zur Motivation der einzelnen Mitarbeiter, ihre Arbeit gut zu erledigen.	●	Trifft zu	●	Trifft nicht zu
	18. Der individuelle Leistungsbewertungsprozess unterscheidet zwischen guten, durchschnittlichen und unterdurchschnittlichen Leistungsträgern.	●	Trifft zu	●	Trifft nicht zu
	19. Die Fähigkeit, Leistungsvereinbarungen einzuhalten, beeinflusst Karriere und Vergütung.	●	Trifft zu	●	Trifft nicht zu

Quelle: www.orgdna.com

Deutsch, Japanisch und Chinesisch. Die im *Org DNA Profiler*[SM] gesammelten Daten stammen aus einem außerordentlich breiten Querschnitt globaler Organisationen, der allgemeingültige Schlussfolgerungen zulässt.

Da ständig neue Besucher ihr Profil auf der Website erstellen lassen, aktualisieren wir die Angaben regelmäßig. Die neuesten Ergebnisse sind unter www.orgdna.com zugänglich.

Die sieben Organisationstypen

Die 19 Fragen im *Org DNA Profiler*[SM] sind an den vier Bausteinen – Entscheidungsbefugnisse, Informationen, Motivationsfaktoren und Struktur – orientiert.

Beruhend auf den Antworten der Befragten wird die jeweilige Organisation einem von sieben »Typen« zugeordnet.

Während sich die meisten Unternehmen auf diese Weise einordnen lassen, gibt es auch Organisationen, die nicht eindeutig charakterisiert werden können. Außerdem werden nicht alle Befragten eines Unternehmens dasselbe Profil generieren.

Zwar gibt es einen allgemein vorherrschenden Typ, doch setzt sich jede Organisation aus einem Mosaik verschiedener Perspektiven und Profile zusammen. Diese verschiedenen Gesichtspunkte wiederum tragen dazu bei, die richtigen Therapien herauszufinden.

Abbildung A.2: Verteilung nach Umsatz

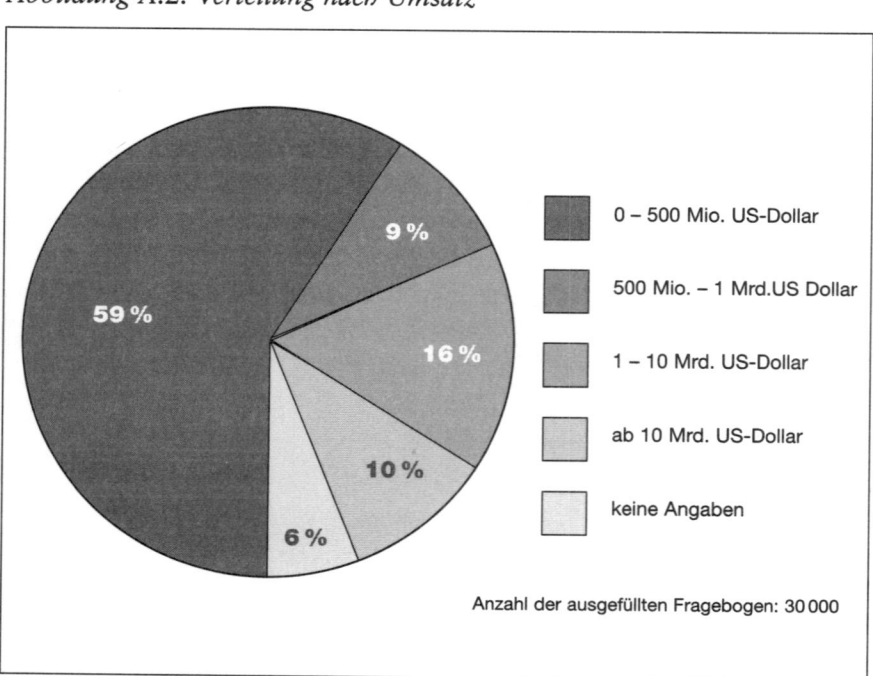

Abbildung A.3: Ergebnisse nach Funktion und Hierarchieebene

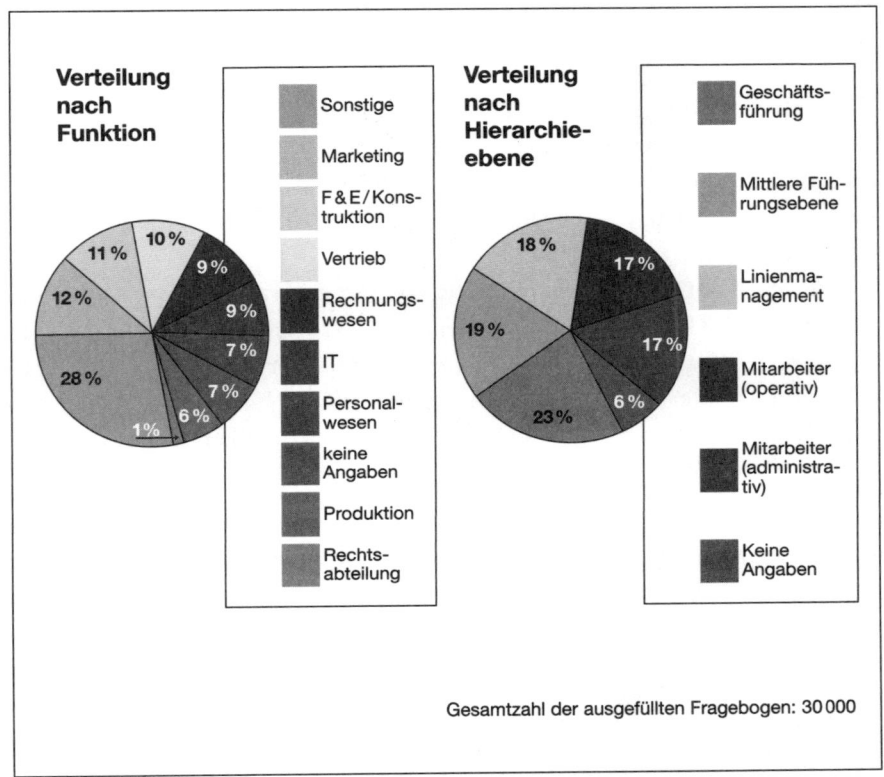

Verteilung nach Funktion

- Sonstige
- Marketing
- F & E / Konstruktion
- Vertrieb
- Rechnungswesen
- IT
- Personalwesen
- keine Angaben
- Produktion
- Rechtsabteilung

10 % 11 % 9 % 12 % 9 % 7 % 28 % 7 % 1 % 6 %

Verteilung nach Hierarchieebene

- Geschäftsführung
- Mittlere Führungsebene
- Linienmanagement
- Mitarbeiter (operativ)
- Mitarbeiter (administrativ)
- Keine Angaben

18 % 17 % 19 % 17 % 23 % 6 %

Gesamtzahl der ausgefüllten Fragebogen: 30 000

Demografische Daten im *Org DNA Profiler*^{SM}

Die Antworten im *Org DNA-Profiler*^{SM} stammen von Organisationen jeder Größe in einer Vielzahl von Branchen.

Sie repräsentieren alle Funktionen und Ebenen in der Unternehmenshierarchie (siehe Abbildungen A.2 und A.3).

Gliederung nach Unternehmenstyp:
Die meisten Mitarbeiter betrachten ihre Organisation
als ungesund

Mehr als die Hälfte der 30 000 Teilnehmer, die den Fragebogen bislang ausgefüllt haben, beschreibt ihre Organisation als »ungesund« (passiv-aggressiv, unkoordiniert, komplex oder überverwaltet). Das sind fast doppelt so
viele wie diejenigen, die ihr Unternehmen als »gesund« beschreiben (flexibel, hierarchisch, Just-in-Time).

Wie aus Abbildung A.4 hervorgeht, tritt der passiv-aggressive Organisationstyp mit 27 Prozent am häufigsten auf. 10 Prozent gehören zum Typ der
komplexen Organisation, 9 Prozent zum Typ der überverwalteten und 8 Prozent zum Typ der unkoordinierten Organisation. Nur bei 17 Prozent der
Fragebogenteilnehmer ergibt sich das Profil eines flexiblen Unternehmens.

Abbildung A.4: Gliederung der Ergebnisse nach Org DNA Profilen^SM

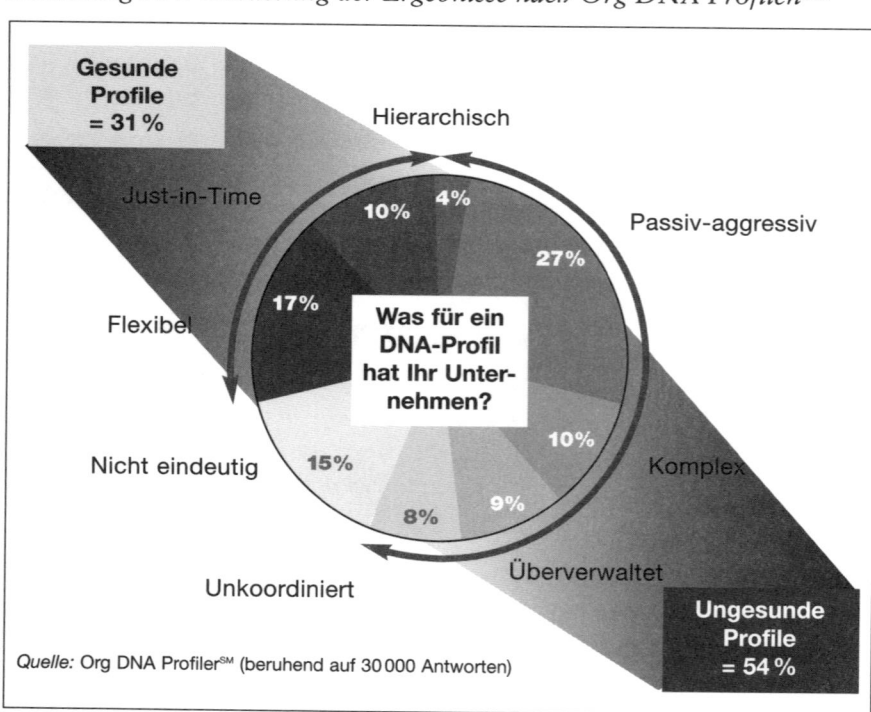

Gliederung nach Unternehmensgröße:
Das Wachstum beeinflusst das DNA-Profil

Unsere Daten, die auf dem Querschnitt aller Fragebogenteilnehmer und nicht auf Zeitreihen beruhen, legen nahe, dass ein gesundes Wachstum die Ausnahme und nicht die Regel ist (siehe Abbildung A.5). Insbesondere aus der Verteilung der Profile nach der Unternehmensgröße (gemessen am Umsatz) ergibt sich, dass Organisationen im Laufe ihrer Entwicklung verschiedene Stadien durchlaufen. Unsere Schlussfolgerung lautet, dass sich das

Abbildung A.5: DNA-Profile nach Unternehmensgröße: Gesundes Wachstum ist schwierig

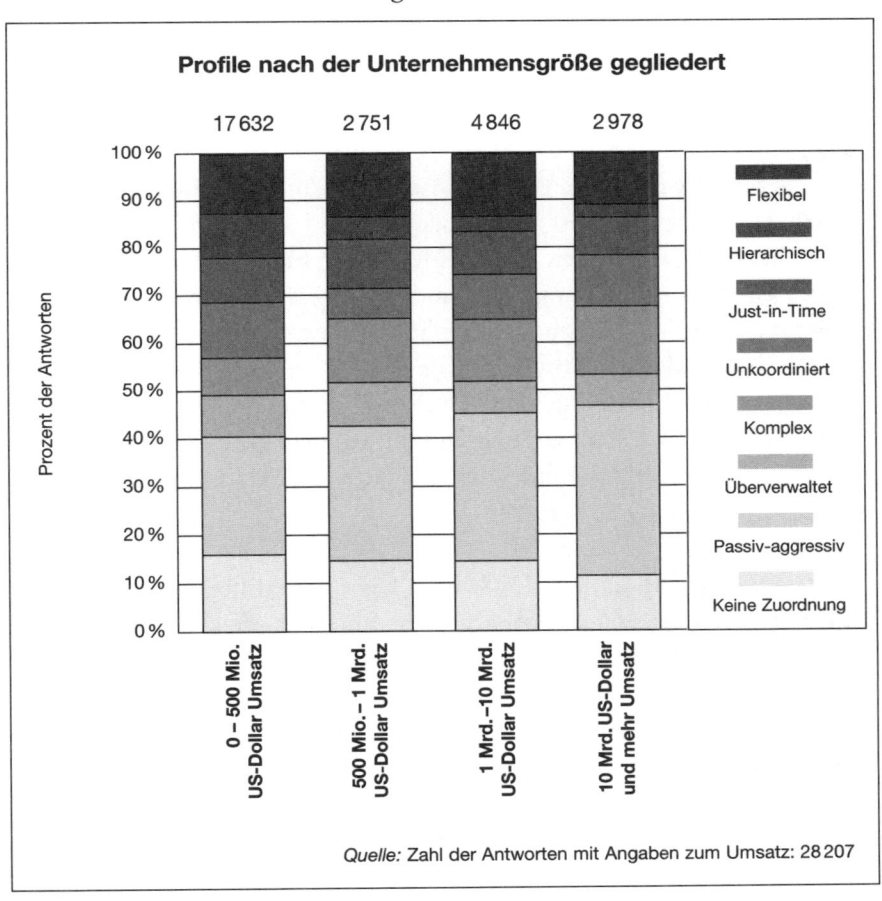

DNA-Profil weiterentwickelt, wenn die Organisationen wachsen und sich an Veränderungen im Wettbewerbsumfeld anpassen.

Stufe 1: bis 500 Millionen US-Dollar. Am Umsatz gemessen haben kleine Unternehmen mit einer höheren Wahrscheinlichkeit ein gesundes Profil (flexibel, hierarchisch oder Just-in-Time) als größere Organisationen. Sie sind in der Lage, ihre Strategien umzusetzen und sich an Veränderungen schnell anzupassen.

Dieses Ergebnis ist naheliegend, da kleine Unternehmen meist auch jünger und deshalb noch eher auf die Vision und Strategie des Gründers ausgerichtet sind, der noch mitarbeitet. Ihre überschaubaren Strukturen erleichtern ihnen auch die Anpassung an externe Marktveränderungen.

Stufe 2: 500 Millionen – 1 Milliarde US-Dollar. Viele Organisationen reagieren auf ihre wachsenden Koordinationsprobleme, wenn sie die Schwelle von 500 Millionen US-Dollar überschreiten, indem sie die Autorität in einem starken Führungsteam bündeln. Es überrascht nicht, dass das Profil der hierarchischen Organisation in diesem Umsatzsegment am stärksten vertreten ist. Weiterhin ist auch das komplexe Unternehmen in diesem Segment häufiger anzutreffen. Dies deutet darauf hin, dass Organisationen ab dieser Größenordnung unflexibel und behäbig werden, weil sie die Zentralisierung ihres Geschäftsmodells nicht angemessen durchführen.

Die Daten deuten darauf hin, dass die Zunahme der hierarchischen, komplexen und passiv-aggressiven Profile in diesem Segment auf Kosten der flexiblen und Just-in-Time-Organisationen geht. Mit zunehmender Größe scheinen Unternehmen die Fähigkeit zur Umsetzung ihrer Strategie und zur Anpassung zu verlieren.

Stufe 3: 1–10 Milliarden US-Dollar. Über der Milliardengrenze werden Unternehmen zu groß und zu komplex, um noch effektiv von einem kleinen Topteam durch Befehl und Kontrolle geführt zu werden. Deshalb sind sie zur Dezentralisierung gezwungen. Die Tatsache, dass der Anteil der unkoordinierten Organisationen in diesem Umsatzsegment ansteigt, deutet auf verbreitete Probleme beim Übergang zu einem dezentralen Modell hin. Möglicherweise erhalten die Manager vor Ort neue Befugnisse und Kompetenzen, aber nicht die Anreize oder nötigen Informationen, die für fundierte Entscheidungen erforderlich sind.

Auch der Typ der passiv-aggressiven Organisation nimmt in diesem Umsatzsegment zu. Nicht aufeinander abgestimmte und unkoordinierte Strukturen und Prozesse führen zu Trägheit und Verwirrung und sabotieren letztlich die Umsetzung der Unternehmensstrategie.

Stufe 4: 10 Milliarden US-Dollar und mehr. Der Anteil an gesunden Profilen (flexible, hierarchisch und Just-in-Time) sinkt bei einem Jahresumsatz von über 10 Milliarden US-Dollar noch weiter. Offensichtlich sind also Organisationen mit zunehmendem Wachstum immer schwerer zu lenken. Der passiv-aggressive Typ ist in diesem Umsatzsegment am häufigsten vertreten.

Abbildung A.6: Rentabilität nach DNA-Profilen gegliedert

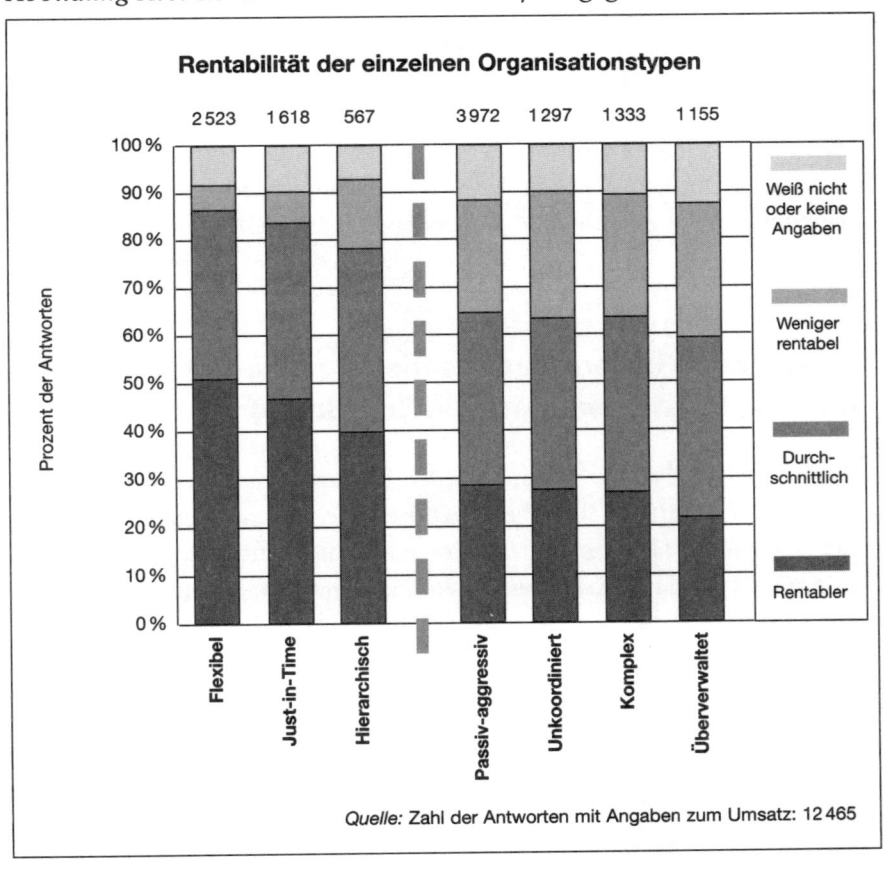

Rentabilität nach DNA-Profilen gegliedert: Gesunde Unternehmen erzielen Gewinne

Nachdem der *Org DNA Profiler*^{SM} schon einige Monate lang im Internet genutzt wurde, fügten wir einige Fragen zur Rentabilität hinzu. Wir wollten uns vergewissern, dass unsere Annahmen im Hinblick auf die Gesundheit der Organisationen tatsächlich mit bestimmten Finanzkennziffern korrelierten. Wir baten die Teilnehmer deshalb um Angaben, ob ihr Unternehmen rentabler, weniger rentabel oder etwa gleich rentabel wie der Branchendurchschnitt arbeite.

Es überrascht nicht, dass die zu einem gesunden Organisationstyp zählenden Unternehmen (flexibel, Just-in-Time, hierarchisch) auch mit einer höheren Wahrscheinlichkeit eine überdurchschnittliche Rentabilität angeben (siehe Abbildung A.6).

Allerdings gewährleistet die Zugehörigkeit zu einem gesunden Unternehmenstyp alleine noch nicht den Erfolg. Neben einer soliden Strategie ist auch eine tadellose Umsetzung erforderlich. Das erklärt, warum immerhin 6 Prozent der flexiblen Organisationen angeben, *weniger* rentabel als der Branchendurchschnitt zu arbeiten. Sie sind vielleicht gesund genug, um ihre Strategie gut umzusetzen, aber möglicherweise verfolgen sie die falsche Strategie!

Profile nach Unternehmensebene gegliedert: Die hierarchische Ebene bestimmt die Zuordnung

Der *Org DNA Profiler*^{SM} hat auf allen Unternehmensebenen Interesse geweckt. 23 Prozent der Teilnehmer gehören nach eigenen Angaben zum Topmanagement, 19 Prozent zum mittleren Management, 18 Prozent zum Stab einer Geschäfteinheit, 17 Prozent zum Linienmanagement und 17 Prozent zur Zentrale.

Unsere Umfrage ergibt jedoch klare Unterschiede in der Wahrnehmung zwischen dem oberen Management und den darunter liegenden Gruppen. Dies lässt auf eine grundsätzliche Distanz zwischen Topmanagern und dem Rest des Unternehmens schließen. Insbesondere beurteilen die Topmanager die Gesundheit ihrer Organisation optimistischer als Mitarbeiter aller anderen Ebenen (siehe Abbildung A.7).

Abbildung A.7: Profile nach hierarchischer Ebene

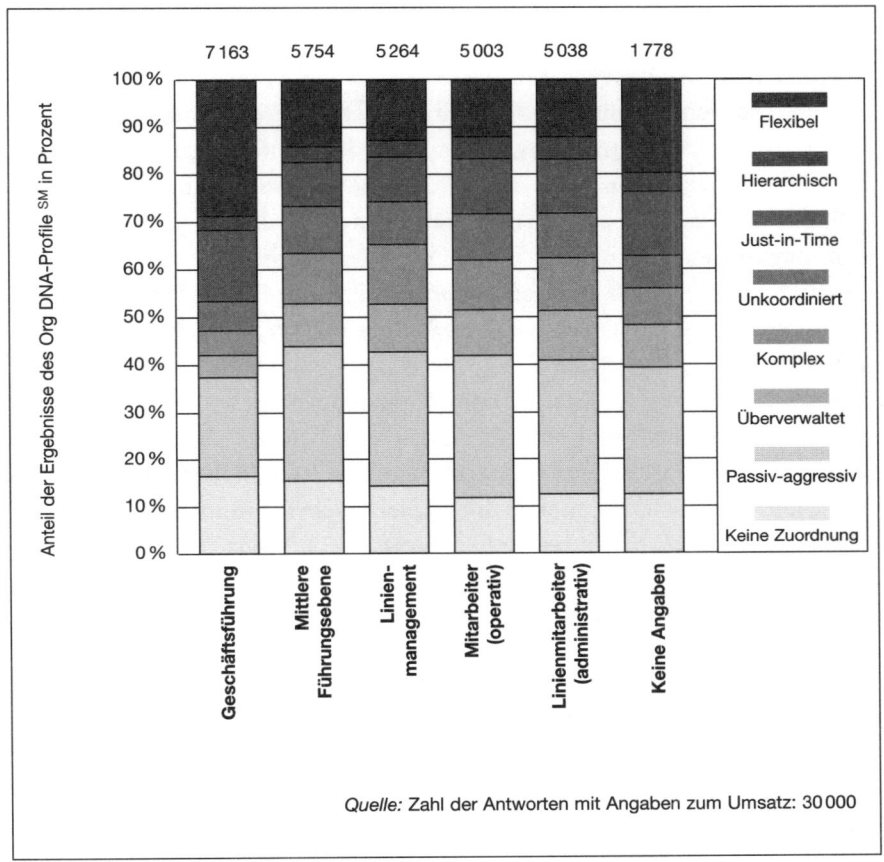

Quelle: Zahl der Antworten mit Angaben zum Umsatz: 30 000

Häufiger als jede andere Gruppe ordneten die Topmanager in unseren Fragebögen ihr Unternehmen einem der gesunden Organisationstypen zu (flexibel, Just-in-Time oder hierarchisch). Bei einem Topmanager, der den Fragebogen ausfüllt, ergibt sich mit größerer Wahrscheinlichkeit ein gesundes als ein ungesundes Organisationsprofil. Das Gegenteil gilt für Mitarbeiter aller anderen Hierarchieebenen.

Ein genauerer Blick auf die Antworten der einzelnen Fragen zeigt, dass sich die positive Sichtweise des Topmanagements fast durch den ganzen Fragebogen zieht. Frappierend erscheint die überdurchschnittlich häufige Zustimmung zu der Aussage, dass »wichtige Informationen über das Wettbewerbsumfeld die Firmenzentrale schnell erreichen«. In Anbetracht des tiefen Grabens zwischen ihrer Wahrnehmung und derjenigen der ihnen unterstellten Mitarbeiter könnte man hinterfragen, wie gut informiert diese Manager wirklich sind.

Eine weitere Analyse der Antworten auf einzelne Fragen deutet auch auf eine breite Übereinstimmung der Mitarbeiter der Geschäftseinheiten und derjenigen in der Zentrale sowie zwischen den Linienmanagern und den mittleren Managern hin, dass »Entscheidungen oft noch einmal in Frage gestellt oder revidiert« werden. Allerdings wird die Rolle der Mitarbeiter der Stabsabteilungen unterschiedlich beurteilt. Die Mitarbeiter in den Geschäftseinheiten glauben, dass in ihren Unternehmen »die Hauptrolle von Stabsabteilungen ist, die Geschäftsbereiche zu *überprüfen*«. Umgekehrt sehen die Stabsabteilungen ihre Rolle darin, die Geschäftsbereiche zu *unterstützen*. Diese Sichtweise wird eindeutig vom Topmanagement geteilt. Hierin wird eine grundsätzliche Distanz zwischen dem deutlich, wie die Stabsabteilungen ihre Arbeit einschätzen, und dem, wie die Geschäftsbereiche diese Arbeit wahrnehmen. Diese unterschiedlichen Wahrnehmungen könnten zu Störungen in der Arbeitsweise der Organisation führen.

Profile nach Regionen gegliedert: Es gibt nationale Unterschiede

Seit wir begannen, die Teilnehmer nach ihrem Herkunftsland zu fragen, erhielten wir etwa 20 000 ausgefüllte Fragebögen, in denen sich deutliche regionale Unterschiede zeigen.

So haben doppelt so viele Europäer wie Amerikaner den Fragebogen ausgefüllt. Insgesamt ergeben ihre Antworten viel häufiger einen gesunden Organisationstyp (siehe Abbildung A.8). Dieses Ergebnis bestätigt sich in allen Umsatzsegmenten und auf allen Führungs- und Stabsebenen. Dies ist umso bemerkenswerter, als die nordamerikanischen Teilnehmer im Durchschnitt eher höherrangig sind und daher eine optimistischere Beurteilung zu erwarten gewesen wäre.

Zu erklären sind diese Abweichungen durch unterschiedliche Sichtweisen in den europäischen und amerikanischen Organisationen, was den Informationsfluss und die horizontalen Versetzungen, also Versetzungen auf gleicher Hierarchieebene, angeht. Die Europäer stimmen mit einer viel grö-

Abbildung A.8: Europäische DNA-Profile sind gesünder

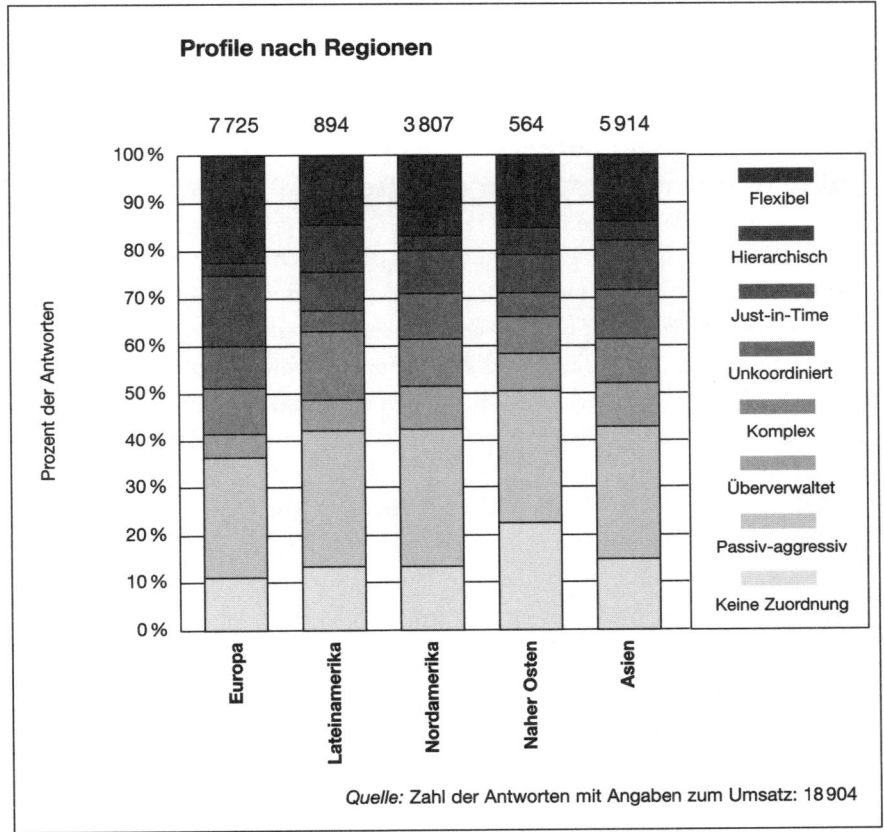

Profile nach Regionen

7725   894   3807   564   5914

Flexibel
Hierarchisch
Just-in-Time
Unkoordiniert
Komplex
Überverwaltet
Passiv-aggressiv
Keine Zuordnung

Prozent der Antworten

Europa   Lateinamerika   Nordamerika   Naher Osten   Asien

Quelle: Zahl der Antworten mit Angaben zum Umsatz: 18904

ßeren Wahrscheinlichkeit als die Amerikaner der Aussage zu, dass »wichtige Informationen die Firmenzentrale schnell erreichen« und »Beförderungen horizontale Karriereschritte beinhalten können«. Hierbei spielen sicherlich auch wirtschaftliche und kulturelle Unterschiede eine Rolle. Wir stellen jedoch auch die Hypothese auf, dass amerikanische Unternehmen sich weniger gut darauf verstehen, Informationen zu verbreiten, weil ihnen die offiziellen Kommunikationskanäle und die informellen Netzwerke fehlen, die Nachwuchsmanager bei ihren Einsätzen in verschiedenen Positionen auf derselben Hierarchiestufe häufig aufbauen.

Es gibt noch weitere länderspezifische Unterschiede. So ergeben sich bei den Mitarbeitern japanischer Organisationen mit einer viel höheren Wahrscheinlichkeit passiv-aggressive Profile als bei ihren nordamerikanischen oder europäischen Kollegen. Bei den Angestellten lateinamerikanischer Organisationen ergibt sich dagegen der komplexe Organisationstyp am häufigsten.

Branchenunterschiede:
Größe und Umfeld spielen eine Rolle

Aus den Daten insgesamt ergibt sich, dass die folgenden fünf Branchen den höchsten Anteil an ungesunden Organisationsprofilen aufweisen (in absteigender Reihenfolge): öffentliche Versorgung, Gesundheitswesen, Energie, Automobilbranche und Zulieferer sowie Technologie-Hardware (siehe Abbildung A.9). Die »gesündesten« Branchen sind Immobilien, Einzelhandel, Geschäftsdienstleistungen, Hotels/Gastronomie/Freizeit sowie Lebensmittel/Getränke/Tabak.

Man sollte der Versuchung widerstehen, einen flüchtigen Blick auf diese Ergebnisse zu werfen und zu folgern, dass die Größe der entscheidende Faktor sei. Im Allgemeinen sind kleinere Unternehmen gesünder, und Versorgungsunternehmen sind nun einmal im Durchschnitt größer als Immobiliengesellschaften. Aber wenn wir die Profile im selben Umsatzsegment nach Branchen ordnen, sind die Versorgungsunternehmen immer noch im unteren Viertel, und dies in allen vier Umsatzsegmenten. Unternehmen aus den Sektoren Gesundheitswesen, Investitionsgüter und Energie gehören in drei von vier Umsatzsegmenten zu den unteren sechs Branchen. Man könnte nun die Hypothese aufstellen, dass sie nur deshalb überleben, weil sie in regulierten und/oder kapitalintensiven Branchen konkurrieren. Hohe Eintrittsbarrieren schützen ungesunde Unternehmen wahrscheinlich vor dem Untergang. Dagegen sind gesunde Firmen auf ein viel breiteres Spektrum von Branchen verteilt, in denen ein freier Wettbewerb herrscht.

Damit sind wir am Ende dieses Buches angelangt. Aus jahrzehntelangen Erfahrungen und einem grundsätzlichen Verständnis der Grundsätze der Unternehmensorganisation ergab sich eine intuitive Idee, die schließlich zur Entwicklung eines einmaligen Beurteilungsinstruments für Unternehmen und eines Leitfadens zur Unternehmensgesundheit führte. Weitere Informationen über den *Org DNA Profiler*SM – neue Studien ebenso wie neue Lösungsmöglichkeiten – sind in den neuesten Updates unter www.orgdna.com zu finden.

Abbildung 17: Verteilung der Profile nach Branchen

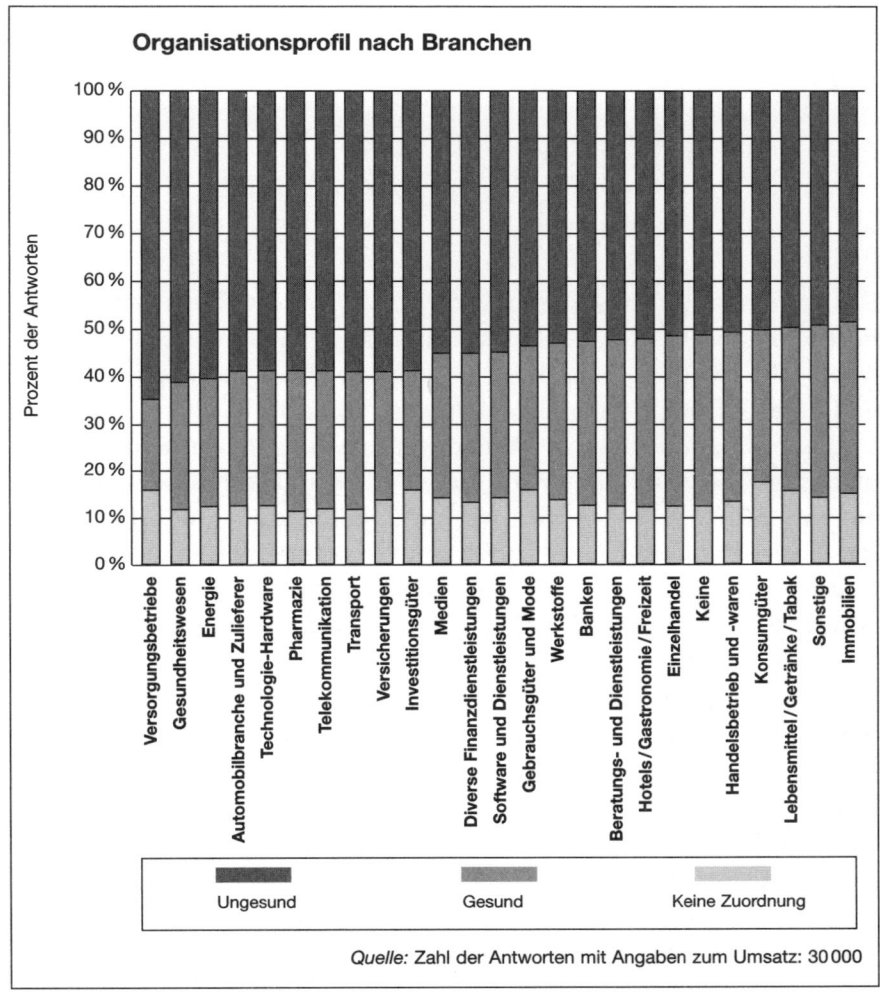

Anmerkungen zu diesem Kapitel

1. Michael Jensen und William Meckling: »Specific and General Knowledge and Organizational Structure«, Journal of Applied Corporate Finance, Vol. 8, Nr. 2, Sommer 1995.
2. Die in diesem Kapitel vorgestellten Forschungsergebnisse beruhen ausschließlich auf den Daten, die über die Internetsite www.orgdna.com gewonnen wurden.

Danksagung

Das vorliegende Buch ist das Ergebnis der Arbeit, der Kreativität und der Erkenntnisse vieler begabter Menschen. Auch wenn nur unsere Namen auf dem Bucheinband erscheinen, hätten wir dieses Werk nicht ohne die Hilfe und Unterstützung vieler anderer schreiben können.

Unsere Klienten in über 300 Unternehmen haben uns neue Einsichten gebracht und die Freude an unserer Arbeit erhalten. Mehr als zusammengenommen 50 Jahre lang durften wir mit Führungskräften in privaten und staatlichen Unternehmen und sonstigen Organisationen zusammenarbeiten, die uns die grundlegenden Ideen zu diesem Buch lieferten. Ganz besonders möchten wir jenen Menschen und Unternehmen danken, die uns ihre Geschichten erzählten: Jim Haymaker, Bob Lumpkins, Greg Page und Warren Staley von *Cargill*; Glen Barton, Don Fites, Jim Owens und George Schaefer von *Caterpillar*; Cyrus Freidheim von *Chiquita*; David Murray von der *Commonwealth Bank*; Bill Cahill von *FedEx*, Stan Bromley von *Four Seasons Hotels*; Clayton Daley von *Procter & Gamble*; Carlos Ghosn und Pascal Martin von *Nissan*; Ken Freeman und Surya Mohapatra von *Quest Diagnostics*; Jim Keyes von *7-Eleven*; Tim Shriver von *Special Olympics*; John Thompson von *Symantec*; und P. V. Kannan von *24/7 Customer*. Durch ihre Erfahrungen konnten die in diesem Buch vorgestellten Konzepte so lebendig geschildert werden.

Unsere Partner bei *Booz Allen Hamilton* sind außergewöhnlich – als Experten und als Kollegen. Unser besonderer Dank geht an alle, die gemeinsam mit uns andere Menschen dazu bewegten, ihre Geschichten in diesem Buch zu erzählen. Dazu gehören vor allem DeAnne Aguirre, Gary Ahlquist, Paul Branstad, Andrew Clyde, Vinay Couto, Paul Kocourek, Decio Mendes, Jan Miecznikowski, Les Moeller, Mark Moran, Dermot Shorten und Eric Spiegel. Das Managementteam bei *Booz Allen Hamilton*, darunter Ralph Shrader, Dan Lewis, Cesare Mainardi und Marie Lerch, stellte Unterstützung und Ressourcen bereit. Randall Rothenberg ermutigte uns dazu, dieses Projekt zu übernehmen. Er erwies sich von Anfang an als unglaublich kreativ. Unser technisches Team mit Peter Hahn und Randy Johnson half uns bei den Forschungsarbeiten, und Michael Bulger unterstützte uns dabei, die Ergebnisse zu kommunizieren.

Besondere Anerkennung und Dank schulden wir Karen Van Nuys. Karen spielte eine sehr wichtige Rolle bei der Entwicklung des *Org DNA-Profiler*^{SM} im Internet. Sie steuerte Inhalte bei und prüfte Entwürfe. Stets war auf sie Verlass, wenn es darum ging, die Nachvollziehbarkeit der Ideen und Analysen zu gewährleisten, die unserer Arbeit zugrunde lagen.

Wir hatten das Glück, mit der außerordentlich talentierten Tara Owen zusammenzuarbeiten, einer hervorragenden Schriftstellerin und Geschichtenerzählerin. Sie übersetzte unseren Beraterjargon in Geschichten, die Menschen tatsächlich lesen möchten. Tara erweckte die Wörter zum Leben und widmete dieser Aufgabe mehrere Monate ihres Lebens.

Das für die Unterstützung von Buchprojekten zuständige Team mit Vicki Anderson, Gretchen Hall, Anamika Singhal, Ilona Steffen und Brenda Williams achtete darauf, dass wir unsere Beiträge aufeinander abstimmten. Laura Brown war uns in den Anfangsstadien der Entwicklung des Buchs behilflich.

Unser Literaturagent Jim Levine trug dazu bei, dass das Buch einen klaren Fokus behielt. Er half mit Optimismus und Realismus in gleich großen Portionen.

Unser Lektor bei *Crown Business*, John Mahaney, steuerte immer wieder kreative und konstruktive Ratschläge bei. Ihm ist es wesentlich zu verdanken, dass dieses Buch nicht nur Topmanager, sondern alle Mitarbeiter einer Organisation anspricht. Seine Hinweise zum Aufbau, zum Lesefluss und zum Inhalt verbesserten das Endprodukt beträchtlich.

Schließlich wäre keine Danksagung vollständig ohne die Erwähnung unserer Ehefrauen Trudy Havens und Lynne Pasternack sowie unserer Kinder Eric und Lindsay Neilson und Joanne, Laura und Dan Pasternack. Sie fanden sich damit ab, dass wir bis in die Nacht und am Wochenende arbeiteten, zu den unmöglichsten Zeiten – selbst im Urlaub – Telefonate führten und mehrere Monate lang zu keiner Entspannung fähig waren. Ihre Unterstützung bedeutet uns mehr, als wir je ermessen könnten.

Gary L. Neilson und Bruce A. Pasternack

Register